Helvetikum (europ. Kontinentalrand)

- Mesozoische Sedimente
- Europäisches vormesozoisches Grundgebirge

Penninikum (Walliser Becken, Mikrokontinent Briançonnais-Iberia, Piemont-Ozean)

- Mesozoische Sedimente und Ozeanische Kruste
- Vormesozoische Grundgebirgs-Einheiten

Ostalpin (adriatischer Kontinentalrand)

- Mesozoische Sedimente
- Vormesozoisches Grundgebirge mit paläozoischen Sedimenten (Grauwackenzone und Quarzphyllite)

Südalpin (adriatischer Kontinentalrand)

- Mesozoische Sedimente
- Vormesozoisches Grundgebirge mit Paläozoikum

Periadriatische Intrusivsgesteine "Junge, alpine Granite"

Bruchzonen

Wichtigste Decken-Fronten

100 km

Jürg Meyer

Wie Berge entstehen und vergehen

Haupt
NATUR

Die Berge – diese unbedeutenden Steinbrocken mit ihren läppischen Jahrmilliönchen in unserer Galaxie unter Galaxien!

Markus Rottmann, «Wovon wir reden, wenn wir von Bergen reden»,
in «Bibliothek der besonderen Bergliteratur», 2020

Wir nehmen gerne an, «wissenschaftlich belegte» Aussagen repräsentieren «die Wahrheit». Doch «die Wahrheit» ist nur die aktuelle Summe aller gut begründeten Vermutungen. Neue Experimente können neue Erkenntnisse bringen, die dazu führen, dass man alles, was man bisher als «wahr» angenommen hatte, wieder infrage stellen muss. Wer wissenschaftlich denken möchte, muss also dazu bereit sein, sich nicht mit einer einfachen Antwort zufriedenzugeben.

Dr. Mai Thi Nguyen-Kim, in «Komisch, alles chemisch», Droemer 2019

Ohne Raum kein Klang
Ohne Zeit keine Musik

Ohne Raum keine Geologie
Ohne Zeit keine Gesteine

Peter Streiff, Komponist, Musiker und Laiengeologe, Bern

Jürg Meyer

Wie Berge entstehen und vergehen

In 30 Etappen durch die Alpengeologie

2. Auflage

Ein Projekt mit dem UNESCO-Weltnaturerbe
Tektonikarena Sardona

Unter Mitwirkung von Thomas Buckingham
Mit Illustrationen und Cartoons von Denis Metz

Haupt Verlag

Umschlagbild vorne: Ein ungewohnter Blick aus der Luft über das Martinsloch an den Tschingelhörnern der Glarner Alpen, mit Ausbisslinie der Glarner Hauptüberschiebung darüber und im Mittelgrund, im Hintergrund der Ringelspitz. Foto © Ruedi Homberger

Umschlagbild hinten: Das Walliser Weisshorn (4506 m, links) und das Bruneggghorn (3831 m, rechts), gesehen vom Unterrothorn ob Zermatt. Das helle Gesteinsband am Bruneggghorn markiert die Grenze zwischen der adriatisch-afrikanischen Dent-Blanche-Decke darüber und der eurasischen Mischabel-Siviez-Decke darunter. Foto © Jürg Meyer

2. Auflage: 2025
1. Auflage: 2021
ISBN 978-3-258-08420-6

Umschlaggestaltung, Gestaltung und Satz: pooldesign.ch, Zürich
Fachliche Mitarbeit: Thomas Buckingham, Bern, buckingham geostudios
Illustrationen und Cartoons: Denis Metz, D-26579 Baltrum, www.schnabulak.de

Wir drucken mit mineralölfreien Farben und verwenden FSC®-zertifiziertes Papier. FSC® sichert die Nutzung der Wälder gemäß sozialen, ökonomischen und ökologischen Kriterien.
Gedruckt in Slowenien

FSC
www.fsc.org
MIX
Papier | Fördert gute Waldnutzung
FSC® C106600

Diese Publikation ist in der Deutschen Nationalbibliografie verzeichnet. Mehr Informationen dazu finden Sie unter http://dnb.dnb.de.

Der Haupt Verlag wird vom Bundesamt für Kultur für die Jahre 2021–2025 unterstützt.

Wir verlegen mit Freude und grossem Engagement unsere Bücher. Daher freuen wir uns immer über Anregungen zum Programm und schätzen Hinweise auf Fehler im Buch, sollten uns welche unterlaufen sein. Falls Sie regelmässig Informationen über die aktuellen Titel im Bereich Natur erhalten möchten, folgen Sie uns über Social Media oder bleiben Sie via Newsletter auf dem neuesten Stand.

Haupt Verlag AG
Falkenplatz 14
3012 Bern
SCHWEIZ
herstellung@haupt.ch
www.haupt.ch

Verantwortlich in der EU (GPSR):
Brockhaus Kommissionsgeschäft GmbH
Kreidlerstr. 9
70806 Kornwestheim
DEUTSCHLAND
haupt@brocom.de

INHALT

Essays Teil 4

Essays Teil 5

Geo-Wissen

Infoteil

Vorwort

Es gibt schon einige gute Bücher, auch «Klassiker», zur geologischen Bildung der Alpen, die sich an ein interessiertes Laienpublikum richten*. Warum denn hier noch dieses Werk? Geologen, welche sich in der Vermittlung von Geologie an Laien engagieren, stellen immer wieder fest,

- dass stets wieder gleiche Fragen gestellt werden (z. B. «Wie alt sind die Alpen eigentlich?»)
- dass gewisse grundlegende Prinzipien der Alpenbildung nicht wirklich verstanden werden; ein Beispiel dafür ist die Tatsache, dass die heute hoch oben in den Bergen sichtbaren Deckenüberschiebungen nicht dort oben, sondern in vielen Kilometern Tiefe stattgefunden haben.
- dass zu bestimmten Aspekten der Alpenbildung veraltete oder gar falsche Bilder und Vorstellungen bestehen (z. B. «Tischdeckenmodell» der Alpenfaltung) und diese vor allem im Internet hartnäckig weiter verbreitet werden – aber etwa auch in modernen Geografie-Lehrbüchern zu finden sind.
- dass neuere und neuste Erkenntnisse zur Alpenbildung – etwa die Vorgänge im tiefen Untergrund des Alpengebäudes bis in den Erdmantel hinein, oder das Zusammenspiel von Klima, Erosion und Tektonik – es schwer haben, überhaupt ins Bewusstsein der Nicht-Experten und der Multiplikatoren zu gelangen, geschweige denn der allgemeinen Öffentlichkeit.

Für das UNESCO-Weltnaturerbe «Tektonikarena Sardona» (TAS, Abb. 0–1) ist die Alpenbildung das Hauptthema und deren Vermittlung ein wichtiges Anliegen. So entstand die Idee, im Rahmen des Bildungsprogramms der TAS, zentrale Themen, Konzepte und vor allem neue Erkenntnisse zur Alpenbildung in der Form von jeweils für sich stehenden, essayartigen Beiträgen zusammenzustellen. Dies sollte in einer gut verständlichen, lockeren, bildhaften, zuweilen etwas holzschnittartigen und durchaus auch humorvollen Sprache erfolgen, um die Lust am Lesen und Schmökern zu befördern; dementsprechend sollte es auch illustriert werden.

Wir richten uns damit an Geologie-interessierte Laien, an Gymnasiallehrpersonen, Wissenschafts-Journalist*innen, GeoGuides, Wanderleiter*innen, aber auch an Nebenfach- und Fachhochschul-Studierende. Vielleicht können auch Geolog*innen davon profitieren, wenn sie Geologie weitervermitteln möchten. Et voilà, hier ist das Resultat!

Sie haben kein systematisches Lehrbuch vor sich. Sie können jeden Essay für sich lesen, aber auch in der vorgeschlagenen Reihenfolge, die durchaus einer gewissen Aufbaulogik folgt. Die Illustrationen unseres Zeichners Denis Metz unterstützen die Texte ganz massgeblich. Die grossformatigen Fotos illustrieren besonders wichtige Aussagen exemplarisch – oft aus der Welterberegion TAS. Und die augenzwinkernd-witzigen Cartoons von Denis Metz sollen Ihnen noch mehr Lust machen, in die Essays einzutauchen.

Dass es gerade 30 Essays geworden sind: Zufall? Der Autor liess sich vielleicht auch von den 30 Bach'schen Goldberg-Variationen inspirieren ...

Nach den Essays finden Sie im Teil «Hilfreiches Geo-Wissen» kurze Abrisse von allgemeinen geologischen Grundlagen, die für die Alpenbildung besonders relevant sind.

Noch ein Letztes: Die Essays behandeln Themen, welche die gesamten Alpen betreffen. Es wird jedoch ein klarer Fokus auf die Schweizer Alpen, die Zentralalpen, gelegt, vor allem auch was Beispiele, Diagramme und Fotos betrifft.

Im Juni 2021
Jürg Meyer

* Sie finden diese im kommentierten Literaturverzeichnis am Ende des Buches aufgeführt.

Geleitwort

«Im UNESCO-Weltnaturerbe Tektonikarena Sardona ist die Gebirgsentstehung so gut sichtbar wie sonst nirgends auf der Welt»

So lautet die wohl kürzest mögliche Erklärung dafür, warum die UNESCO im Jahre 2008 die vielfältige und ursprüngliche Hochgebirgslandschaft rund um den Piz Sardona im Grenzgebiet der drei Kantone Glarus, Graubünden und St. Gallen in die Welterbeliste aufgenommen hat.
Schwieriger wird es, wenn interessierte Laien genauer nachfragen. Zum Beispiel, welche Phänomene denn genau zur Gebirgsbildung gehören. Oder wo man hingehen soll um die Tektonikarena Sardona am besten zu sehen. Natürlich gilt die «magische Linie» der Glarner Hauptüberschiebung als das wohl schönste und auffälligste Merkmal der Gebirgsbildung überhaupt. Sie ist an vielen Orten in der Welterberegion Sardona auch für Nicht-Geologen deutlich erkennbar. Doch was bedeutet sie? Wie ist die messerscharfe Linie in die Felswände geraten?

Und wie sind denn nun unsere Berge, auf die wir so stolz sind, tatsächlich entstanden?

Viele versierte Geologen/Geologinnen und Lehrpersonen tun sich schwer bei der Vermittlung dieses für die Schweiz als Alpenland eigentlich so wichtigen Themas. Nur wenige Geologen/Geologinnen in der Schweiz schaffen es tatsächlich, das Thema Gebirgsentstehung mit allen Facetten fundiert, fachlich einwandfrei und gleichzeitig lustvoll und unterhaltsam zu vermitteln.

Abb. 0–1
Blick vom Segnespass im Weltnaturerbe TAS über die Charenstock-Kette zum Glärnisch-Massiv. Unterhalb des Charenstocks verläuft die weltberühmte Glarner Hauptüberschiebung, am Glärnisch erkennt man die Sedimentgesteinsschichten der Axen-Decke.

Dem Autor Jürg Meyer gelingt dieses Kunststück immer wieder. Unvergessen bleiben mir seine fesselnden Vorträge, in denen er das Tischtuchmodell zur Erklärung der Alpenbildung entsorgt, indem die Modellteile durch den ganzen Vortragssaal fliegen. Oder seine treffenden Metaphern wie der Stapel Frotteetücher im Badezimmerschrank, welcher den Deckenbau der Alpen symbolisiert. Am besten gefällt mir aber sein Ausspruch **«Die Alpenfaltung gehört in die Mottenkiste!»**. Jürg Meyer nimmt damit nicht nur eine weit verbreitete falsche Vorstellung von der Gebirgsbildung ins Visier, sondern verweist auch auf die einzigartige Erforschungsgeschichte zur Entstehung der Alpen, welche sich hauptsächlich in der heutigen Tektonikarena Sardona abgespielt hat und bis heute andauert.
Mit dem vorliegenden Werk leistet Jürg Meyer einen weiteren wichtigen Beitrag, interessierten Laien und Lehrpersonen lustvolle Einblicke in die Entstehungsgeschichte unserer Berge zu ermöglichen. Ihm gebührt ein grosser Dank für seinen unermüdlichen Einsatz, der Geologie im Allgemeinen und der Gebirgsbildung im Speziellen endlich den Stellenwert zu verschaffen, den diese für die Schweiz wichtigen Themen verdienen.

Harry Keel
Geschäftsführer der IG Tektonikarena Sardona

Gut zu wissen – Rüstzeug für die geologische Alpenreise

Für Bergsteiger bedeutet «Einstieg»: Der Anmarsch ist vorbei, jetzt gilt es ernst. Es wird das für die Besteigung notwendige Material in Bereitschaft gesetzt, alles überprüft, die Schuhe nochmals gebunden, sich angeseilt, ein letzter Blick auf das Wetter geworfen – und dann wird angepackt.
So ähnlich soll es auch hier gehalten werden: Die beiden folgenden Texte, der eine kurz und einfach, der andere lang und etwas anspruchsvoller, sollen Sie befähigen, die Tour durch das Buch in Angriff zu nehmen.
Auch wenn Sie schon ein guter «alpengeologischer Bergsteiger» sind, dürfte es trotzdem nützlich sein, diese beiden Kapitel zu lesen.

Abb. 0–2
Frühmorgendlicher Aufbruch auf dem Hüfifirn (UR). Brechen Sie mit diesem Kapitel zur Abenteuerreise «Alpengeologie» auf!

In den Alpen nichts Neues?

Die Erforschung der Alpenbildung bleibt hoch spannend und voller Überraschungen

Die Alpen sind wohl das am besten untersuchte Gebirge der Welt. Hier wurde seit Anbeginn der modernen naturwissenschaftlichen Forschung vor rund 300 Jahren Forschungsgeschichte geschrieben. Grundlegende Erkenntnisse zur Gebirgsbildung und zur Geologie allgemein wurden – und werden immer noch – hier gewonnen. Neben der spektakulären Geologie war es die einzigartige Forschungsgeschichte, für welche die Tektonikarena Sardona (TAS) in die Liste der globalen UNESCO-Welterbestätten aufgenommen wurde.

Gleichzeitig dürften die Alpen auch das komplizierteste Gebirge der Welt sein, zusammen mit seinen Fortsetzungen im Westen und Osten – den «alpidischen» Gebirgen –, welche im gleichen geologischen Zyklus gebildet wurden (Abb. 0–3, 2–1). Ein Hinweis darauf ist schon ihre eigenartige Bogenform (Abb. 0–5). Das ist mit ein Grund, weshalb es in den letzten Jahren immer wieder faszinierende und selbst für die Fachwelt überraschende neue Forschungserkenntnisse gegeben hat, und dass die Alpen noch lange nicht alle ihre Geo-Geheimnisse gelüftet haben. Vor allem seit den 1990er-Jahren gab es einen gewaltigen Schub an neuen Forschungen und Erkenntnissen, welche den Alpengeologen bis heute aufregende Zeiten bescheren. Auslöser waren damals die europäischen und nationalen grossen Tiefenseismik-Kampagnen, mit denen endlich die tieferen Strukturen der Alpen untersucht werden konnten. Mit der darauf aufbauenden «teleseismischen Tomografie» erhielten die Geologen zudem eine Methode in die Hand, die in ihrer Bedeutung mit der Computertomografie der Medizin vergleichbar ist. Weitere neuartige Untersuchungsmethoden – etwa viel präzisere Altersbestimmungen – und Modellrechnungen ermöglichten dank massiv verbesserter Computerleistung wesentlich neue Erkenntnisse. Die beiden folgenden Zitate aus wichtigen jüngeren Publikationen* verdeutlichen dies:

Schmid, Stefan et.al. 2004:
«Dies zeigt die verwirrende Komplexität des Alpengebirges, sowohl in Bezug auf seine Entwicklung in der Zeit als auch auf die grossen Unterschiede entlang des Alpenbogens. […] Die Alpen sind noch weit weg von über-untersucht; viele überraschende neue Befunde sind Beleg dafür.» (Originalsprache Englisch, Übersetzung durch den Autor).

Pfiffner, O. Adrian 2015:
«Die vorhandenen Beobachtungen geben deshalb ein noch lückenhaftes Bild der Entstehungsgeschichte der Alpen, was sich auch in den zum Teil widersprüchlichen Ansichten in der publizierten Literatur ausdrückt».

Die geologische Alpenforschung kann in dieser Hinsicht mit anderen naturwissenschaftlichen Forschungsfeldern verglichen werden. So wurden beispielsweise in der Gehirnforschung in den letzten Dekaden riesige Fortschritte erzielt, aber mit jeder neuen Erkenntnis stellen sich weitere grosse Fragen – je mehr man forscht und weiss, desto mehr neue Fragen tun sich auf. Und um gerade bei der Neurobiologie zu bleiben: Diese Forschungen finden durchaus rasch ihren Weg in eine breitere Öffentlichkeit. Populärwissenschaftliche Medien (wie etwa «Geo», «National Geographic», «Spektrum der Wissenschaft») greifen die Themen auf, Fernsehsendungen, Videoclips, TED-Talks nehmen sich ihrer an.

Die Geologie ist leider in dieser Hinsicht etwas ein Stiefkind; sie ist in der Öffentlichkeit viel weniger präsent. Dies hat verschiedene Gründe, auf die wir hier gar nicht eingehen möchten. Wir schreiten lieber zur Tat und präsentieren Ihnen mit diesem Buch einen Strauss von Themen und neuen Erkenntnissen, die Sie hoffentlich gleich spannend und aufregend finden wie wir auch.

Damit wünschen wir Ihnen viel Freude beim Stöbern in diesem Buch!

Abb. 0–3
Die Alpen als Teil der im gleichen Zeitraum gebildeten «alpidischen» Gebirgszüge Europas und Vorderasiens.

Schmid, S. et al: Tectonic map and overall architecture of the Alpine orogen. Eclogae gel. Helv. 97, 2004.
Piffner, O. Adrian: Geologie der Alpen. Haupt Verlag, Bern, 3. Auflage 2015.

Abb. 0–4
Die Konturen der Alpenbildung sind heute erkannt, doch vieles bleibt noch im Nebel. Grosses Tschingelhorn mit «Nebelrauch», der durch das Martinsloch aufsteigt.

Abb. 0–5
Die Alpen im Satellitenbild – in ungewohnter Ansicht mit Osten gegen oben. Schon allein die seltsame Form und der Verlauf der Täler lassen auf ein kompliziertes Gebirge schliessen.

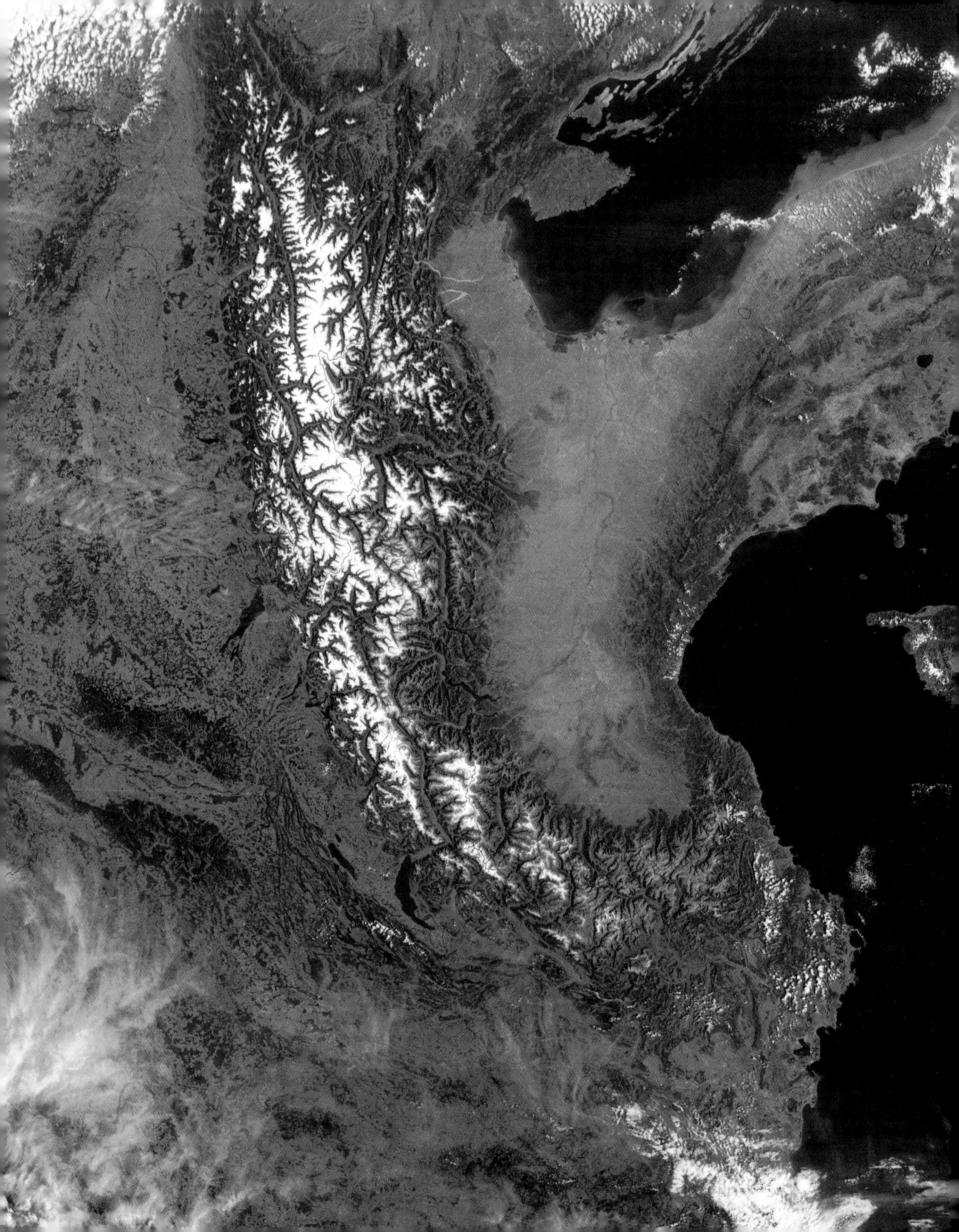

Helvetisch – Penninisch – Ostalpin – Südalpin

Zentrale Begriffe der Alpengeologie mit hohem Verwirrungspotenzial

Wenn Sie sich bisher nur ein wenig mit der Geologie der Alpen beschäftigt haben, werden Sie zumindest einem dieser vier Begriffe schon begegnet sein. Wenn Sie sich jedoch alpengeologisch im wunderbaren Zustand des neugierigen und wissensdurstigen Anfängers befinden, dann werden Sie über kurz oder lang – auch in diesem Buch – über diese Begriffe stolpern. Und beide werden sich wahrscheinlich, je nach Kontext, fragen, was nun eigentlich damit gemeint ist.

Der Reihe nach! Das ist ganz wichtig in diesem Fall. Und ich muss Sie vorwarnen: Dieses Kapitel ist eine ziemliche Knacknuss, ziehen Sie auf jeden Fall die Illustrationen bei, und vielleicht müssen Sie den Text mehr als einmal lesen. Ich kann Ihnen garantieren: Auch Geologiestudierende tun sich zu Beginn schwer damit!

Abb. 0–6
Die vier geografischen Regionen: Helvetien, Penninische Alpen, Ost- und Südalpen.

Geografische Namen als Ursprung

Die vier Begriffe gehen ursprünglich auf vier geografische Regionen zurück (s. Abb. 0–6). Die Helvetier waren ein keltischer Volksstamm, der zur Römerzeit im Gebiet des heutigen schweizerischen Mittellandes und der Voralpen zwischen Genfer- und Bodensee lebte. Das Gebiet wurde als Helvetien bezeichnet. Heute wird der Begriff dafür nicht mehr verwendet, er wird praktisch synonym

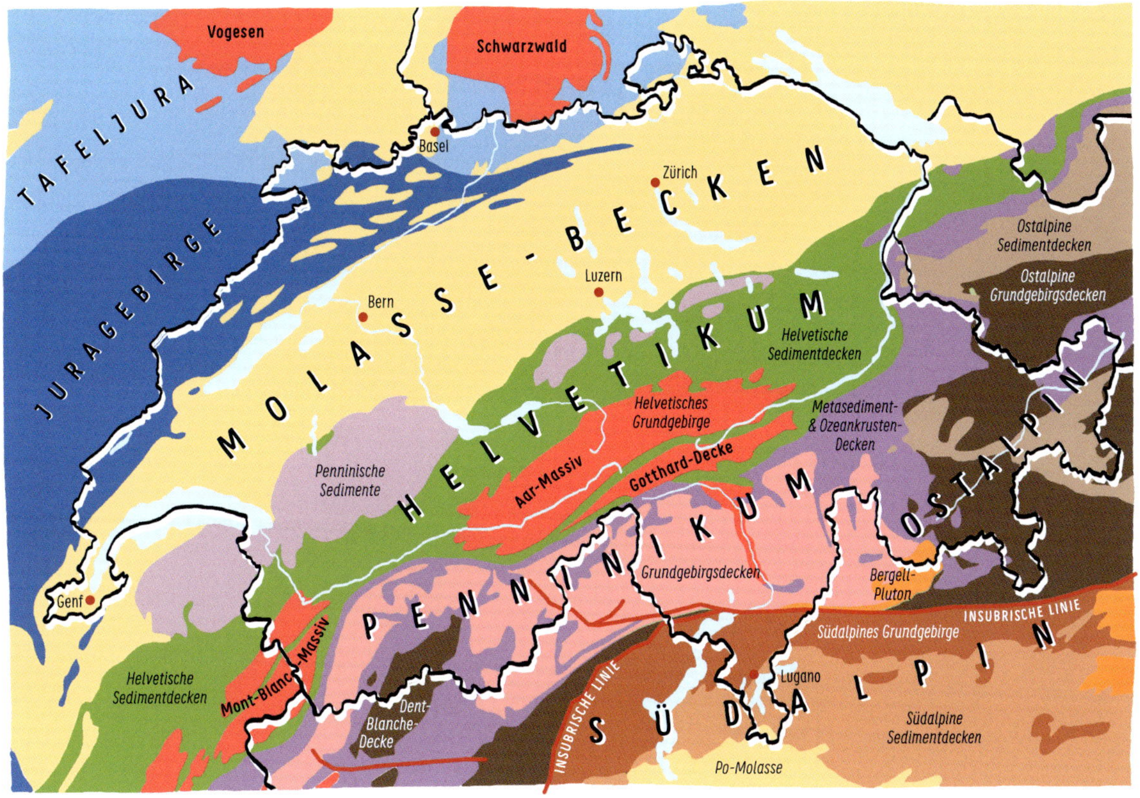

mit «Schweiz» und «schweizerisch» gesetzt; präsent ist er immer noch in der vor rund 350 Jahren künstlich geschaffenen, national-allegorischen Frauengestalt der Helvetia, welche die 50-Rappen-Münzen, Ein- und Zweifränkler ziert.

Das Gebiet der Walliser Hochalpen und die südlich anschliessenden Teile der italienischen Alpen, etwa zwischen den Tälern Ossola und Aosta, manchmal auch noch die Tessiner Alpen, wurde früher als «penninische Alpen» bezeichnet. Bei uns ist das nicht mehr gebräuchlich, aber durchaus noch in Italien und in Frankreich. Als Ostalpen wurde und wird derjenige Teil der Alpen benannt, die östlich einer Linie vom Bodensee zum Comersee liegen. Bleiben noch die Südalpen, und da wird es schon ein erstes Mal heikel. In der Schweiz, in Österreich und Italien ist es einigermassen klar: Mit «Südalpen» sind die Alpenteile südlich der grossen Alpen-Längstäler wie dem Veltlin, Val del Sole, Puster- und Gailtal gemeint. Da diese Täler sich entlang der wichtigsten Störungs- und Bruchzone der Alpen gebildet haben, der «periadriatischen Bruchzone» (s. Essay 23), ist diese geografische Abgrenzung von Anfang an auch eine geologische (s. tektonische Karte Innenumschlag vorne). Für die Franzosen

Abb. 0–7
Stark vereinfachte tektonische Karte der Schweiz mit den vier Grosseinheiten, jeweils mit Unterteilung in Grundgebirge und mesozoische Sedimentgesteine.

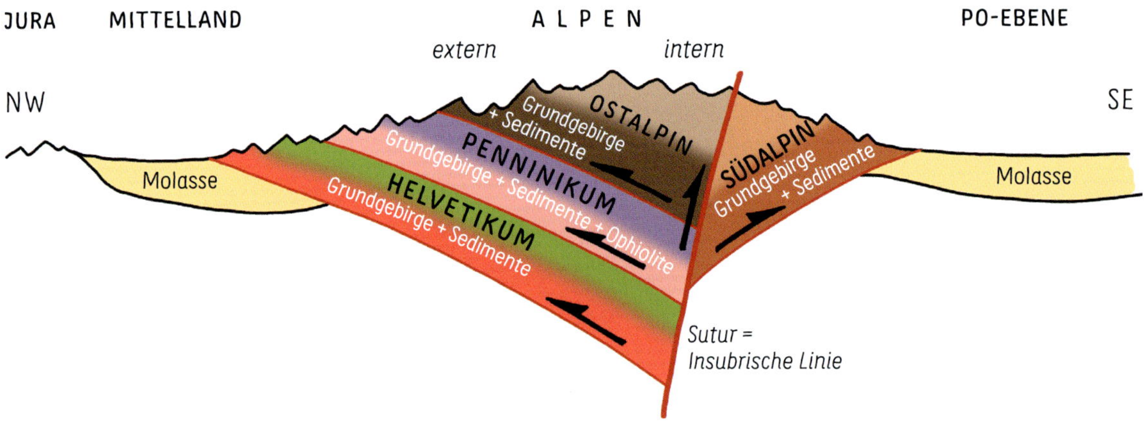

Abb. 0–8
Hoch schematische Skizze der generellen tektonischen Lage der tektonischen Grosseinheiten der Zentralalpen.

hingegen sind die «Alpes du Sud» die südlichen Teile des Westalpenbogens, mit der Hauptgruppe Argentera-Mercantour. Für die Alpengeologie gehören diese Teile aber nicht zu den Südalpen.

Die Verbindung zur Geologie bzw. Tektonik

Soweit einmal die geografische Herkunft der Begriffe. Nun kommt die erste Verbindung mit der Geologie, und dazu versetzen wir uns am besten kurz in die Haut der frühen Alpengeologie-Pioniere, welche die Alpen auf ihren Reisen von Norden nach Süden und von Westen nach Osten erkundeten. Sie stellten bald einmal fest, dass sich vor den Alpen, im Mittelland und bis weit nach Deutschland hinein, flachliegende und geologisch junge Sedimentgesteine in Form von Sandsteinen und Konglomeraten finden, die sie bald als Abtragungsmaterial der Alpen erkannten. Sie tauften dieses Gebiet – nein, nicht «Nordalpin» –, sondern Molassebecken. Dann kamen sie in die Voralpen, wo sie auf ältere Sedimentgesteine aus der Trias-, Jura- und Kreidezeit (s. Alterstabelle Abb. 6–2) stiessen, die entlang der Alpen sehr ähnliche Abfolgen bildeten, und die stark verfaltet und übereinander geschoben vorlagen. Weil diese Zone in der Schweiz sehr ausgeprägt sichtbar ist, wurde dieser Bereich «Helvetikum» genannt. Im alpeninneren Teil dieser Zone fanden sie wie an einer Perlschnur aufgezogene Aufwölbungen von Kristallingesteinen, in denen sie bald und richtigerweise die alte Grundgebirgs-Unterlage der helvetischen Sedimentgesteine erkannten (s. Abb. 1–15 und Essay Nr. 6). Sie nannten diese Gebiete «Massive» und verpassten ihnen zur eindeutigen Identifizierung geografisch definierte Beiworte, wie Aar-, Mont-Blanc-, Pelvoux-Massiv etc. Die Fortsetzung der helvetischen Sedimentgesteinszonen nach Frankreich bildet grosse Gebiete der westlichen Voralpen, welche früher als «Dauphiné» bezeichnet wurden. So verwenden die Franzosen heute noch für die geologisch-tektonische Bezeichnung den Begriff «Dauphinois» statt «Helvetikum». Neuerdings wird der südlichste Bereich des Helvetikums als eigenständige paläogeografische Einheit namens «Lepontikum» ausgeschieden.
In diesem Sinne fassten die Geologen auch die anderen Gebiete der Alpen, die sich geologisch-tektonisch ähnlich und vergleichbar präsentierten, in Grosseinheiten zusammen. Damit definierten sie neben dem Helvetikum auch das Penninikum, das Ostalpin und das Südalpin. Diese Zonen verselbstständigten sich dann insofern, als die Geologen realisierten, dass die Einheiten, welche sie in den Walliser Tälern als

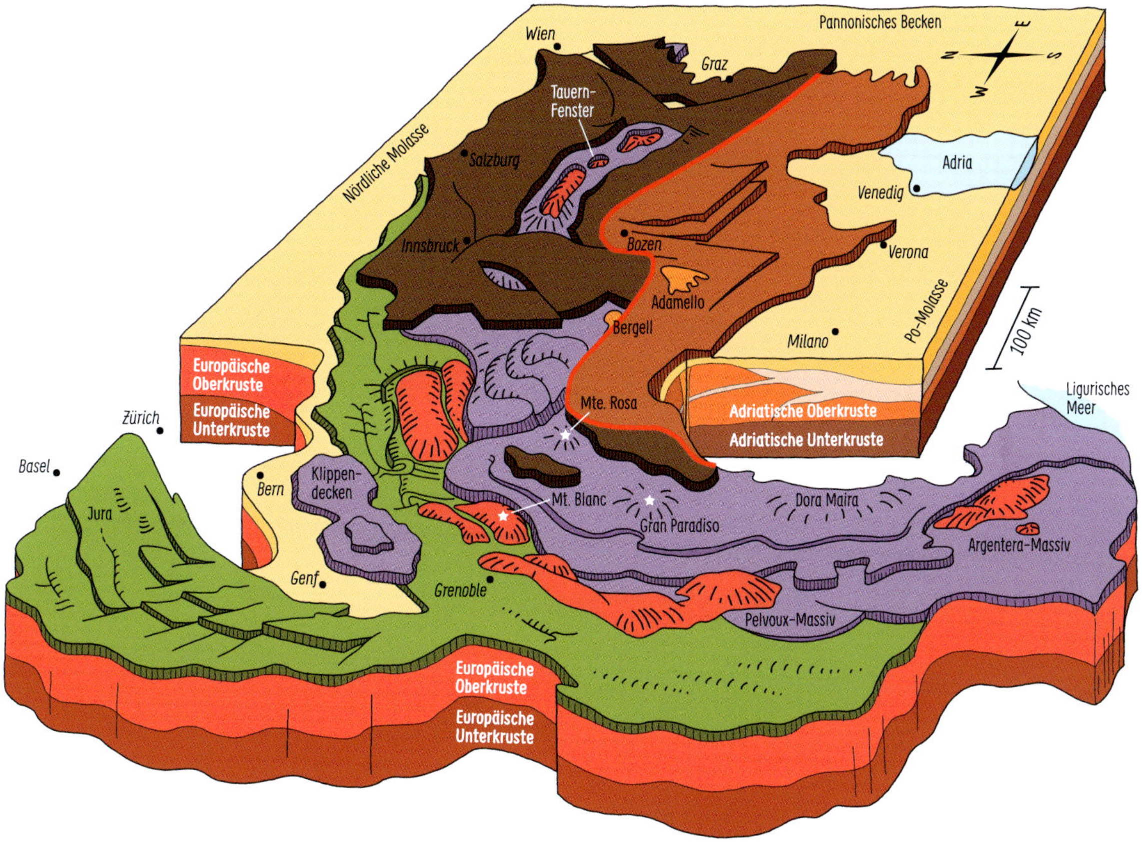

Europäischer Kontinentalrand (Jura und Helvetikum)

- Decken aus mesozoischen Sedimenten, Helvetikum-Dauphinois; und Juragebirge
- Vor-mesozoisches Grundgebirge in aufgewölbten Domen

Mikrokontinent Iberia-Briançonnais und Piemont-Wallis-Meeresbecken (Lepontikum und Penninikum)

- Decken aus metamorphem Grundgebirge und Sedimenten, Ozeankrustengesteine des Piemontozeans (Ophiolithe)
- Periadriatische Bruchzone (heutige Grenze adriatische Mikroplatte – europäische Platte)

Adriatischer Kontinentalrand (Salassikum, Ostalpin und Südalpin)

- Ostalpine Decken aus vormesozoischem Grundgebirge und mesozoischen Sedimenten, nördlich der periadriatischen Bruchzone
- Südalpine Einheiten südlich der periadriatischen Bruchzone. Vor-mesozoisches Grundgebirge und mesozoische Sedimente, teilweise als Decken

Weitere Einheiten

- Neogene Molassebildungen und Beckenfüllungen, Abtragungsmaterial der Alpenhebung
- Paläogen-neogene Plutonite entlang der periadriatischen Naht (z.B. Bergell, Adamello)

Abb. 0–9
Stark vereinfachte Blockdiagramm-Ansicht der Alpen von West nach Ost. Sie zeigt die heutige Lage der grosstektonischen Einheiten im Alpengebäude.

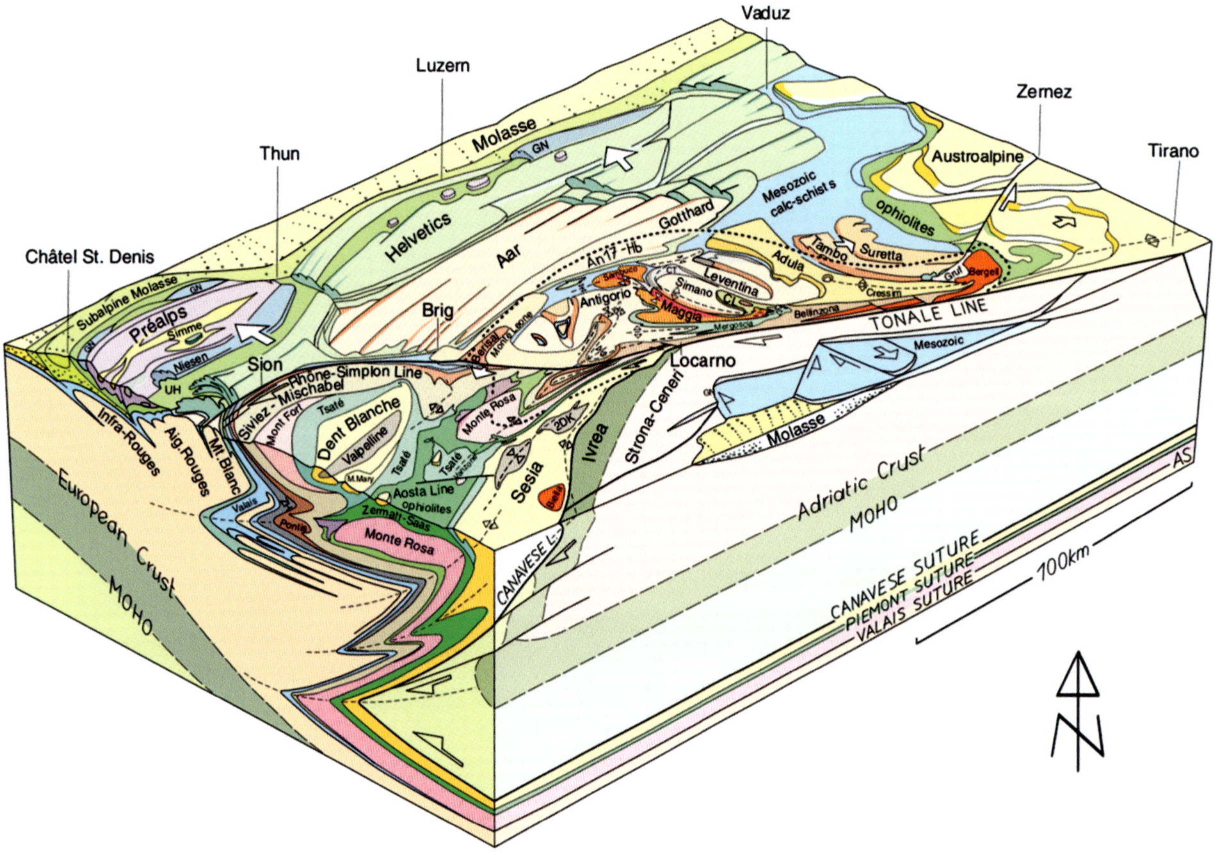

Abb. 0–10
Dieses eindrückliche 3D-Blockdiagramm des Alpengeologen Albrecht Steck zeigt den Deckenbau der Zentralalpen zwischen dem Unterwallis und dem Mittelengadin. Es kann bei vielen der folgenden Essays als Illustration zu Rate gezogen werden.

Abb. 0–11
Drei tektonische Übersichtsprofile durch die West-, Zentral- und Ostalpen. Vom Prinzip her verwandt, im einzelnen mit bedeutenden Unterschieden.

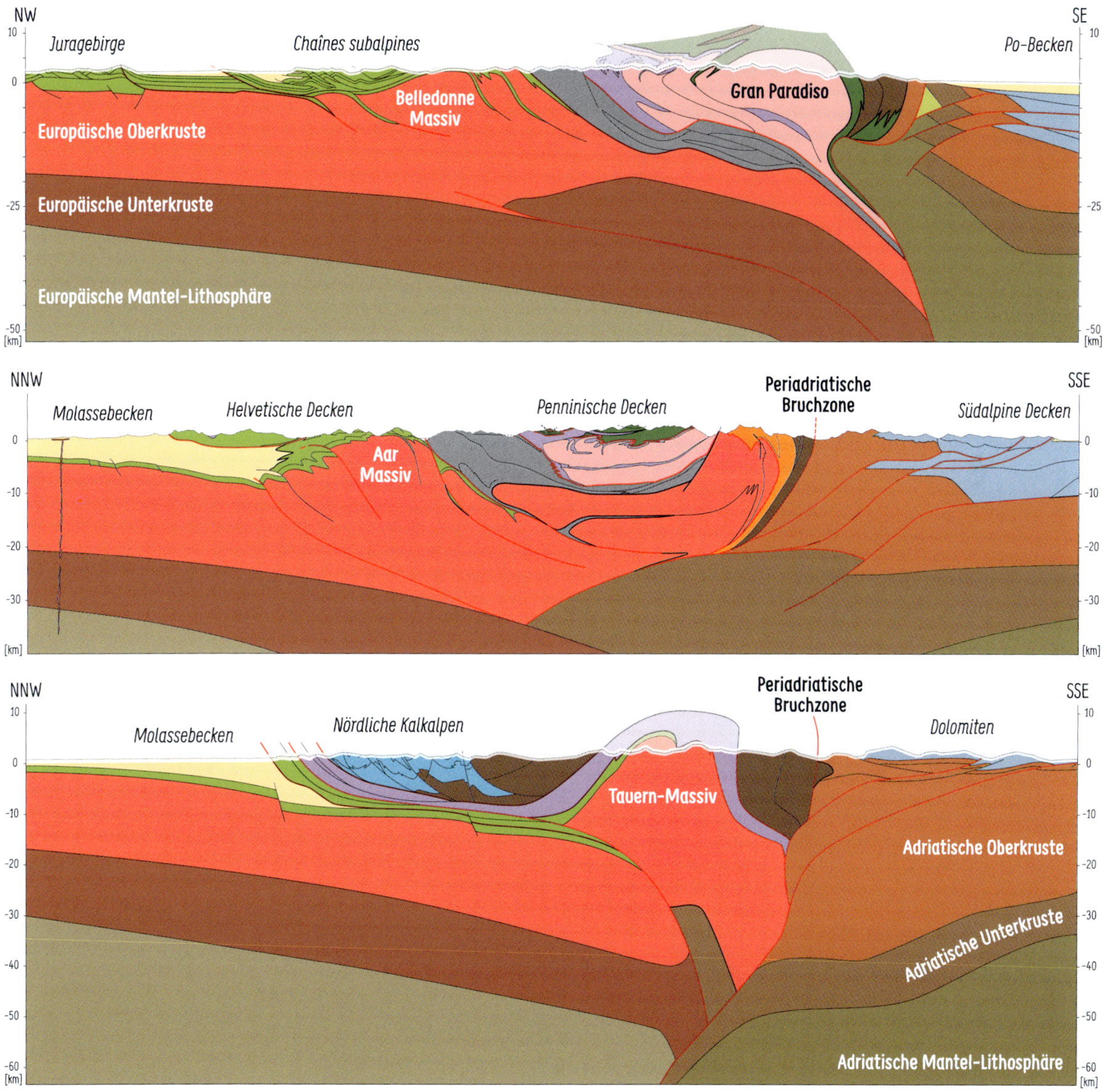

Europäischer Kontinentalrand
Helvetikum und Lepontikum
- Känozoikum (Molasse)
- Mesozoische Sedimente
- Grundgebirge (Europ. Oberkruste)
- Europäische Unterkruste
- Mantel-Lithosphäre

Penninikum
Oberpenninikum / Piemont-Ozean
- Ozeanische Kruste & Sedimente

Mittelpenninikum / Briançon-Schwelle
- Mesozoische Sedimente
- Grundgebirgseinheiten

Unterpenninikum / Wallis-Trog
- Sedimente & Ozeankruste (Ophiolithe)

Adriatischer Kontinentalrand
Salassikum und Ostalpin
- Mesozoische Sedimente
- Kristallines Grundgebirge

"Junge alpine Granite"
- Bergeller Pluton

Wichtigste Überschiebungen

Südalpin
- Känozoikum (Po-Molasse)
- Mesozoische Sedimente
- Adriatische Oberkruste
- Adriatische Unterkruste
- Mantel-Lithosphäre

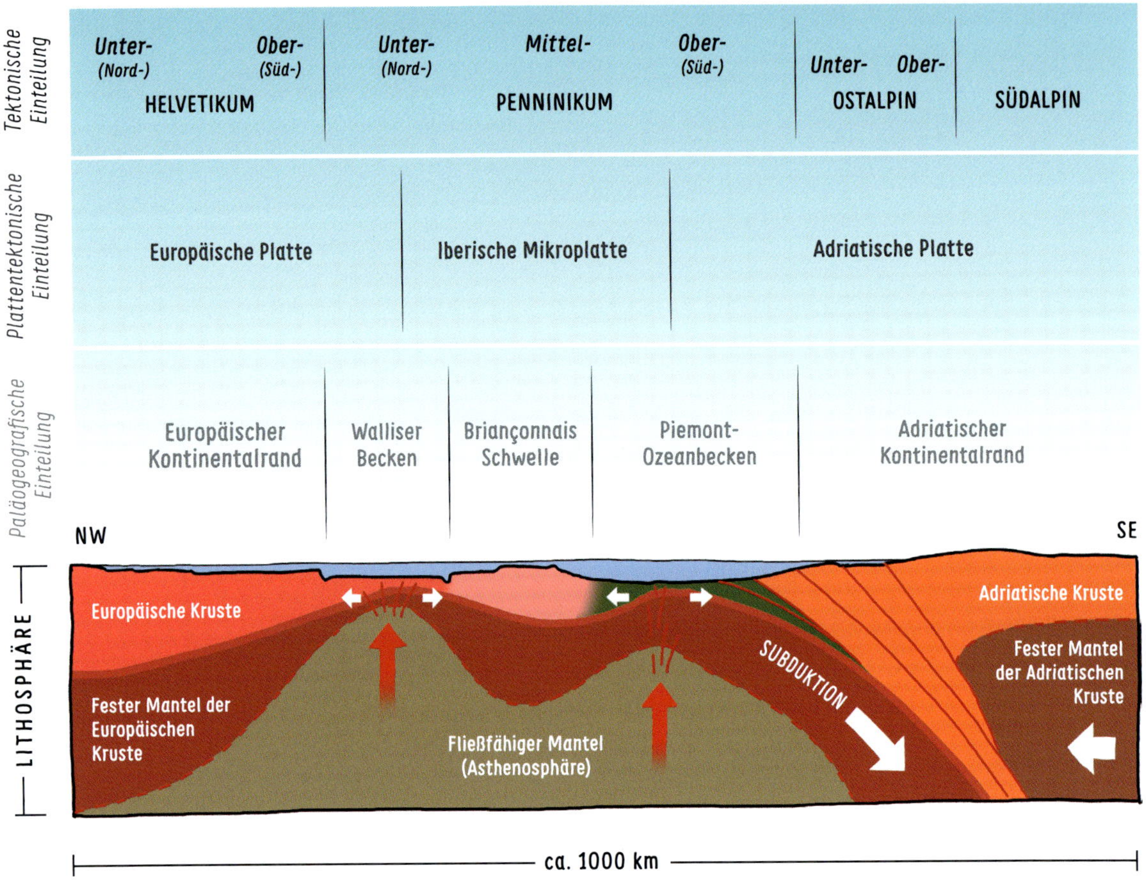

Abb. 0–12
Paläogeografisches Profil durch den Alpenraum vor rund 120 Mio. Jahren. Es zeigt den Zusammenhang zwischen den paläogeografischen, plattentektonischen und tektonischen Unterteilungen. Vergleichen Sie sie auch mit den Abbildungen im Innenumschlag hinten.

Abb. 0–13
Blick von der Rätschenfluh gegen Osten an die Madrisa (2825 m ü. M.). Helle Kalksteine vorne: Mittelpenninikum (Iberia). Dunkle Felsen der Madrisa: Oberostalpin (Adria). Dazwischen oberpenninische Gesteine (Piemont-Ozean). Ursprünglich ca. 500 km auseinander, heute noch 0,5 km!

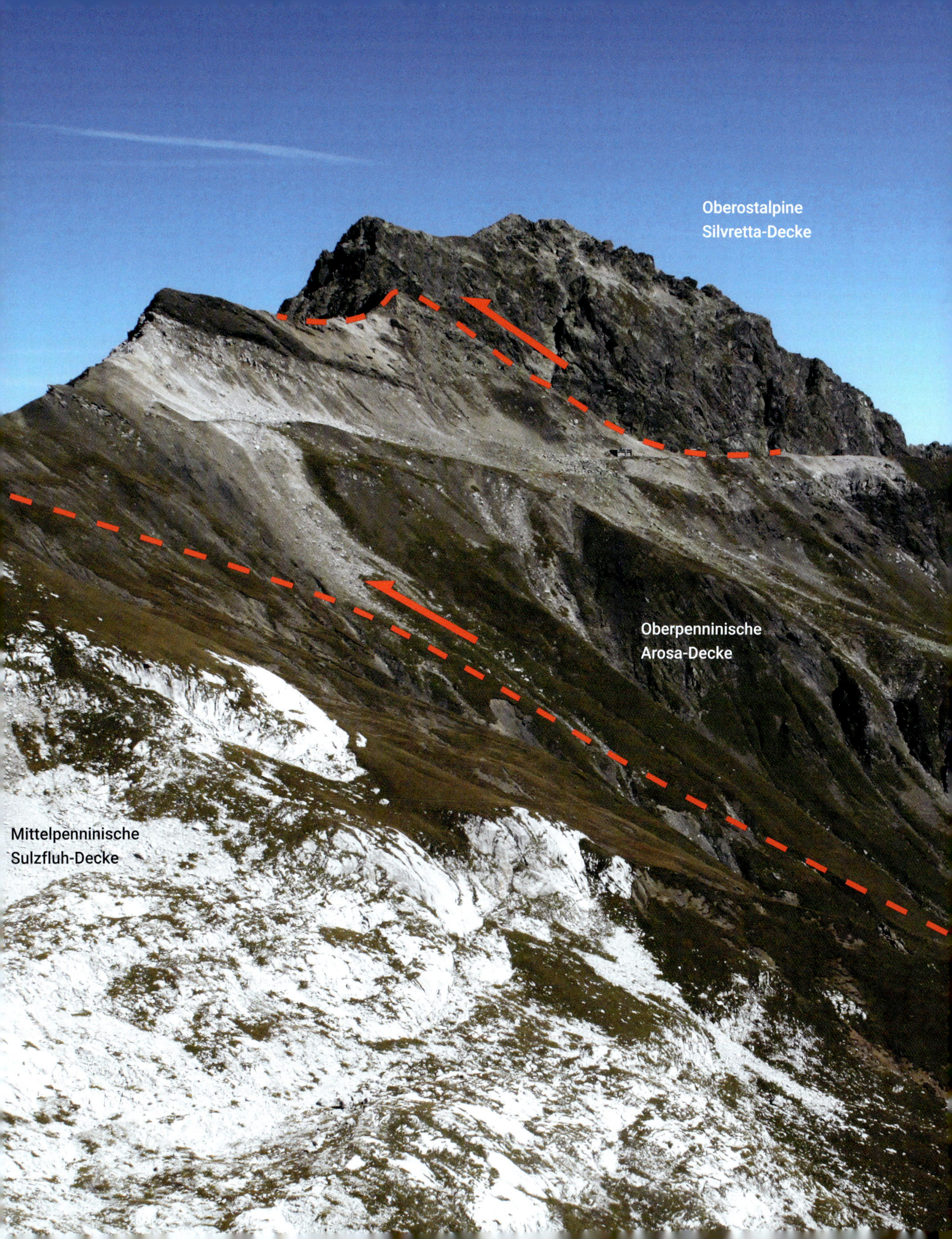
Oberostalpine
Silvretta-Decke
Oberpenninische
Arosa-Decke
Mittelpenninische
Sulzfluh-Decke

«penninisch» bezeichneten, auch in Graubünden und sogar in den Hohen Tauern vorkommen, also weit ausserhalb der eigentlichen penninischen Alpen. Und später stellten sie fest, dass das ganze Gebiet der Berner, Freiburger und Waadtländer Voralpen zwischen Thuner- und Genfersee zwar auch aus Sedimentgesteinen besteht, die aber nicht zu den helvetischen Abfolgen passten, sondern zu den penninischen südlich des Rhonetals, und dass sie bei der Alpenbildung fast über 100 km über die helvetischen Einheiten überschoben worden waren (s. Abb. 0–7). Des Weiteren erkannten sie, dass das Gebiet um die Dent Blanche in den Walliser Alpen, das als «Dent Blanche-Decke bezeichnet wurde, mit den ostalpinen Einheiten im Gebiet um den Malojapass vergleichbar ist, und damit ein Stück «Ostalpin» in den Westalpen darstellt (neuerdings werden diese Einheiten als «Salassikum» getrennt vom restlichen Ostalpin ausgeschieden). So kam die in Abb. 0–7 dargestellte, stark vereinfachte «Baukarte» (= tektonische Karte) der Alpen zustande. Die Abb. 0–9 zeigt denselben Sachverhalt in einem dreidimensionalen Blockdiagramm. Diese vom österreichischen Alpengeologen Kurt Stüwe in seinem wunderbaren Buch «Die Geologie der Alpen aus der Luft» präsentierte Illustration ist besonders für Anfänger extrem hilfreich um den grosstektonischen Bau der Alpen zu verstehen. Dieses Buch sei hier wärmstens empfohlen.

Die Decken treten auf

Und damit sind wir beim nächsten Schritt angelangt, nämlich der für die Geologie so wichtigen dritten Dimension, der Tiefe, und damit in den Alpen bei den Decken und Überschiebungen. In der zweiten Hälfte des 19. Jahrhunderts hatte sich die Einsicht durchgesetzt, dass die Alpen im Wesentlichen aus übereinander geschobenen Gesteinseinheiten bestehen, die als «Decken» bezeichnet wurden. Da lag es nahe, systematisch herauszufinden, welche Decken da ganz genau über welche anderen Decken geschoben worden waren und wie die Schubrichtungen jeweils verliefen. Das erforderte viele genaue Beobachtungen und Untersuchungen der Strukturen wie z. B. das Einmessen von Faltenrichtungen, das Entziffern von Überschiebungsspuren etc. Für die Zentralalpen (Definition s. S. 27) war das Resultat eindeutig. Die generelle Schubrichtung war von SE nach NW, und es gilt die Regel: Helvetikum wurde über Molasse geschoben, Penninikum über Helvetikum, Ostalpin über Penninikum, und das Südalpin steht sozusagen abseits, südlich der alpenweiten Störungszone der «periadriatischen Bruchzone» (Abb. 0–8, 0–9). Die Abb. 0–10 zeigt eine detailliertere Darstellung der Deckenstruktur im Bereich der Zentralalpen.

Eine «alte Geografie» entsteht

Nun kommt der entscheidende Schritt! Wenn man weiss, welche Decken auf welche überschoben worden sind, und wenn man die Schubrichtung kennt, dann liegt es nahe, die ganzen Überschiebungen gedanklich oder zeichnerisch rückgängig zu machen, sozusagen den ganzen Deckenstapel wieder auseinanderzuziehen, und dann zu schauen, was für eine Art von ehemaliger, «alter» Geografie – man nennt sie «Paläogeografie» – sich daraus ergibt. Das taten die Geologen fleissig, und so ergab sich eine geografische Verteilung der vier Zonen von NW nach SE mit der Abfolge Helvetikum – Penninikum – Ostalpin – Südalpin, und dies für verschiedene Zeitabschnitte. Aus den zuerst aktuell geografischen, dann geologisch-tektonischen Einheiten wurden nun paläogeografische Einheiten! Diese finden Sie auf der Abb. 0–12 in einem NW-SE-Profil dargestellt, für die Situation vor rund 120 Mio. Jahren.
Können Sie mir noch folgen?

Ein begriffliches Durcheinander entsteht

Nun kommt nochmals ein wichtiger Schritt. In allen vier Zonen konnten die Geologen eine alte Unterlage, das kristalline Grundgebirge, und darüber abgelagerte jüngere Sedimentgesteine feststellen (s. Essay 6). Die Sedimentgesteine erzählten nun den Geologen, wie die Ablagerungsbedingungen (Meer oder Land, tiefes oder flaches Meer, Klima etc.) über die ganzen fast 200 Mio. Jahre des Mesozoikums (Trias-, Jura-, Kreidezeit, s.

Abb. 0–14
Blick von Westen auf den Gross Mythen. Dieser Berg ist ein Erosionsrelikt aus mittelpenninischen Sedimentgesteinen, die über rund 80 km auf den helvetischen Bereich überschoben worden sind.

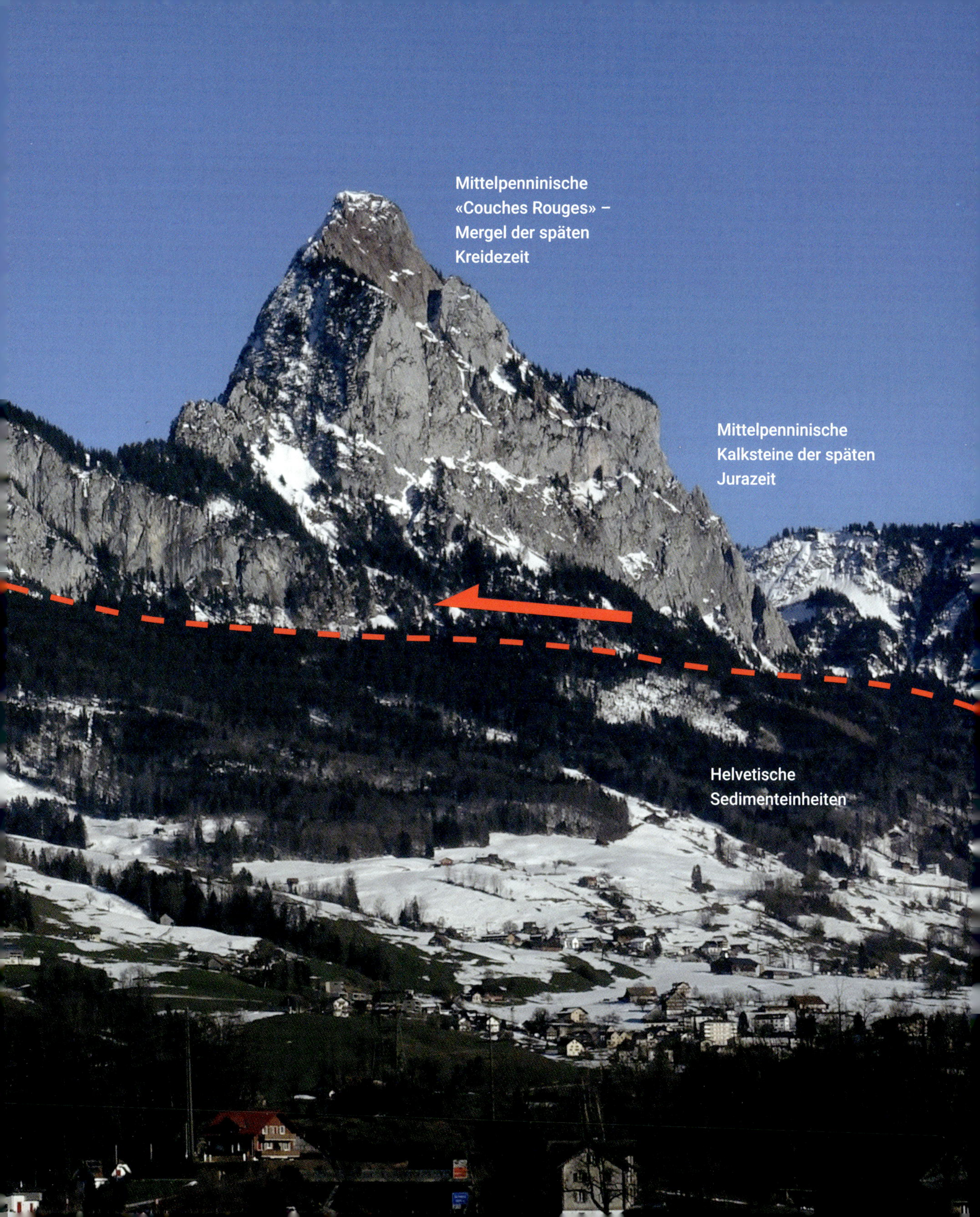
Mittelpenninische «Couches Rouges» – Mergel der späten Kreidezeit
Mittelpenninische Kalksteine der späten Jurazeit
Helvetische Sedimenteinheiten

Zeittabelle Abb. 6–2) waren, und sie versuchten für jede Zeitetappe eine entsprechende Paläogeografie zu entwerfen (s. Kartenabfolge Umschlag hinten).

Bald erkannten sie, dass die einfache Viererteilung etwas gar grob war und führten zusätzliche Unterteilungen ein, die sich zuerst an der Paläogeografie orientierten. So unterteilten sie die helvetische Zone von NW nach SE in ein Nord-, Mittel- und Süd- und Ultrahelvetikum, die penninische in Nord-, Mittel- und Südpenninikum.

Da die Deckenüberschiebungen bei der Alpenbildung von SE nach NW abliefen, wurde also Süd- auf Mittel- und dieses auf Nordhelvetikum überschoben, sodass dann das Nordhelvetikum zuunterst und das Südhelvetikum zuoberst lag (Abb 0-8). Also dachten sich andere Geologen aus, dass man das Nordhelvetikum genauso gut auch als Unter- oder Tiefhelvetikum, das Südhelvetikum auch als Ober- oder Hochhelvetikum bezeichnen könnte. Zur Freude aller Geologiestudierenden und vor allem der Geologie-Neulinge geschah das auch tatsächlich, was natürlich ganz wunderbar zur allgemeinen Verwirrung beitrug – denn alle Begriffe werden seither nebeneinander verwendet. Nur beim Ostalpin blieb man bei Unter- und Oberostalpin – wohl weil so etwas wie ein Nordostalpin wenig Sinn ergäbe; was die Sache ja auch nicht wirklich vereinfacht ... Für die Fach-Geologen ist es im jeweiligen Kontext klar, ob man von der paläogeografischen Lage (und damit von Nord – Mittel – Süd) oder von der heutigen tektonischen Lage (und damit von Unter – Mittel – Ober) spricht. Vor einigen Jahren hat sich die Landesgeologie darauf geeinigt, in Zukunft nicht mehr die paläogeografisch basierte Unterteilung «Süd – Mittel- und Nord», sondern nur noch die nach dem heutigen tektonischen Bau abgeleiteten Begriffe «Ober – Mittel – und Unter» zu verwenden, wie sie auf Abb. 0-12 dargestellt sind. Dies wird in diesem Buch weitgehend auch so verwendet, mit Ausnahme der Fälle, wo eindeutig auf die paläogeografische Anordnung Bezug genommen wird, dann verwenden wir Nord/Unter und Süd/Ober.

Von der Paläogeografie zur Plattentektonik

Im Helvetikum und im Ostalpin stellten die Geologen fest, dass sich die Ablagerungen innerhalb der Zone von NW nach SE zwar veränderten, aber mehr oder weniger kontinuierliche Übergänge und sehr ähnliche Gesteinsabfolgen ergaben. Bald wurde ihnen klar, dass das damit zu tun hat, dass beide Zonen einen ehemaligen Kontinentalrand repräsentieren, das Helvetikum den europäischen, das Ostalpin den afrikanischen (bzw. adriatischen, s. Essay 9), die beide gegen das Penninikum hin tiefermarine Milieus anzeigten. In der penninischen Zone zeigten sich hingegen grosse und grundsätzliche Unterschiede zwischen Unter-, Mittel- und Oberpenninikum. Das Unterpenninikum zeichnet sich durch mächtige und fossilarme Meeresablagerungen über einer stark ausgedünnten Grundgebirgskruste aus, das Mittelpenninikum durch einen der helvetischen Zone sehr ähnlichen Grundgebirgssockel sowie darüber eine eigenständige Abfolge von Meeresablagerungen. Für das Oberpenninikum wiederum sind grosse Vorkommen von «Ophiolithen» – heute als Reste von Ozeankruste erkannt (s. Essay 10 und Geo-Wissen 5) – und darüberliegende Tiefseesedimente charakteristisch.

Ab den 1970er-Jahren, als sich die Plattentektonik als globaler Rahmen der ganzen Geologie durchsetzte, wurde dann der letzte Schritt in der Rekonstruktion der alpinen Paläogeografie vollzogen, nämlich die Zuordnung der paläogeografischen Zonen zu deren plattentektonischen Entsprechungen. So entstand nach und nach das Bild, wie Sie es in der Kartendarstellung im vorderen Innenumschlag und in Abb. 0–12 in einem Profil sehen können.

— Jura und Mittelland sind Teil der europäischen Kontinentalplattform, deren Grundgebirge in Schwarzwald und Vogesen, weiter östlich in der Böhmischen Masse oder in Frankreich im Massif Central durch Hebungsvorgänge an die heutige Oberfläche gelangt sind; in den Gebieten dazwischen finden wir die mesozoischen Sedimente, die darüber abgelagert wurden.

— Das Helvetikum repräsentiert den an Jura-Mittelland anschliessenden, ehemaligen südöstlichen Rand des europäischen Kontinents, welcher mit wenigen Ausnahmen während des ganzen Mesozoikums meeresbedeckt war und wo wir demzufolge marine Ablagerungsgesteine aus diesen Zeiten finden. Der südöstliche Teil der ausgedünnten Kruste wird neuerdings als Lepontikum ausgeschieden.

— Das Penninikum ist plattentektonisch und damit auch gesteinsmässig am vielfältigsten. Das Unterpenninikum repräsentiert ein schmales Tiefmeerbecken, das als «Walliser Becken» (oder «Trog», «Meer») bezeichnet wurde sowie die darin abgelagerten monotonen Kalk-Ton-Serien als «Bündnerschiefer» (s. Essays 9 und 17).
— Das Mittelpenninikum wurde als schmale Mikrokontinent-Scholle erkannt, die einen östlichen Ausläufer des iberischen Mikrokontinents darstellt. Im Alpenraum wurde diese Zone wegen der besonders deutlichen Ausprägung rund um die Alpenstadt Briançon in den Westalpen auch «Briançonnais» genannt; dieser Name hat sich bis heute gehalten. Der Mikrokontinent lief gegen Osten aus; in den Ostalpen ist er nicht mehr zu finden.
— Das südöstlich anschliessende Oberpenninikum repräsentiert den eigentlichen alpinen Ozean, der im Bereich der Zentralalpen als «Piemont-Ozean» bezeichnet wurde. Weiter östlich, wo der Briançonnais-Mikrokontinent fehlt, sprechen die Ostalpengeologen einfach vom «penninischen Ozean», sozusagen der Fortsetzung des Walliser Beckens und des Piemont-Ozeans. Man geht heute davon aus, dass der Piemont-Ozean nur rund 350 km breit war – im globalen Massstab ein schmales Meeresbecken. Bei der Annäherung von Afrika an Europa wurde der allergrösste Teil subduziert (s. Essays 8, 9, 10). Was wir heute davon in den Alpen antreffen, sind nur kleine abgescherte Splitter, auch wenn diese uns sehr mächtig vorkommen.
— Das Ostalpin und sein kleines Anhängsel des Salassikums repräsentiert sozusagen das Gegenstück zum Helvetikum auf der anderen Seite des Meeresbeckens. Bis vor noch nicht allzu langer Zeit verstand man darunter den afrikanischen Kontinentalrand; heute wissen wir jedoch, dass vorgelagert vor dem eigentlichen afrikanischen Riesenkontinent sich ein davon abgespaltener Mikrokontinent entwickelte, den die Geologen Adria tauften. Er war es, der in die alpine Kollisionszone geriet. Heute spricht man daher vom adriatischen Kontinentalrand.
— Das Südalpin bildet dann die Fortsetzung des adriatischen Kontinentalrands gegen SE hin; seine Sedimentgesteinsabfolgen sind denjenigen des Ostalpins nahe verwandt.

Schaut man sich die Paläogeografie des Alpen-Mittelmeer-Raums nach heutigen Kenntnissen an, ergibt sich ein komplexes Nebeneinander von Mikrokontinenten und Meeresbecken, welche sich im Verlaufe des Mesozoikums stark veränderten. Darauf wird in Essay 9 genauer eingegangen.
Auch heute noch ist nicht alles klar. So war in den letzten Jahren etwa die paläogeografische Zuordnung der Dent-Blanche-Decke umstritten. Zuerst rechnete man sie zum Unterostalpin und parallelisierte sie mit der Margna-Decke östlich der Tessiner Aufwölbung (Essay 22), später wurde daraus ein eigener Mikrokontinent namens «Cervinia» gemacht, und heute hat man sich auf eine eigene unterostalpine Zone namens «Salassikum» geeinigt. (Die Salassier waren ein wilder Keltenstamm des oberen Aostatals.)
Wenn Sie nun einen dieser Begriffe Helvetikum, Penninikum, Ostalpin oder Südalpin hören oder lesen, können Sie sich mehr darunter vorstellen. Sie müssen einfach immer aufpassen, ob die Begriffe gerade im tektonischen oder paläogeografischen Sinne verwendet werden.

Noch einige Begriffe …

Es gibt noch einige weitere Begriffe im Vokabular der Alpengeologie, welche im hier besprochenen Gesamtrahmen des Alpengebirges wichtig und oft anzutreffen sind, und die zu kennen sich lohnt.

1. *Einteilung der Alpen entlang ihrer Längsachse*

Die Alpen werden gemeinhin unterteilt in West-, Zentral- und Ostalpen (s. Innenumschlag vorne). Die Trennlinien verlaufen wie folgt:
West-/Zentralalpen: Montreux am Genfersee-Ostende – Martigny – Aosta – Ivrea
Zentral-/Ostalpen: Bregenz am Bodensee-Ostufer – Chur – Chiavenna – Comersee – Milano

Allerdings werden in der deutschen und österreichischen Literatur oft nur Ost- und Westalpen unterschieden, die Zentralalpen werden zu den Westalpen gerechnet – schon wieder eine der in der Geologie so häufigen Begriffsverwirrungen ... Dazu kommen noch die Südalpen, wie sie auf S. 17 definiert wurden.

2. *extern – intern, Vorland – Hinterland*
Wenn ein Gebirge von einer bestimmten Überschiebungsrichtung dominiert wird, bezeichnet man den in Überschiebungsrichtung gelegenen Teil als extern – in den Zentralalpen die NW-Teile, den andern Teil als intern – in den Zentralalpen die SE-Seite. Oft sind in den internen Teilen ehemals tiefer versenkte und damit metamorphe Gesteinsanteile vorhanden, in den externen weniger stark überprägte. Vor dem Gebirge liegt das Vorland, dahinter das Hinterland.

3. *autochthon – parautochthon – allochthon*
Autochthon heisst ja «einheimisch» oder «ortsfest». In der Geologie/Tektonik werden Gesteinseinheiten als autochthon bezeichnet, wenn sie bei der Alpenbildung nicht von ihrer Unterlage getrennt, also verschoben worden waren, und entsprechend bedeutet «allochthon», wenn genau dies geschehen war. Alle Gesteinsdecken der Alpen sind damit allochthon. Weil es aber auch Einheiten gibt, die den Zusammenhang mit ihrer Unterlage noch erkennen lassen, aber doch ein wenig davon abgeschert worden waren, hat man den Zwischenbegriff «parautochthon» eingeführt (und damit wie so oft das Abgrenzungsproblem verdoppelt ...).

4. *Periadriatische Naht und Insubrische Linie*
Wie der Name andeutet, ist die Periadriatische Naht eine tektonische Struktur, nämlich eine grosse Bruchzone, die sozusagen «um die Adria herum» verläuft. Mit einer Gesamtlänge von 700 km ist sie die bedeutendste tektonische Störung der Alpen. Sie trennt die penninisch-ostalpinen Decken vom Südalpin. Der westlichste Teil der Störungslinie wird als «Insubrische Linie» bezeichnet. Mehr dazu in Essay 23.

Ein letztes Wort noch zu den unumgänglichen Fachbegriffen: Nicht alle lassen sich sinnvoll umgangssprachlich ersetzen ohne dass es sehr umständlich und schwerfällig wird. Fachbegriffe sind ja dazu da, die Kommunikation unter Fachleuten zu vereinfachen. In diesem Buch werden sie möglichst sparsam eingesetzt. Dort, wo sie uns unumgänglich erscheinen, werden sie bei der ersten Erwähnung kurz erklärt. Bei Unklarheiten finden sich ja heute einfach und rasch Definitionen und Erklärungen im Internet – etwa im genialen weltweiten Online-Lexikon Wikipedia.

WO SEHEN UND ERLEBEN?

Zum Beispiel in der Welterberegion Tektonikarena Sardona TAS: Die gesamte Welterberegion befindet sich im Helvetikum. Gegen Norden schliesst sich das Molassebecken an, und südlich des Vorderrheintals tauchen die unterpenninischen Einheiten von Bündnerschieferdecken auf. Gegen Osten erkennt man im tektonischen Halbfenster des Prättigaus als dessen Rahmen die oberostalpine Silvretta-Decke, die aus adriatischen Grundgebirgsgesteinen besteht. Es ist wohl eine seltsame Vorstellung, dass diese heute nur rund 40 km entfernten Krustenteile in der Jura-/Kreidezeit bis zu fast 1000 km weiter weg am anderen Ufern der alpinen Ozeanbecken lagen!

Abb. 0–15
Blick vom Lötschenpass zum Weisshorn (4506 m ü. M.); von helvetisch im Vordergrund über penninisch im Mittelgrund bis zu unterostalpin (Salassikum) am Weisshorn.

Essays Teil 1

Grundlegende Konzepte – nur teilweise bei Nicht-Geologen angekommen

In diesem Teil vermitteln wir Ihnen einige zentral wichtige Konzepte und Prinzipien der Alpenbildung. Bei etlichen davon geht es auch darum, falsche Bilder und Vorstellungen zu korrigieren, die sich teilweise noch hartnäckig halten – selbst wenn diese unter den Fachleuten schon lange behoben sind.
Wer mit der geologischen Alpenbildung schon recht gut vertraut ist, kann diese Essays auch überspringen.

Abb. 1–1
Faszination Alpengeologie! Der Bifertenstock (3421m ü. M.) in den Glarner Alpen mit seinen geschichteten Meeresablagerungen aus der Kreidezeit, dahinter der Tödi, aufgebaut aus Kalksteinen der Jurazeit.

1

Die Alpen geologisch gesehen

Kollision im Super-Schneckentempo

Sie haben vermutlich schon gehört oder gelesen, dass die Alpen ein sogenanntes Kollisionsgebirge sind beziehungsweise aus einer Kontinentalkollision zwischen Europa und Afrika (resp. Adria) hervorgegangen sind.
Der Begriff «Kollision» ist zutreffend und nicht zutreffend zugleich. Wir assoziieren damit im Regelfall eine Auto-Kollision: Peng, krach, Sekundenbruchteile, und dann Stille; verkeilte Blechteile. Bei der Kontinentalkollision kommt es zwar ebenfalls zu ineinander verkeilten Spänen und Stücken von Gesteinspaketen, ja, aber die Sekundenbruchteile dauern dabei eher so um 50 Millionen Jahre. Eine Kollision im Super-Schneckentempo also! Dazu kommt, dass der Crash nicht an der Oberfläche, sondern in vielen Kilometern Tiefe stattfindet.
Gibt es denn auch Gebirge, die nicht aus Kontinent-Kontinent-Kollisionen hervorgegangen sind? Ja, das gibt es. Die Anden etwa resultieren aus einer Subduktion der ozeanischen Pazifikplatte unter die kontinentale südamerikanische Platte; der Faltenjura wiederum ist ein Abscher-Faltengebirge; die japanischen Gebirgszüge sind ein Inselbogen-Gebirge; das ostafrikanische Bergland besteht aus Vulkanen. Wir gehen auf diese anderen Gebirgstypen hier aber nicht näher ein; dies wird in Essay 29 kurz getan. Wer einen geologischen Überblick über die Gebirge der Welt erhalten möchte, dem sei das Buch «Bewegte Bergwelt» von Florian Neunkirchen empfohlen.
Was charakterisiert also Kontinent-Kontinent-Kollisionsgebirge wie die Alpen oder den Himalaya? Die folgenden Merkmale sind zentral (s. Abb. 1–2):

— Grosse Gesteinsdecken: Beim Kollisionsprozess werden riesige Späne der kollidierenden Kontinente und der dazwischen subduzierten Ozeankruste in vielen Kilometern Tiefe als sogenannte Decken abgeschert, übereinander (bzw. eigentlich untereinander....) geschoben – bis rund 100 km weit im Fall der Alpen! – und gleichzeitig oft auch intensiv verfaltet. Deshalb sind Kollisionsgebirge immer Deckengebirge – und nicht Faltengebirge (Abb. 1–3)!

— Breite Verformungs- und Metamorphosezonen: Die Kollision findet in den Tiefen der Erdkruste statt, durch die Deckenüberschiebungen wird die ganze Kruste stark verdickt. Das bedeutet für die beteiligten Gesteine mehr oder weniger erhöhte Temperaturen und Drücke, was wiederum zu metamorphen Umkristallisationen und zur Verformungen der Gesteine führt. Häufig geht eine sogenannte Hochdruck- bis Ultrahochdruck-Metamorphose einer mehr temperaturbetonten Metamorphose voraus.

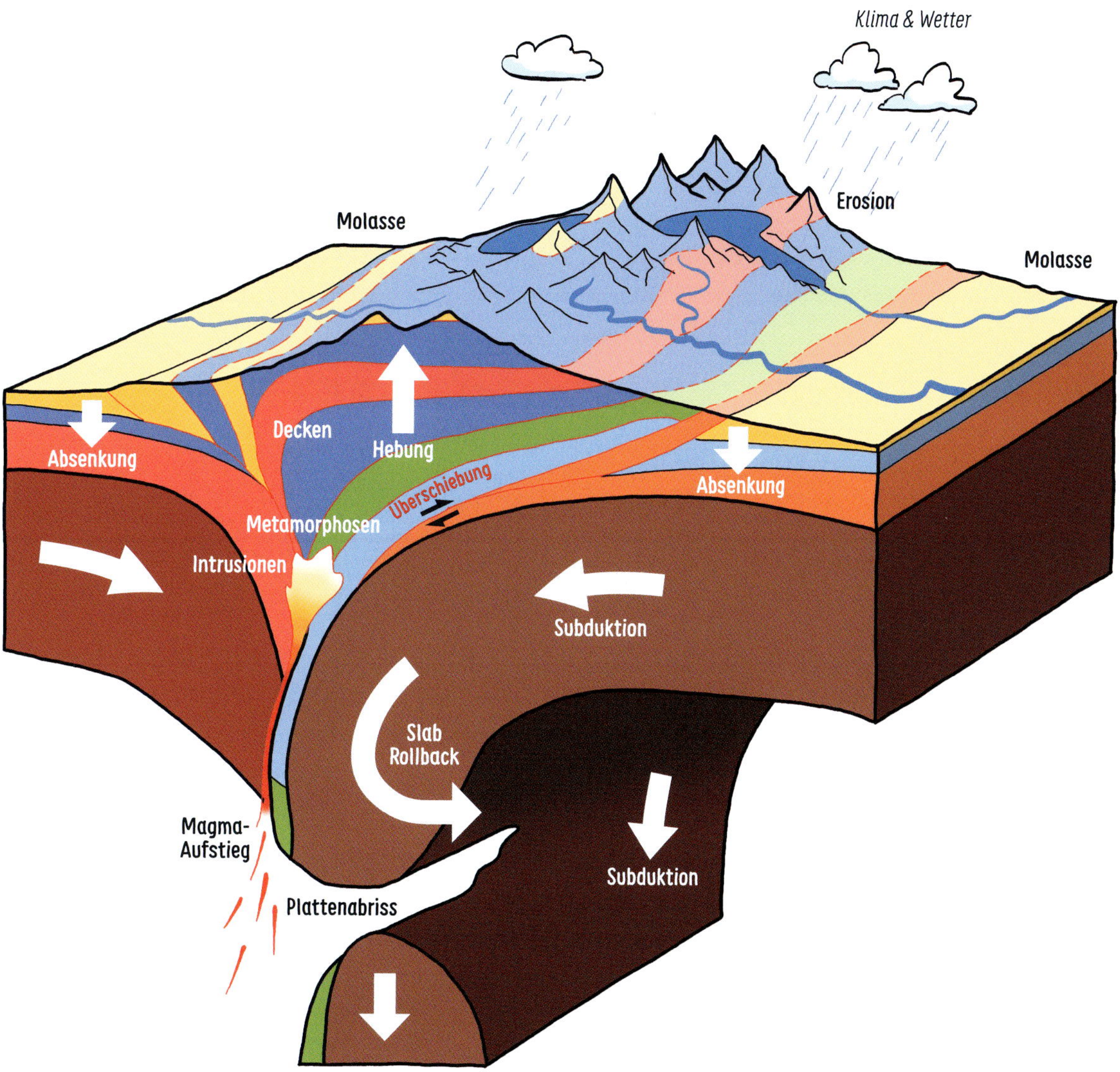

Abb. 1–2
Schematisches Blockdiagramm durch ein Kollisionsgebirge mit den wichtigsten im Text diskutierten Phänomenen.

— Bei der Annäherung der beiden Kontinente wird die dazwischenliegende Ozeankruste in den Erdmantel hinuntergezogen (subduziert) und versinkt dort in grossen Tiefen. Mehr oder weniger grosse Späne der Ozeankruste werden jedoch auch als Decken abgeschert und in die Kontinentalkollision einbezogen. Deshalb findet man in Kollisionsgebirgen Reste der Ozeankruste; sie werden als «Ophiolithe» bezeichnet.

— Komplexe plattentektonische Prozesse in der Tiefe, welche erst in neuerer Zeit erkannt oder postuliert wurden, wie etwa Plattenabriss, Krusten-Delamination, Ausbildung eines Subduktionskanals und eines nachfolgenden tektonischen Akkretionskanals, Platten-Rückrollen – alles ziemlich neue Konzepte, die auch noch intensiv diskutiert werden. Sie werden in den nachfolgenden Essays alle erläutert.

— Im Verlaufe der Gebirgsbildung werden zwei charakteristische Sedimentgesteinsabfolgen gebildet, nämlich zuerst tiefmarine Flysch-Serien (s. Essay 18) und dann Molasse-Ablagerungen (s. Essay 19). Beide umfassen im Wesentlichen Abtragungsmaterial des sich langsam bildenden Gebirges.

— Die Alpen sind zusätzlich dadurch gekennzeichnet, dass während ihrer Bildung fast keine grossräumigen Aufschmelzprozesse in der Tiefe stattgefunden haben, welche zu grossen Mengen plutonischer Gesteine – vorab Granite – führten (wie dies z. B. im Himalaya geschehen ist). Die Granite der Alpen stammen fast alle von älteren Gebirgsbildungen.

— Ein Zusammenspiel von Hebungs- und Abtragungsprozessen, welches über die Höhe und Ausformung des Gebirges entscheidet. Dabei spielen nicht nur Kräfte in der Tiefe eine grosse Rolle, sondern auch das Klima, welches die Niederschlagsmuster oder Eiszeiten bestimmt, welche wiederum die Erosion beeinflussen (s. Essay 21).

Alle diese Merkmale eines Kollisionsgebirges bilden den Rahmen für die nachfolgenden Essays und werden dort vertieft.

WO SEHEN UND ERLEBEN?

Beispiele für diese grundlegenden Prozesse finden sich in den ganzen Alpen. Alles, was die Vorgänge in grosser Tiefe anbelangt, können wir nur mit indirekten Methoden ermitteln – so wie ein Arzt nur mit einem MRI einen Einblick in die inneren Organe erhalten kann. Etliches kann in der Welterberegion TAS aber trotzdem besonders gut beobachtet werden:

- **Die Deckenstruktur der Glarner Decke ist dreidimensional sicht- und erlebbar. Die besten Lokalitäten sind der Piz Cassons oberhalb Flims, die Region rund um das Martinsloch und der Firstboden oberhalb Elm.**
- **Flyschgesteine nehmen grosse Gebiete der TAS-Region ein, so zum Beispiel in der Tschingelschlucht bei Elm und in der Taminaschlucht bei Bad Ragaz.**

Abb. 1–3
Blick von oberhalb St. Antönien im Prättigau (GR) nach Osten an den Schollberg 2572 m. Man erkennt morphologisch und von den Gesteinsarten her drei übereinanderliegende Decken.

Silvretta-Decke
Sulzfluh-Decke
Prättigau-Decke

2

Die Alpenfaltung gibt es nicht!

Warum wir uns trotz der vielen sichtbaren Falten von diesem Begriff lösen sollten

Bei der Bahn- oder Autofahrt entlang des Ostufers des Urnersees (Südteil des Vierwaldstättersees, «Axenstrasse»), fallen auch den geologisch völlig unbedarften Reisenden die spektakulären Gesteinsfalten am Oberbauenstock auf (Abb. 1–6). «Aha, die Alpenfaltung!», wird wohl mancher Zeitgenosse denken oder sagen. Es gibt noch zahlreiche weitere bekannte und gut zugängliche Orte in den Alpen, wo man Gesteinsfalten auch als Laie sehr gut sieht; um nur einige wenige zu erwähnen:

- das «Faltenknäuel» östlich Brienz an der Felswand des Ballenbergs, von Autobahn und Zug aus gut sichtbar und auf vielen Schweiz-Kalendern abgebildet,
- die Sichelkammfalte hoch über dem Walensee östlich der Churfirstenkette,
- die spektakulären Rundfalten am Ferdenrothorn, welche kein*e Wanderer*in über den Lötschenpass mehr vergisst,
- die Riesenfalten an der Jegertosse im Gasterntal ob Kandersteg, von der Sonnenterrasse des Restaurants Waldhaus geniessbar,
- die liegende Falte am Gipfel der Dent de Morcles, im Nachmittagslicht vom Rhonetal aus zwischen St. Maurice und Martigny sichtbar,
- die teigig verfalteten Gneise in den schön geschliffenen Flussfelsen der Tessiner Flüsse Verzasca und Maggia, die gerne mit sich darauf räkelnden, noch faltenlosen Schönheiten gezeigt werden.

Und da soll es die Alpenfaltung nicht geben?

Die Falten in den Alpen fallen zwar auf, sie sind weit verbreitet und wichtig, aber sie machen nicht das Wesentlichste des geologischen Alpenbaus aus: Das zentrale Bauelement der Alpen sind die sogenannten Decken. Das sind übereinander geschobene Gesteinspakete, die wie gigantische Hobelspäne bei der Alpenbildung aus ihrem ursprünglichen Zusammenhang gelöst, abgeschert und übereinander geschoben wurden (s. Essays 4, 5). Für sie trifft der berühmte Ausspruch aus dem Buch «Der kleine Prinz» von Antoine de Saint-Exupéry zu: «... das Wesentliche ist unsichtbar». Die Decken und ihre Kontakte sind in der Landschaft in der Regel weniger offensichtlich zu erkennen. Wobei es allerdings spektakuläre Ausnahmen gibt – die berühmteste ist die Glarner Decke, welche an der Glarner Hauptüberschiebung 35 km weit überschoben wurde (Abb. 1–13). Im Weltnaturerbe Tektonikarena Sardona ist diese Überschiebungsfläche als äusserst markanter Gesteinswechsel in der Gebirgslandschaft gut zu erkennen. Da dies

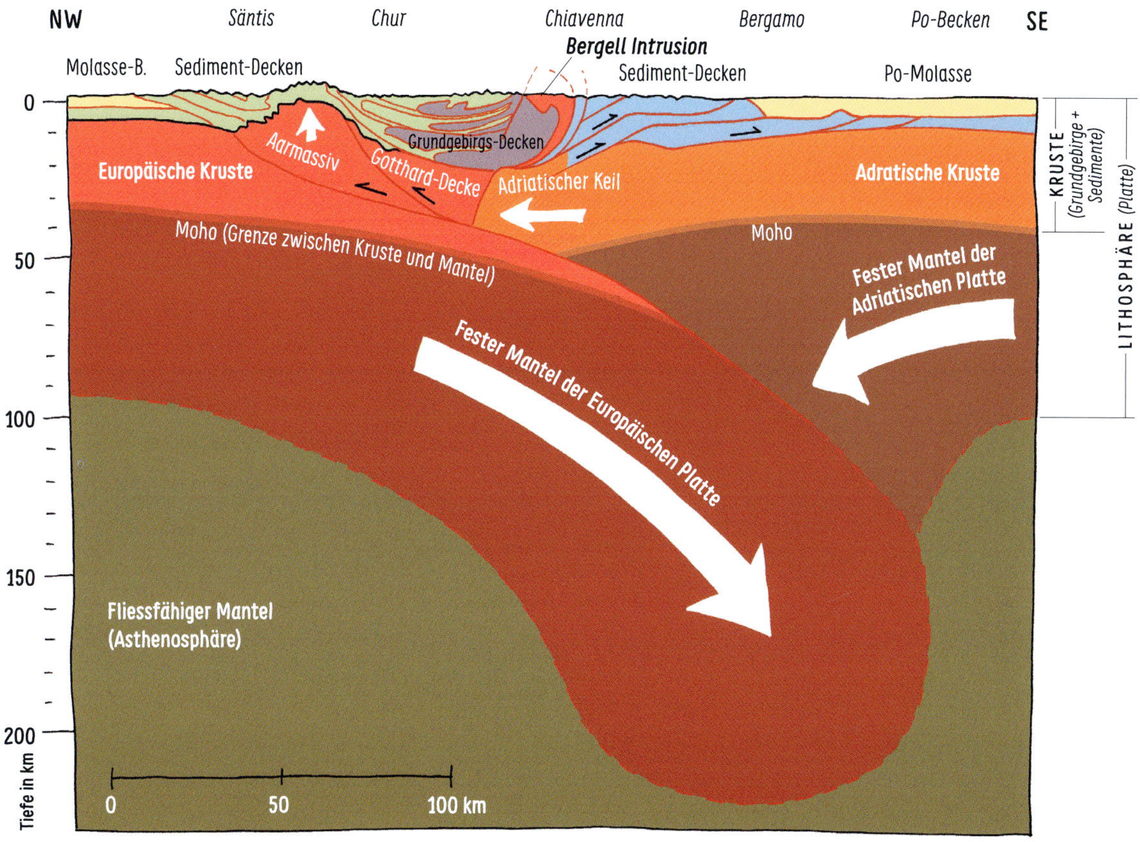

Abb. 1–4
Dieses vereinfachte, grossmassstäbliche Tiefenprofil durch die Zentralalpen illustriert bestens, dass die Alpen kein Abscher–Faltengebirge sind, sondern eine von grossen Gesteinsdecken geprägte, komplexe Kollisionszone darstellen.

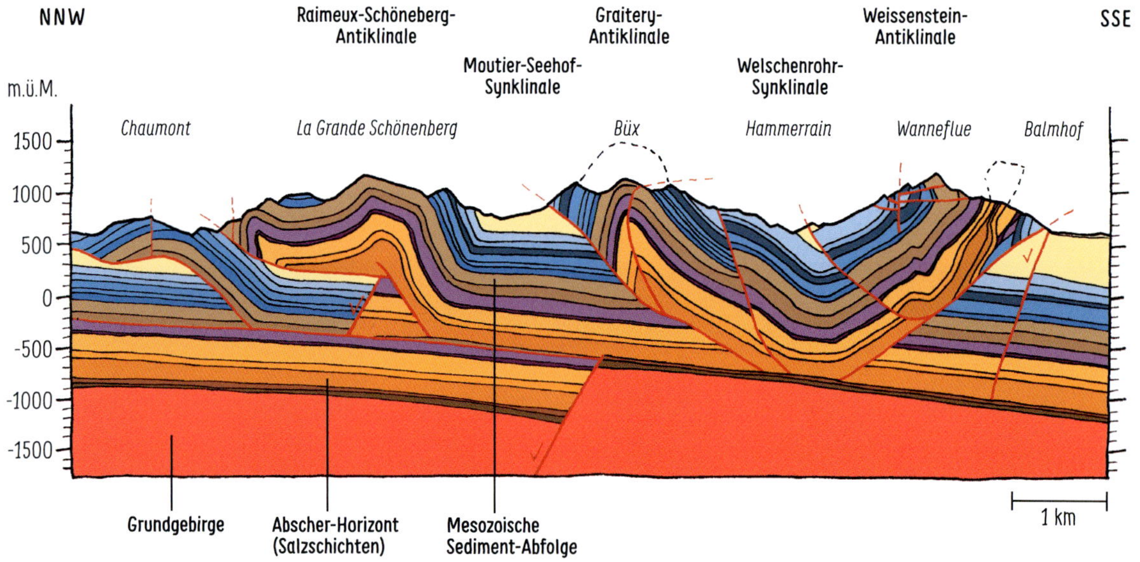

Abb. 1–5

Ausschnitt aus einem geologischen Profil durch die Weissenstein-Jurakette nahe Solothurn, mit den im Text besprochenen Elementen eines Abscher-Faltengebirges.

die weltweit am klarsten erkennbare Deckenüberschiebung ist, wurde das Gebiet zu einem UNESCO Welterbe erhoben. Es gibt aber auch weitere Beispiele – darauf wird in den Essays 4 und 5 weiter eingegangen.
Der Begriff Alpenfaltung geht auf das 19. Jahrhundert zurück, als für die geologische Welterklärung noch das «Schrumpfapfelmodell» diente. Demnach kühlte sich die Erde im Verlaufe der Zeit langsam ab, wodurch sie in ihrem Volumen schrumpfte und als Folge davon sich ihre starre Haut in Falten warf. Die Faltenbildung stellte man sich ganz einfach so vor, wie wenn ein Stapel Tücher auf einer festen, glatten Unterlage zusammengeschoben und dabei verfaltet wird. Das war auch die Erklärung für die Alpenbildung. Und dieses einfache «Tischtuch-Modell» der Alpenbildung hat sich mit dem Begriff der «Alpenfaltung» in den Köpfen festgesetzt – leider bis heute!
Gegen Ende des 19. Jahrhunderts wurde von den Alpengeologen erkannt, dass vor allem grossräumige Überschiebungen von riesigen Gesteinseinheiten den Bau der Alpen prägen. Eine zentrale Rolle dabei spielte die «Glarner Hauptüberschiebung» (s. Essay 30). Zu Beginn des 20. Jahrhunderts wurde immer klarer, dass überall in den Alpen solche Überschiebungen das wesentliche Bauelement des Gebirges sind. Die übereinander geschobenen Gesteinspakete wurden als «Decken» bezeichnet. Schon ein flüchtiger Blick auf einen modernen Tiefenprofilschnitt quer durch den Alpenkörper (z. B. Abb. 1–4, 2–25) lässt erkennen, dass das Alpengebäude etwas gänzlich anderes ist als eine auf fester Unterlage zusammengeschobene und dabei verfaltete Gesteinsserie.

Es gibt Faltengebirge!

Es gibt tatsächlich Faltengebirge, die im Wesentlichen nach dem einfachen Tischtuch-Modell gebildet wurden! Sie entstehen in der Regel dort, wo nur die obersten wenigen Kilometer der Erdkruste komprimiert werden; die idealen Voraussetzungen dazu sind gegeben, wenn eine geschichtete Abfolge von Sedimentgesteinen auf einer leicht deformierbaren «Schmierschicht» aufliegt. Man spricht dabei auch von «Dünnhaut-Tektonik» (thin skinned tectonics). Eines der besten Beispiele dafür ist der Faltenjura. Auf der festen Unterlage des alten kristallinen Grundgebirges wurde in geologisch jüngster Zeit vor rund 10–5 Mio. Jahren ein Stapel geschichteter Sedimentgesteine aus der Trias- bis Kreidezeit (ca. 250–100 Mio. Jahren) auf einer Gleitschicht von Salz-/Gipsablagerungen durch Fernschub aus den Alpen zusammengeschoben, gestaucht und verfaltet (Abb. 1–5). Aber selbst dort sind neben den typischen, in den Juraklusen oft so auffallend gut sichtbaren Falten auch Überschiebungen ganz wesentlich beteiligt. Weitere solche «richtigen» Faltengebirge sind etwa die Zagros-Berge in Südiran oder die «Ridge-and-Valley»-Appalachen in den östlichen USA.

Die Alpen sind ein Deckengebirge

Zurück zum Deckengebirge Alpen. Die alpinen Gesteinsdecken können ganz unterschiedliche Dimensionen und Innenstrukturen aufweisen, von «Minidecken» im Dekameterbereich bis zu «Megadecken» mit etlichen Kilometern Dicke und Überschiebungsweiten bis gegen 100 km – beispielsweise die Silvretta-Decke im östlichen Graubünden (s. Essay 5, Abb. 1–3). Heute wissen wir, dass die Abscherung und Stapelung dieser Decken eine Folge der Kollision von Adria mit Europa war – doch davon mehr in späteren Kapiteln.
«Aber die Falten, die man überall sieht?» wird der eingefleischte «Alpenfalter» nun einwenden. Ein Vergleich soll bei der Antwort helfen: Alte Menschen fallen auch durch ihre vielen Falten auf, aber diese machen nicht ihre wirkliche Substanz aus, sie sind einfach eine sehr auffällige Begleiterscheinung. Und so sind Gesteinsverfaltungen Folge und Begleiterscheinungen der Deckenüberschiebungen, aber nicht deren Ursache. Man findet geologische Verfaltungen in jeglicher Grössenordnung, von Millimetern bis zu Kilometern.
Ob und wie viel Faltung die Überschiebungen begleitete, hing wesentlich von den Gesteinsarten und deren Mächtigkeiten, ihren mechanischen Eigenschaften und den Temperaturen bei der Deckenbildung ab. Decken aus weitgehend gleichartigen und starren Gesteinen bilden manchmal fast

brettartig transportierte, praktisch unverfaltete Decken. Die oben erwähnte Silvretta-Decke ist ein Beispiel dafür. Decken aus stark geschichteten und teilweise leicht verformbaren Gesteinen neigten hingegen dazu, bei den Überschiebungen gleichzeitig verfaltet zu werden. Die helvetischen Decken, welche am ganzen Nordabhang der Alpen vorliegen, sind klassische Beispiele dafür. Sie bestehen aus Wechsellagerungen von harten Kalksteinen mit weichen Ton- und Mergellagen, die sich relativ leicht in Falten biegen liessen – Geologen reden manchmal von «faltenfreudig». Und so wurden diese Decken bei ihrer Abscherung und Überschiebung gleichzeitig stark verfaltet, einzelne davon wurden sogar als Ganzes in riesige liegende Falten gelegt – unter den Geologen berühmt dafür ist die Morcles-Decken-Falte im Unterwallis, durch die alle Studierenden der Geologie in der Schweiz einmal ein geologisches Profil konstruieren müssen. Faltenbildung ist also eine Konsequenz und Begleiterscheinung der Deckenbildung.

Was in den Alpen die Sache noch etwas komplizierter macht, ist die Tatsache, dass es auch Deckenüberschiebungen gibt, die nach der Überschiebungsphase noch gesamthaft gefaltet wurden, sodass im Gelände die Überschiebungsbahn selbst verfaltet zu sehen ist (s. z. B. Abb. 2–24).

So offensichtlich zwar Gesteinsfalten zum Erscheinungsbild der Alpen gehören, so müssen wir uns doch für das Verständnis der Alpenbildung vom einfachen Bild von zusammengeschobenen und dabei verfalteten Gesteinsschichten lösen, auch wenn das in manchen Lehrbüchern und im Internet nach wie vor omnipräsent ist. Deshalb: besser von Alpenbildung oder Alpenentstehung sprechen und uns vom lieb gewordenen Begriff Alpenfaltung verabschieden!

WO SEHEN UND ERLEBEN?

- In der Welterberegion Tektonikarena Sardona (TAS) ist die Deckenstruktur der Glarner Decke dreidimensional sicht- und erlebbar (siehe Abb. 0–13, 1–13, 2–19, 5–24).
- Deckenstrukturen sind in der Region Zermatt, im nördlichen Prättigau und im Unterwallis hervorragend in der Landschaft zu sehen.
- Die Säntis-Decke im nördlichen Anschluss an die TAS-Region ist ein Musterbeispiel einer intensiv intern verfalteten Überschiebungsdecke.
- Gesteinsfalten aller Dimensionen sind in den ganzen Alpen häufig zu beobachten.

Abb. 1–6
Die grosse Gesteinsfalte am Westufer des Urnersees – logisch, dass dem Betrachter dabei der Begriff «Alpenfaltung» in den Sinn kommt!

3

Haben die Alpen ein Geburtsdatum?

Die Frage nach dem geologischen Alter der Alpen hat keine simple Antwort

Oft werden Geologen gefragt: «Wie alt sind eigentlich die Alpen?». Es wäre ja so praktisch, man könnte dazu ein Datum nennen, sagen wir mal den Frühsommermorgen, 5. Juni vor dreiunddreissig Millionen dreihundertsiebenundneunzigtausend achthundertsiebenundsechzig Jahren. Oder etwa so wie der irische Erzbischof Ussher um 1650 aufgrund von aufwendigen Bibel-Recherchen für das Geburtsdatum der Erde den 23. Oktober 4004 v. Chr. festgemacht hat.
Aber so einfach geht es eben nicht. Kontinental-Kollisionsgebirge wie die Alpen entstehen und vergehen in lang andauernden zyklischen Prozessen. Diese hängen zusammen mit dem «Pulsieren» der Erde und mit ihren gigantischen Plattenbewegungen, den sogenannten «Wilson-Zyklen» (s. Essay 28). Wenn wir Geologen den Werdegang der Alpen mittels unserer «historischen Dokumente» – den Gesteinen und deren Strukturen – zurückverfolgen, so entrollt sich vor uns eine lange und erstaunliche Geschichte. Begleitend zum nachfolgenden Abriss dieser Geschichte stehen die Abbildungen auf der Innenseite des Umschlags hinten; dort ist jeweils eine Weltkarte und ein Ausschnitt daraus sowie ein Profilschnitt für die im Folgenden besprochenen Zeitetappen dargestellt. Diese Abbildungen stellen quasi das Grundgerüst für das ganze Buch dar, auf das immer wieder zurückgegriffen werden kann. Für die Orientierung der Geschichte in der geologischen Zeit kann die geologische Zeittabelle von Abb. 6–2 beigezogen werden.

Start bei 300 Mio. Jahren in der Karbonzeit

Fangen wir an vor rund **350–300 Mio. Jahren** in der Karbonzeit. Finden Sie, das ist lange her? Im Vergleich zum Entstehungssalter der Erde vor 4560 Mio. Jahren sind wir immer noch in der jüngsten Erdgeschichte! (s. Geo-Wissen 1). Von den Alpen finden wir damals keine Spur. Dafür befinden wir uns mit dem zukünftigen Mitteleuropa etwa am Äquator, es ist sehr heiss, und seltsames Reptilien- und riesiges Amphibiengetier treibt sich auf dem Land herum. Um uns befindet sich ein Gebirge, ganz anders als die Alpen, nackte Granit- und Vulkanberge. Geologen tauften es das «variszische» Gebirge nach dem wilden Germanenstamm der Varisker in Mitteldeutschland, wo Zeugen dieser Gebirgsbildung schon früh erforscht wurden. Dieses Gebirge entstand aus einer globalen Kontinentalkollision, bei der die beiden vorher getrennten alten Riesenkontinente Laurussia (N) und Gondwanda (S) (Geologen lieben fantasievolle Namen!) in einer rund 10'000 km langen Knautschzone miteinander verschweisst wurden und der vorher dazwischen gelegene rheische Ozean verschwand. Der dabei entstandene globalen Superkontinent wurde Pangäa getauft, aus dem Griechischen übersetzt etwa «All-Erde». Bei dieser Gebirgsbildung wurden gigantische Mengen von Graniten gebildet und zahlreiche Vulkane setzten ihre landschaftlichen Akzente. Diese damals gebildeten Granite stellen den allergrössten Teil der Granite dar, die heute in den Alpen zu finden sind – sei es in Form von mehr oder weniger undeformierten Granitkörpern oder als grosse Gneismassen, welche bei der Alpenbildung aus den Graniten durch die Metamorphose gebildet wurden (s. Essay 15).

Ende des vorletzten Gebirges in der Permzeit

Wie es das Schicksal aller Gebirge ist, wurde dieses grosse variszische Bergland durch Erosion weitgehend wieder abgetragen; etwa gegen **280 Mio. Jahre** vor heute, in der Permzeit, war fast alles eingeebnet, die Gegend des zukünftigen Alpenraums war ziemlich flach, wüstenhaft und unwirtlich. Zürich würde vielleicht zwischen zwei Dünenzügen liegen, Bern in einem Trockenwadi, Glarus am Rande einer grossen Grabenbruch-Talsenke und eines Vulkans. Solche Grabenbrüche der Permzeit entstanden durch Dehnungsprozesse in der Erdkruste. Sie sind in ganz Mitteleuropa anzutreffen. In ihnen wurden vulkanisch-sedimentäre Gesteinsabfolgen abgelagert, die unter dem Sammelbegriff «Verrucano» zusammengefasst werden.

Für den zukünftigen Alpenraum ist damit sozusagen die Grundlage gelegt: ein sogenanntes Grundgebirge mit einer langen Geschichte als Ausgangsbasis für dramatische weitere Entwicklungen; Stunde Null der Alpenbildung, könnte man sagen – ein Geburtsdatum? (vgl. Essay 6)

Pangäa beginnt zu zerreissen in der Triaszeit

Dem Superkontinent Pangäa war kein sehr langes Leben beschieden. Die ständigen Konvektionsströme im heissen Erdmantel sorgten dafür, dass Pangäa **ab rund 250 Mio. Jahren** an einer ungefähr durch seine Mitte laufende Ost-West-Bruchzone wieder aufzubrechen begann. Bei den ersten Zerdehnungen des Superkontinents wurde dieser wie ein auseinandergezogener Gummi ausgedünnt, dadurch senkte sich das Land ab, und von Osten her konnten die Wasser des grossen Ozeans Paläotethys das Gebiet der zukünftigen Alpen langsam überfluten. Weil überall, wo Meer sich ausbreitet, auch Sedimente abgelagert werden, die später zu Sedimentgesteinen werden, finden wir im ganzen Alpenraum immer wieder die gleiche, in Essay 6 geschilderte Gesteinskonstellation: Auf dem komplex aufgebauten, sogenannten «Grundgebirge» liegen Sedimentgesteine ab einem Alter von rund 250 Mio. Jahren, der frühen Triaszeit. Wie es sich für tropische Flachmeere gehört, wurden dabei neben Kalksteinen auch Dolomite, Gips- und Salzgesteine abgelagert. Sollen wir also als Geburtsdatum der Alpen **250 Mio. Jahre** nehmen?

Die «alpinen» Meeresbecken der Jura- und Kreidezeit

Pangäa zerbrach unerbittlich, und mit dem Ende der Triaszeit und dem Beginn der Jurazeit vor **200 Mio. Jahren** war seine Aufspaltung entlang der Ost-West-Sutur vollständig. Dazwischen begann sich der spätere Zentralatlantik zu bilden. Der Südblock wird, nach einer Gegend in Indien, Gondwana genannt, der Nordblock Laurasien (Kombination von Laurentia für Nordamerika und Asien). Und dort, wo später die Alpen sein werden, öffnen sich verschiedene Meeresbecken des Tethys-Systems immer weiter und es spalten sich verschiedene Mikrokontinente ab (vgl. Essay 9). Das kann man sich so vorstellen, wie wenn eine Glasscheibe in wenige grosse Stücke zerbricht, mit kleineren Splittern dazwischen. In den verschiedenen Meeresbecken wurden, je nach den regionalen Rahmenbedingungen, Kalksteine, Dolomite, Mergel, Tonsteine und hie und da etwas Sandsteine abgelagert. Dies dauerte rund 150 Mio. Jahre lang an, durch die ganze Jurazeit und frühe Kreidezeit hindurch. Ganz besonders viele und mächtige Kalksteine wurden in der späten Jurazeit vor rund 160–145 Mio. Jahren abgelagert – sie bilden heute viele der grossen Kalksteinwände der Alpen, wie etwa die des Tödi, des Titlis, des Eigers oder des Grand Muveran; auch die Kalksteine des Juragebirges stammen aus dieser Zeit. Also diese Zeit als Alpengeburtsstunde nennen, das Meer als Wiege der Alpen?

Die grosse Wende in der mittleren Kreidezeit

Vor rund 120 Mio. Jahren zeichnete sich Dramatisches ab: Der Südkontinent Gondwana begann aufgrund von gewaltigen Aufströmungen im darunterliegenden Erdmantel in seinen südlichen Bereichen auseinander zu brechen! Südamerika, die Antarktis, Madagaskar und Indien spalteten sich von Gondwana ab, und der Südatlantik begann sich zu öffnen (Abb. 1–7). Ab rund **100 Mio. Jahren** beschleunigte sich die Öffnung des Südatlantiks derart, dass Afrika und sein vorgelagerter Mikrokontinent Adria gegenüber Eurasien seine Bewegungsrichtung änderte. Aus einem Voneinanderweg wurde ein Aufeinanderzu! Das wäre doch Grund genug für ein Geburtsdatum! Denn ohne diese Wende gäbe es heute keine Alpen, auch all die alpidischen Gebirgszüge Europas gäbe es nicht.

Aber die Geschichte ging weiter. Durch die Wieder-Annäherung von Afrika mit dem vorgelagerten Mikrokontinent Adria an Eurasien begann die erst gerade neu gebildete Ozeankruste der Tethys-Meeresbecken unter den anrückenden adriatischen Kontinent hinabgezogen (subduziert) zu werden und verschwand weitgehend wieder in den glutheissen Gefilden des Erdmantels (vgl. Essay 7). Nur einzelne Späne von Ozeankruste wurden unter dem adriatischen Kontinentalrand abgeschert und an diesen angedockt. Deshalb finden wir heute Gesteinsdecken aus ehemaliger Ozeankruste in den Alpen, die Beweis sind für die Existenz eines Ozeanbeckens (vgl. Essay 10). Wäre also diese Wende als Geburt der Alpen anzusehen?

Drama! Kollision, Plattenabriss, Beginn der Hebung im Känozoikum

Irgendwann war dann alle Ozeankruste subduziert, und der adriatische Mikrokontinent begann sich mit dem eurasischen zu verkeilen, wobei letzterer ein gutes Stück weit unter den adriatischen hinuntergezogen wurde – aber nicht mehr vollständig subduziert werden konnte, da kontinentale Kruste zu leicht und dick dafür ist. Dabei gerieten die Gesteine rasch in beträchtliche Tiefen, wurden wie Hobelspäne als grosse Gesteinsdecken abgeschert (s. Essay 2 und 4) und infolge der erhöhten Temperaturen und Drücke zu metamorphen Gesteinen umgewandelt (s. Essay 14). Die Hauptphase dieser ersten Kontinent-Kontinent-Kollision erfolgte rund vor **50–35 Mio. Jahren.** Das Geburtsdatum für die Alpen?

Vor rund **35–30 Mio. Jahren** führte diese kontinentale Hinunterzieherei dann dazu, dass die subduzierte Ozeanplatte abriss und langsam im Mantel verschwand (vgl. Essay 8). Dies löste eine Art «Hochschnellen» aus – allerdings im Super-Schneckentempo! – wodurch die eigentliche Hebungsphase der Kollisionszone und damit der zukünftigen Alpen begann. Um diese Zeit erreichte die anrückende Subduktionsfront den europäischen Kontinentalrand, und es begann die zweite Phase der kontinentalen Verkeilung. Gleichzeitig wurden durch den Plattenabriss granitische Schmelzen gebildet, die in die Knautschzone eindringen konnten und heute als echt alpine Granite im Bergell und anderen Vorkommen ausserhalb der Schweiz bewundert werden können (vgl. Essay 8). Schon wieder ein Geburtsdatum?

Seither geht es mit den Alpen mehr oder weniger stetig aufwärts. In einem Wechselspiel von Hebung und Abtragung und weiteren Kompressionsprozessen zwischen den nach wie vor kollidierenden Kontinenten entstand langsam die heutige Struktur der Alpen, eine Art Gebirgs-Rohfassung – wobei nach heutigem Wissen die Alpen nie höher wurden als sie es heute sind (s. Essay 20). Dieses Gebirge wurde dann ab etwa **3 Mio. Jahren** vielfach durch alpenweite Eiszeitgletscher zur heutigen Form gehobelt und geschliffen, die Alpen erhielten ihre heutige Gestalt und sozusagen den Feinschliff (vgl. Essay 24).

Die Geschichte dauert an

Und heute, wenn Sie diese Zeilen lesen, geht das alles weiter, nach wie vor bewegen sich Eurasien und Afrika mit Adria aufeinander zu, im Alpengebäude knirscht es immer noch, und von oben wirkt die Erosion unerbittlich am Abtrag, von unten die Hebung am Aufstieg. Vielleicht werden die Alpen bis in einigen Mio. Jahren noch etwas höher, wohl auch breiter sein, aber in geologisch gesehen nicht so ferner Zukunft werden auch sie nur noch ein Mittelgebirge und

Phase	Alter Mio. J.	Alter geologisch	Prozesse	Wichtigste Gesteine	Lebenszyklus Mensch
Variszische Gebirgsbildung	**350–300**	Karbon	Bildung des Superkontinents Pangäa; variszische Gebirgsbildung mit vielen Graniten.	**Granite, Gneise**	**Heirat der Eltern**
Megakontinent Pangäa	**300–250**	Perm	Globale Kontinentalmasse; Bildung von kontinentalen Gräben mit Vulkanen und Sedimenten («Verrucano»)	**Verrucano (Vulkanite und Fanglomerate)**	**Kinderwunsch**
Dehnung und Absenkung (Rifting)	**250–200**	Trias	Beginnenden Zerdehnung von Pangäa, Absenkung und Überflutung durch tropische Flachmeere von der Paläotethys im Osten her	**Evaporite, Dolomite**	**Zeugung**
Auseinanderdrift Gondwana-Laurasia	**200–100**	Jura bis frühe Kreide	System von Ozeanbecken bildet sich («alpine Tethys»), Bildung von ozeanischer Kruste, und Ablagerung der mesozoischen Sedimentgesteine der späteren Alpen	Kalksteine, Mergel, Tonsteine **Ophiolithe/Bündnerschiefer**	**Schwangerschaft**
Umkehr von Afrika	**100**	Wende frühe – späte Kreide	Infolge rascher Öffnung des Südatlantiks kehrt Afrika seine Bewegungsrichtung um.		**Geburt**
Zueinanderdrift	**100–50**	späte Kreide	Ozeankruste wird subduziert, Bildung von Bündnerschiefer- und später Flyschserien; erste Deckenbildungen in der Tiefe.	**Bündnerschiefer und Flysche**	**Kindheit**
Kollisionen und Plattenabriss	**50–30**	Paläogen	Teil-Subduktion der kontinentalen Kruste vom Mittelpenninikum (Briançonnais), Deckenbildungen, Verfaltungen, Metamorphosen, Plattenabriss, Intrusionen	Metamorphe Gesteine **Flysche/Bergeller Granit**	**Pubertät**
Hebung und Erosion	**30–0**	Neogen	Beginn der Heraushebung, weitere Deckenbildungen/Verfaltungen → Entwicklung zum «erwachsenen» Gebirge. Ganz am Schluss: Jurafaltung	**Molassegesteine (Konglomerate, Sandsteine)**	**Adoleszenz**
Eiszeiten	**2,6–0**	Quartär	Mehr als 15 grosse Vereisungen bewirken starke morphologische Ausgestaltung von Alpen und Mittelland	**Moränen, Löss, Schotterfluren**	**Erwachsenenalter**
Fortsetzung von Hebung und Erosion	**0–50**		Hebung und Erosion halten sich vorerst +/– die Waage, evtl. noch etwas Wachstum		**Erwachsenenalter**
Abtragung/ Einebnung	**50–100**		Erosion überwiegt, schlussendlich vollständige Einebnung (Peneplain)		**Alter und Tod**

später eine topfebene Rumpffläche (= Peneplain) sein (s. Essay 28), und die zukünftigen Geo-Forscherwesen (vielleicht Riesenameisen?) werden unser stolzes Gebirge nur noch in den Strukturen und Gesteinen erkennen, die sie aufsammeln und studieren – und sich den Kopf zerbrechen über die Bedeutung einer seltsamen dünnen, öligen Gesteinsschicht voll von fossilen Blechbüchsen, Smartphones etc. So wie wir es heute für die variszischen und noch älteren Gebirgsbildungen tun können.

Die Alpenbildung ist also ein sehr langer Prozess, der **vor rund 250 Mio. Jahren** mit der Triaszeit begann. Langsames Aufbrechen von Pangäa, dann Meeresbildung mit Sedimentablagerungen, dann langsame Schliessung der Meeresbecken durch Subduktion, nachfolgende Kontinentalkollision, dann Plattenabriss, Aufstieg und Erosion und Ausformung durch Eiszeitgletscher.

Und doch ein Geburtsdatum?

Wer unbedingt ein Geburtsdatum für die Alpen will, soll die rund **100 Mio. Jahre** nehmen, als Afrika mit dem vorgelagerten Mikrokontinent Adria begann sich Eurasien wieder anzunähern. Dies hat auch den Vorteil einer leicht zu merkenden Zahl – auch wenn sie für uns Menschen nicht so leicht vorstellbar ist. Die ebenfalls markante Wende bei 30 Mio. Jahren, als die Alpen sich als Gebirge zu manifestieren begannen (s. Essay 8), würde man vielleicht eher als «Pubertät» der Alpen bezeichnen.

In der Tabelle auf Seite 45 wird das Ganze nochmals zusammengefasst und, sozusagen als Hilfsgerüst, mit dem Lebenszyklus eines Menschen verglichen.

WO SEHEN UND ERLEBEN?

Zeugen all dieser Zeitetappen und Phasen der Alpenbildung sind logischerweise in den ganzen Alpen zu finden.

Besonders gut kann vieles davon in der Welterberegion Tektonikarena Sardona beobachtet und erlebt werden. Nutzen Sie die Informationen auf der TAS Webseite www.unesco-sardona.ch, die verschiedenen Publikationen, oder, noch besser, fragen Sie eine/n Geolog*in oder GeoGuide Sardona für einen Wandervorschlag mit Fach-Begleitung an.

Abb. 1–7
Paläogeografie der Erde vor 100 Mio. Jahren (mittlere Kreidezeit). Erkennen Sie die paläogeografisch-plattentektonischen Teile der zukünftigen Alpen: Adria, Piemont-Ozean, iberischer Mikrokontinent, Walliser Becken, europäischer Kontinentalrand? Tiefblau: Ozeankruste, Tiefmeer; Hellblau: Kontinent, von Flachmeer bedeckt.

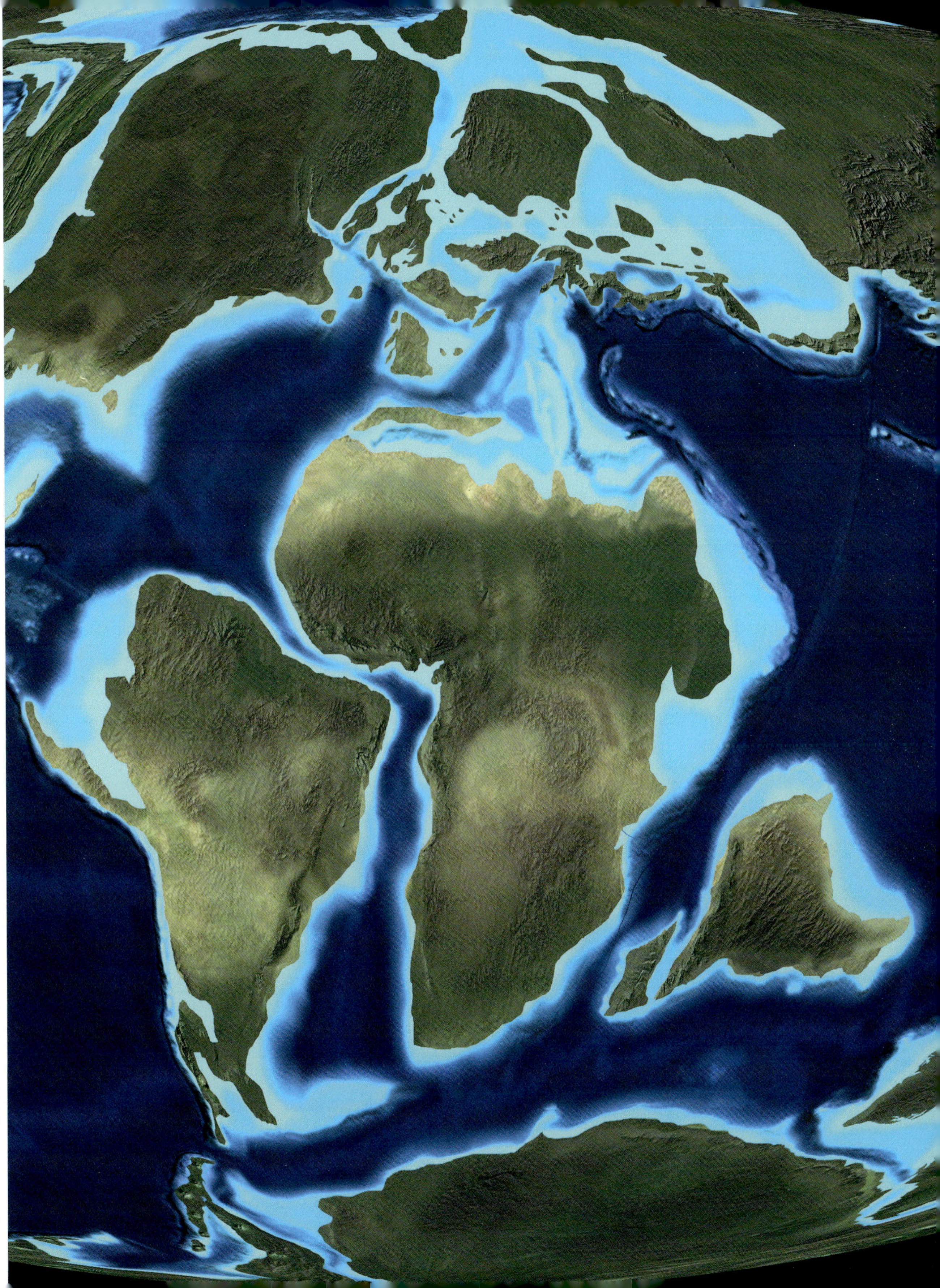

4

Hobel und Späne

Platten, Decken und Schichten: Eine Begriffsklärung

Es fällt an Kursen und Exkursionen immer wieder auf, dass Laien diese drei Begriffe gerne durcheinanderbringen bzw. verwechseln. Für das Verständnis der Alpenbildung sind sie alle drei wichtig. Eine Klärung tut deshalb not. Wir gehen vom Grossen zum Kleinen.

Platten

Platten bzw. Erdplatten sind Teile der äussersten, festen Gesteinsschicht der Erde, die infolge der Wärmekonvektions-Strömungen im darunterliegenden Erdmantel auf dessen obersten Schicht, der plastisch verformbaren «Asthenosphäre», herumdriften. Sie sind die Bauelemente der globalen Plattentektonik, der Lehre von den ewig driftenden Erdplatten. Da sie aus festem Gestein bestehen, werden sie als «Lithosphäre» bezeichnet, also «steinerne Sphäre». Laien bereitet es Mühe, zu verstehen, dass die Platten nicht gleichzusetzen sind mit der Erdkruste, sondern dass die Lithosphäre aus der Erdkruste *und* einem dickeren Teil des obersten Erdmantels besteht; dieser besteht wie die Kruste aus Festgestein und ist mit dieser fest verbunden. Die Dicke der Erdplatten liegt meist zwischen 100–200 km – eine sehr dünne Haut angesichts des Erdradius von über 6000 km, vergleichbar mit einer Eierschale.

Die Erdplatten können flächenmässig riesige kontinentale Ausmasse haben, wie etwa die Eurasische oder Afrikanische Platte; sie können aber auch deutlich kleiner sein, wie die Nazca-Platte vor Südamerika oder die sehr kleine Juan de Fuca-Mikroplatte vor Kalifornien. Bei der Alpenbildung spielten die beiden Mikroplatten Adria und Iberia-Briançonnais eine wichtige Rolle (Abb. 2–10; Essay 9). Die Abb. 1–8 und 5–7 zeigen die heutigen plattentektonischen Grenzen im westeuropäischen Raum.

Decken

Die (Gesteins-)Decken als zentrale Bauelemente der Alpen wurden in Essay 2 schon vorgestellt. Es sind von den Erdplatten bei Kontinentalkollisionen abgeschürfte Gesteinspakete, vergleichbar mit Spänen, die mit einem Hobel von einer Holzplatte abgeschabt werden. Kollisionsgebirge wie die Alpen, die Pyrenäen oder der Himalaya bestehen im Wesentlichen aus übereinander geschobenen (und mehr oder weniger verfalteten) Gesteinsdecken. Diese können in ihren Dimensionen höchst unterschiedlich sein, von Minidecken oder «Schuppen» mit wenigen 10er-Metern in der Ausdehnung und Überschiebungsweiten im 100–Meter–Bereich, bis zu «Megadecken» wie etwa die Silvretta-Decke im östlichen Graubünden. Diese umfasst heute noch eine Fläche von rund 1600 km^2, ist bis 5 km dick und wurde über

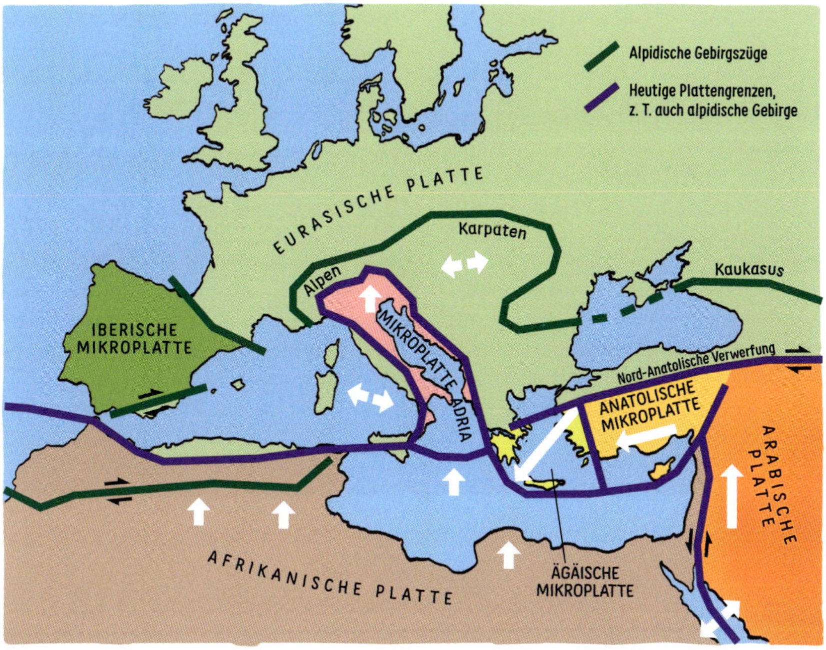

fast 100 km von SE nach NW überschoben. Für die Geologen ist es bis heute noch teilweise unklar, wie solch gigantische Decken von ihrer Unterlage abgeschert und, ohne intern völlig zu zerbrechen, derart weit transportiert werden konnten. Decken können im Extremfall aus nur einem Gestein bestehen. Meist aber bestehen sie aus verschiedenen Gesteinen oder Gesteinseinheiten. Abb. 1–9 zeigt das Deckensystem im Querschnitt vom Säntis bis ins Churer Rheintal, mit der weltberühmten «Glarner Hauptüberschiebung». Mehr zu den alpinen Decken im nächsten Essay.

Schichten

(Gesteins)-Schichten sind wiederum eine Grössenordnung kleiner. In der Geologie werden dabei planare Strukturen in Gesteinskörpern verstanden, welche bei der Ablagerung von Sedimentgesteinen entstanden sind. So kann in einem Meeresbecken über längere Zeit ganz langsam Kalkschlamm abgelagert werden, aus dem später ein reiner Kalkstein entsteht. Ändert sich das Klima im Hinterland, so bringen die Flüsse vielleicht mehr Tontrübe in das Meeresbecken ein, welche sich zum Kalkschlamm mischt und zu einem Mergelgestein verfestigt, das dann als Schicht über dem Kalkstein liegt. Dann wieder Kalkstein, dann wieder Mergel oder auch einmal etwas Sandstein, etc. So entsteht eine sedimentäre Schichtung. Ein wunderbares Beispiel dafür bietet die Südansicht der Churfirsten in der Region des Welterbes Tektonikarena Sardona, etwa von der Walenseestrasse oder dem Flumserberggebiet aus gesehen: Die verschiedenen Schichten sind in den Felswänden über Walenstadtberg sehr klar zu erkennen. Von unten nach oben reichen sie von den waldigen Felswänden des Quintner Kalks aus der späten Jurazeit bis zuoberst an den Gipfeln in die bräunliche Schicht der Garschella-Formation der mittleren Kreidezeit, mehr oder weniger kontinuierliche Ablagerungen über eine Zeitspanne von rund 60 Mio. Jahre (Abb. 1–10). Sowohl oberhalb als auch unterhalb von Walenstadtberg bestehen die Felswände wiederum aus Quintner Kalk. Wir sehen also eine Repetition, und diese ist bedingt

Abb. 1–8
Europakarte mit den heutigen Verteilungen der Erdplatten.

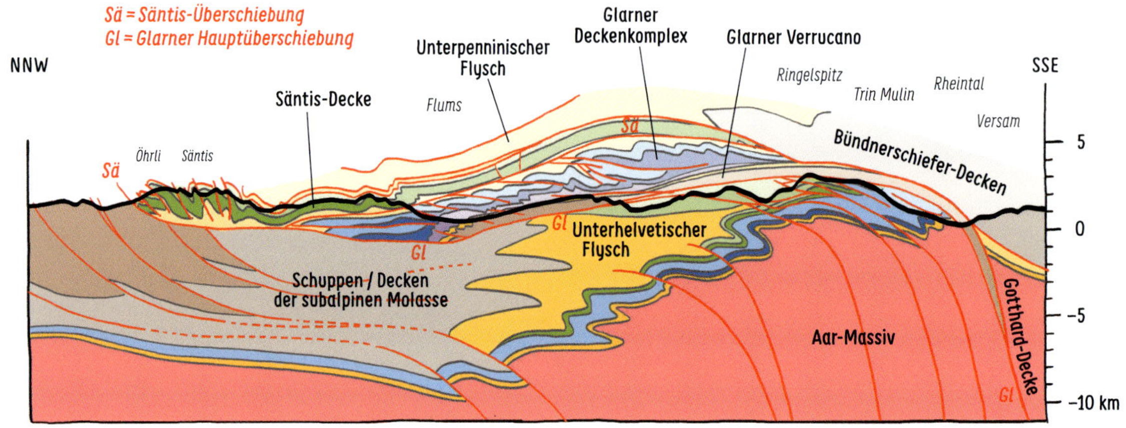

durch die Deckenüberschiebung der Säntis-Decke über die darunterliegende Gonzen-Decke.

Diese drei Begriffe müssen sauber auseinandergehalten werden, weil komplett unterschiedliche geologische Prozesse und Konzepte dahinterstecken. Allerdings sind Decken bzw. ihre Begrenzungen in der Landschaft nicht immer gut erkennbar, und sie können auch mit Schichtgrenzen verwechselt werden. Mehr dazu im folgenden Essay.

Übrigens: Neben der Schichtung gibt es noch eine weitere ebene (planare) Struktur in Gesteinen: die Schieferung. Diese verdankt ihre Entstehung wiederum anderen geologischen Prozessen, und muss ihrerseits sauber von Schichtungen unterschieden werden – auch nicht immer ein einfaches Unterfangen. Darauf wird im Geo-Wissen Nr. 9 eingegangen.

Abb. 1–9
Tektonisches Profil durch die Region des Weltnaturerbes Tektonikarena Sardona. Die Sedimentgesteinsdecken stehen für «Dünnhaut-Tektonik», das darunter aufgewölbte Aar-Massiv für «Dickhaut-Tektonik» (s. Essay 5).

WO SEHEN UND ERLEBEN?

In allen Gebieten der Alpen! Am Beispiel der Welterberegion Tektonikarena Sardona sollen ein paar Hinweise gegeben werden.

- Die ganze Welterbe-Region mit all ihren «Dünnhaut-Decken» ist Bestandteil der europäischen Platte.
- Die bedeutendste Decke der Welterbe-Region ist die Glarner-Decke, mit der Glarner Hauptüberschiebung an ihrer Basis; sie besteht aus Gesteinsschichten der Permzeit («Verrucano»-Serien) und darüber folgen Sedimentgesteinsschichten von der Trias- bis in die Jurazeit.
- Nördlich des Walensees liegt zuunterst die kleine Gonzen-Decke aus Schichten der Jurazeit, darüber, in den Churfirsten und dann über Wildhaus ins Säntisgebirge hinein, die Säntis-Decke mit Sedimentgesteinsschichten von der Jura- bis in die Kreidezeit hinein, intensiv verfaltet und verschuppt (s. Abb. 1–9).

Abb. 1–10
Die Churfirstenkette über dem Walensee von Süden her betrachtet, mit der im Text erwähnten Abfolge der Gesteinsschichten.

Quintner Kalk der
Säntis-Decke
Quintner Kalk der
Gonzen-Decke

5

Alpine Schiebereien

Einige Betrachtungen zu den alpinen Decken und ihren Überschiebungen

Die Alpen als ein Deckengebirge und die Decken als tektonische Einheiten wurden schon vorgestellt. Wir wollen hier diesen alpinen Decken ein wenig nachgehen und folgende Fragen beantworten: Wie erkennt man Decken in der Landschaft? Wie erkennt man, ob man eine Schichtgrenze oder Deckengrenze beobachtet? Was ist eigentlich eine Überschiebung? Gibt es unterschiedliche Arten von Deckenüberschiebungen und Decken? Wie und wo spielten sich die Deckenüberschiebungen ab?

Wie erkennt man Decken in der Landschaft? Schichtgrenze oder Deckengrenze?

Um es gleich vorneweg zu nehmen: Gesteinsfalten sind viel offensichtlicher, viel einfacher auch für den Laien zu erkennen als Decken- und Schichtgrenzen – so auffällig sind diese «Kurven» aller Grössenordnungen in der Landschaft. Dies ist mit ein Grund, warum sich das Konzept der «Alpenfaltung» so hartnäckig hält. Es gibt aber durchaus Stellen in den Alpen, wo auch Deckengrenzen für den Laien auffällig und leicht erkennbar sind – doch sind diese nicht so zahlreich. Die berühmteste ist sicher die sogenannte «Glarner Hauptüberschiebung» im UNESCO-Weltnaturerbe Tektonikarena Sardona (www.unesco-sardona.ch). Dort ist die Deckengrenze als scharf gezogene Linie im ganzen Gebiet rund um den Piz Sardona herum an den Bergflanken zu erkennen – ein weltweit einzigartiger Glücksfall dreidimensionaler Sichtbarkeit (Abb. 2–19).

In der Tabelle auf der gegenüberliegenden Seite folgen einige Vorschläge für weitere gut erreichbare Stellen, wo der Deckenbau gut sichtbar ist und mithilfe der tektonischen Karte der Schweiz 1 : 500 000 in der Landschaft verfolgt werden kann.

Doch obacht!

Sedimentgesteinsabfolgen zeichnen sich unter anderem dadurch aus, dass an ihnen oft Schichten aus unterschiedlichen Gesteinsarten in der Landschaft gut sichtbar sind. Klassische Beispiele sind etwa die Churfirsten vom Walensee aus (Foto S. 1–10) oder das Wildstrubel-Massiv vom Gemmipass oberhalb Leukerbad (VS/BE) aus gesehen. Die landschaftlich so markanten Gesteinswechsel dort sind *keine* Deckengrenzen, sondern eben sedimentäre Schichtgrenzen! Wie soll der Laie den Unterschied machen können? Leider ist dies ohne Hilfsmittel oft nicht definitiv zu entschieden. Das einfachste Hilfsmittel ist die tektonische Übersichtskarte der Schweiz 1 : 500 000, auf der alle Decken mit

Gut erreichbare Aussichtsorte für sichtbaren Deckenbau

Region	Guter Aussichtspunkt	Sichtbare Decken (v.u.n.o.)
Prättigau/GR	Chüenihorn, und Abhänge oberhalb St. Antönien	Unterpenninische Bündnerschiefer-Flysch-Decke → Sulzfluh-Falknis-Decke → Aroser Ophiolith-Decke → Silvretta-Decke (Abb. 1–3)
Val Trupchun/GR	Südweg ins Val Trupchun	Ortler-Decke → Quattervals-Decke
Oberengadin/GR	Mittelstation Furtschellas-Seilbahn	Margna-Decke → Platta-Decke → Err-Decke
Unterengadin/GR	Mittelstation Naluns Seilbahn von Scuol	Unterpenninische Bündnerschiefer/Flysch-Decke → Tasna-Decke → Aroser Ophiolith-Decke → Silvretta-Decke
Oberhalbstein/GR	Seilbahnstationen Somtgant oder Piz Martegnas oberhalb von Savognin	Unterpenninische Flysch-Decke → Platta-Decke → Err-Sediment-Decke → Err–Grundgebirgs-Decke
Diavolezza/GR	Seilbahnstation Diavolezza	Bernina-Decke → Campo-Decke
Vierwaldstättersee/SZ	Stoos und Seilbahnstationen darüber	Wildhorn-Drusberg-Decke → Wägitaler Flysch-Decke → Klippendecke der Mythen
Vierwaldstättersee/LU	Bürgenstock	Subalpine Rigi-Molasse → Helvetische Randketten-Decke → Klippendecken von Stanser-/Buochserhorn und Mythen
Kandersteg/BE	Seilbahnstation Sunnbühl	Aar-Massiv → Doldenhorn-Decke → Gellihorn-Decke → Wildhorn-Decke
Thunersee/BE	Seilbahnstation Niederhorn	Wildhorn-Decke → Niesen-Flysch-Decke → Klippendecken
Binntal/VS	Alpenbus-Station Breithorn	Monte-Leone-Decke → Berisal-Decke
Zermatt/VS	Seilbahnstation Unterrothorn oder Gornergrat	Mischabel-Siviez-Decke – Zermatt-Saas-Ophiolith-Decke → Tsaté-Decke → Dent-Blanche-Decke
Arolla/VS	Col de Riedmatten	Mont-Fort-Decke → Tsaté-Decke → Dent-Blanche-Decke
Unterwallis nördlich Martigny/VS	Mex oberhalb von Evionnaz	Aiguilles-Rouges-Massiv → Unterhelvetische Flysch-Decke → Morcles-Deckenfalte

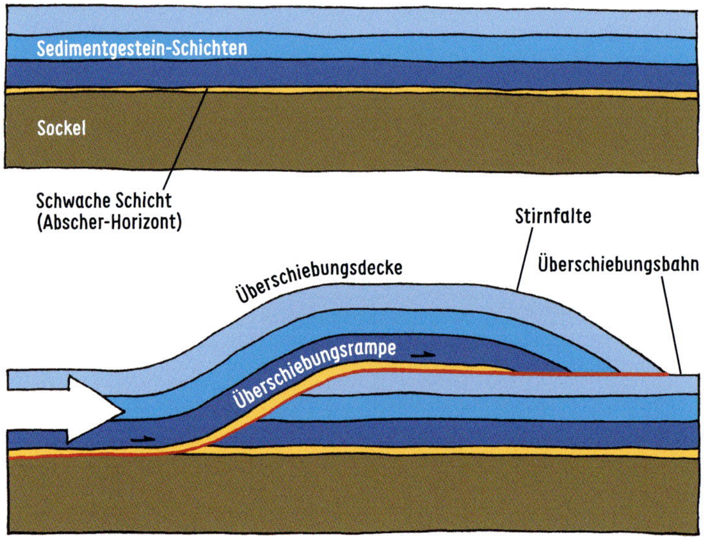

unterschiedlichen Farben und Buchstabensymbolen eingetragen sind. Da dieses Tool auch auf der Smartphone-App von swisstopo zugänglich ist, können heute – Empfang vorausgesetzt – überall in der Schweiz sofort die Decken und ihre Grenzen in der Landschaft nachvollzogen werden. Für geologieinteressierte Bergwanderer ist es eigentlich ein Muss, diese Karte als Papierausdruck immer dabei zu haben. So können Sie die dort eingetragenen Deckengrenzen mit den Landschaften vor Ihnen vergleichen: Das ist enorm hilfreich und macht auch Spass!

Weiter hilft es auch, wenn man die sedimentären Abfolgen der verschiedenen Ablagerungsräume der Schweiz grob kennt, dann kann man eher entscheiden, was man in der Landschaft nun sieht.

Was ist eigentlich eine «Überschiebung»?

Der Begriff steht einerseits für den Bildungsprozess und andererseits für dessen Resultat. Durch seitliche Einengungen und kompressive Scherkräfte können Gesteinspakete übereinander geschoben werden. Das überschobene Gesteinspaket (das «Hangende») muss an einem «Abscherhorizont» von seiner Unterlage gelöst werden und wird dann entlang einer «Überschiebungsfläche» auf das davorliegende Gesteinspaket (das «Liegende») geschoben (Abb. 1–11, 1–13). Überschiebungen werden bevorzugt in mechanisch leicht verformbaren Gesteinsschichten ausgelöst, wie z. B. Mergel- oder Tonschieferlagen sowie Evaporitgesteinen (Salz, Gips), und oft spielt auch die Anwesenheit von Fluids (heisse, mineralreiche Tiefengrundwässer) eine wichtige Rolle, um Reibungskräfte an den Überschiebungsbahnen zu reduzieren. In den Alpen erfolgten die Abscherungen und Überschiebungen der Sedimentgesteinsdecken häufig in den Gips-Salz-Ton-Abfolgen der Triaszeit, weil diese sehr geringe Scherfestigkeiten aufweisen und schon bei tiefen Temperaturen regelrecht zu zerfliessen beginnen (auch das Juragebirge verdankt seine Existenz diesem Gesteinshorizont). Dies ist der Grund, weshalb an vielen Deckenkontakten der Alpen sogenannte «Rauwacken», löchrig-poröse gelbbraune, brekziöse und bröckelige Gesteine angetroffen werden. Es handelt sich dabei um gipshaltige Karbonatgesteine aus

Abb. 1–11
Einfaches Schema einer einfachen Überschiebung über einer fixierten Unterlage.

der Triaszeit, bei denen der Gipsanteil durch oberflächennahe Grundwasser herausgelöst wurde.

Dünn- und Dickhäuter-Decken

Allgemein können drei verschiedene Arten von tektonischen Decken unterschieden werden, die unterschiedliche Strukturen und tektonische Entwicklungen zeigen; diese Unterteilung wurde erst in den letzten Jahren eingeführt. Dies geschah natürlich auf Englisch, der naturwissenschaftlichen Weltsprache; auf Deutsch sind die Begriffe gar noch nicht eingeführt worden.

- «Dünnhaut-Decken» (→ thin-skinned tectonics), bestehend aus wenigen 100 m bis wenige km mächtigen Sedimentgesteinsabfolgen der obersten Erdkruste, die an flach- liegenden Überschiebungsbahnen von ihrer Unterlage abgeschert, verschoben und dabei meist intensiv verfaltet wurden. Beispiele in den Alpen: das Juragebirge und die helvetischen Sedimentgesteinsdecken.
- «Dickhaut-Decken» (→ thick-skinned tectonics), bestehend aus mehreren km mächtigen Paketen von kristallinen Grundgebirgsgesteinen der mittleren Erdkruste. Beispiele in den Alpen: Aar-Massiv, Gotthard-Decke, Monte-Rosa-Decke, südalpine Grundgebirgsdecken.
- Kombinations-Decken, bestehend aus Anteilen von kristallinem Grundgebirge und darüber abgelagerten Sedimentgesteinen (→ basement-involved thin-skinned tectonics). Das sind oft sehr komplexe Deckenstrukturen. Beispiele in den Alpen: viele der penninischen Decken.

Die Decken der Alpen

Allein in den Schweizer Alpen können rund 100 einzelne Decken identifiziert werden, alpenweit sind es entsprechend deutlich mehr. In allen tektonischen Baueinheiten der Alpen sind die beiden grundsätzlich unterschiedlichen Gesteinsserien «Grundgebirge» und «mesozoische Sedimentgesteine» anzutreffen (diese werden im Essay 6 «Brot und Aufstrich» vorgestellt). Deswegen kommen in den Alpen auch alle drei oben vorgestellten Deckentypen vor.

«Dickhaut»-Grundgebirgsdecken sind in der Regel mehrere km dick und können flächenmässig riesige Dimensionen annehmen – als Beispiel sei die fast 10 km dicke Monte-Rosa-Decke im südlichen Wallis/Italien genannt, welche heute auf einer Fläche von rund 450 km^2 aufgeschlossen ist und den ganzen Gebirgsstock des Monte-Rosa-Massivs aufbaut (Abb. 1–12 f). Sie besteht aus kristallinem Grundgebirge des iberischen Mikrokontinents (= Briançonnais). Bei den Grundgebirgseinheiten der Alpen hat man seit eh und je neben den Decken die sogenannten «autochthonen Kristallin-Massive» unterschieden, in der Schweiz von SW nach NE das Mont-Blanc-, Aiguilles-Rouges-, dann das riesige Aar- und schliesslich die Gotthard- und Tavetsch-Massive. Wie der Begriff autochthon («an Ort und Stelle verblieben») verrät, ging man davon aus, dass diese Grundgebirgseinheiten, die zum europäischen Kontinentalrand gehören (helvetische Zone), bei der Alpenbildung nicht über- oder verschoben worden sind, sondern an Ort und Stelle verblieben. Heute wissen wir, dass diese Vorstellung nicht stimmt. Die Gotthard- und Tavetsch-Massive wurden sogar schon offiziell zu Gotthard- und Tavetsch-Decken umbenannt. Vom Aar-Massiv wissen wir, dass es auch von der unteren Kruste abgeschert und 10–30 km weit überschoben wurde, und dass es zudem intern an zahlreichen steilen Aufschiebungen dachziegelartig verdickt wurde.

Die «Dünnhaut»-Sedimentgesteinsdecken wurden jeweils in frühen Phasen der Deckenbildungen vom Grundgebirge abgeschert und überschoben – teilweise über grosse Distanzen. So wurden etwa die verschiedenen mittelpenninischen Decken, die heute in den Voralpen zwischen Genfer und Thuner See liegen («Préalpes Romandes»), rund 100 km weit von ihrem Grundgebirge abgeschert (Abb. 1–12e), welches in den Bergen südlich des Rhonetals in den Walliser Alpen zu finden ist (Mischabel-Siviez- und Mont-Fort-Decken). Die berühmte Glarner Decke im Weltnaturerbe TAS, wurde an der «Glarner Hauptüberschiebung» um mindestens 35 km gegen NW überschoben (Abb. 1–9). In den meist gut geschichteten Sedimentgesteinsdecken beobachtet man sehr häufig ein Zusammenspiel von Überschiebungen und Verfaltungen. Für die Art und Weise, wie Sedimentgesteinsdecken sich intern

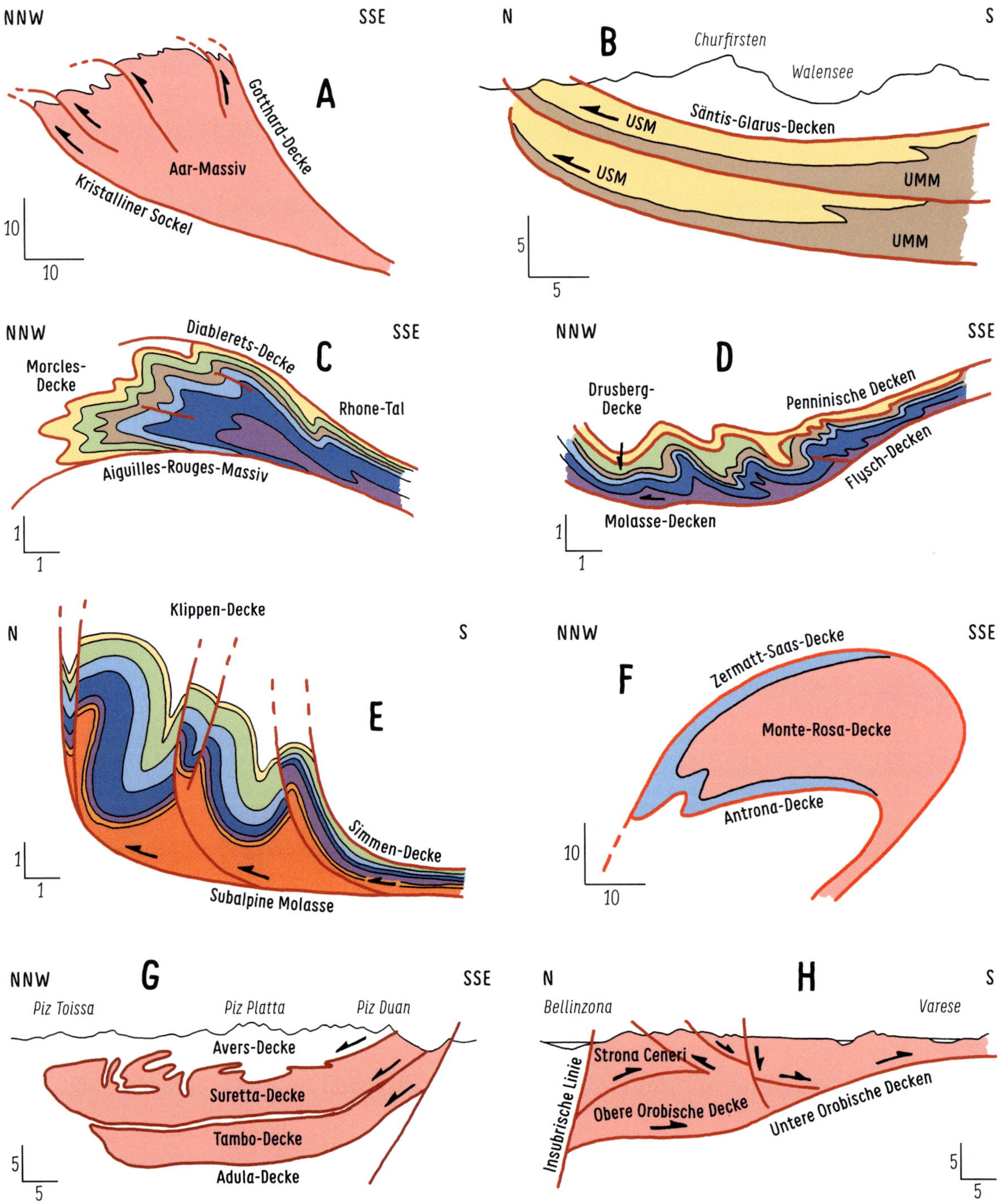

NNW
SSE
A
Gotthard-Decke
Aar-Massiv
Kristalliner Sockel
10
10
N
S
B
Churfirsten
Walensee
USM
Säntis-Glarus-Decken
USM
UMM
UMM
5
5
NNW
SSE
Diablerets-Decke
C
Morcles-
Decke
Rhone-Tal
Aiguilles-Rouges-Massiv
1
1
NNW
SSE
D
Drusberg-
Decke
Penninische Decken
Flysch-Decken
Molasse-Decken
1
1
N
Klippen-Decke
S
E
Simmen-Decke
Subalpine Molasse
1
1
NNW
SSE
Zermatt-Saas-Decke
F
Monte-Rosa-Decke
Antrona-Decke
10
10
NNW
G
SSE
Piz Toissa
Piz Platta
Piz Duan
Avers-Decke
Suretta-Decke
Tambo-Decke
Adula-Decke
5
5
N
H
S
Bellinzona
Varese
Strona Ceneri
Insubrische Linie
Obere Orobische Decke
Untere Orobische Decke
5
5

verformen, ist der relative Anteil von leicht verformbaren («inkompetenten», wie Tonschiefer, Mergel) zu stärker verformungsresistenten («kompetenten», wie Kalkstein, Sandstein) Gesteinen wichtig. Es gibt Sedimentgesteinsdecken, die sich aus einer primären liegenden Verfaltung entwickelten – etwa die Morcles-Decke im Unterwallis (Abb. 1–12 c), oder solche, bei denen sich Falten während der Überschiebungen bildeten – etwa in der Säntis-Decke des Alpstein-Massivs (Abb. 1–9, 1–12 d).

In den Alpen kommen noch die sogenannten «Ophiolith-Decken» hinzu, die aus Fragmenten der ozeanischen Kruste des Piemont-Ozeans bestehen (s. Essay 10); in Graubünden sei dafür als Beispiel die Platta-Decke, und im Wallis die Zermatt-Saas-Decke genannt. Sie bestehen aus mehr oder weniger zerscherten Bruchstücken ozeanischer Kruste und darüber abgelagerten Sedimentgesteinen.

Decke ist nicht gleich Decke

In der Abb. 12 a-h sind Skizzen der höchst unterschiedlichen Dimensionen und Innenstrukturen einiger bekannter Decken der Schweizer Alpen in vertikalen Profilschnitten veranschaulicht:

A Das Aar-Massiv als mächtiges Paket von helvetischen Grundgebirgseinheiten, welche intern dachziegelartig aufeinandergestapelt wurden; als Ganzes auch vom darunterliegenden Grundgebirge abgeschert. Konsequenterweise müsste man wohl auch hier den Namen von Aar-Massiv zu Aare-Decke ändern.

B Die bis über 30 km weit übereinander geschobenen Pakete von Molassegesteinen unter den helvetischen Sedimentgesteinsdecken werden als «Schuppen» der subalpinen Molasse bezeichnet. Von ihren Dimensionen her sind es aber auch Decken.

C Die liegende Riesenfalte der Morcles-Decke, bei der Überschiebung und Verfaltung Hand in Hand ging. Die darüberfolgende Diablerets-Decke hat eine ähnliche Struktur.

Abb. 1–12
Stark vereinfachte Profilschnitte durch einige Decken der Schweizer Alpen. Sie illustrieren die Vielfalt an Strukturen der Decken. Erläuterungen im Text. Die Massstab-Zahlen sind km.

D Die Drusberg-Decke in der Zentralschweiz, weit überschoben und dabei intern verfaltet. Sie geht gegen Osten in die Säntis-Decke über.

E Ausschnitt aus der mittelpenninischen Klippendecke im Bereich des Simmentals. Steile Überschiebungen und grosse Falten prägen die Struktur.

F Die kristalline mittelpenninische Monte-Rosa-Riesendecke. Ihre komplexe Struktur verdankt sie späten südgerichteten Rückfaltungen und der südlich anschliessenden Insubrischen Bruchzone.

G Zwei grosse mittelpenninische Kristallindecken Graubündens, die Tambo- und Suretta-Decken. Vor allem die Suretta-Decke wird in ihren oberen Teilen stark durch späte Rückfaltungen geprägt.

H Die grossen Grundgebirgs-Decken der Südalpen, welche nach Süden überschoben wurden und zur «Blumenkohlstruktur» der Alpen beitragen (Essay 12).

Klippen und Fenster

Dem Begriff «Klippe» sind Sie weiter oben schon begegnet. In der Tektonik wird er völlig anders als umgangssprachlich verwendet – keine steil abfallende Felskante. Es gibt Fälle, wo eine Decke 1, welche über eine darunterliegende Decke 2 geschoben wurde, so weitgehend durch Erosion abgetragen wurde, dass nur noch isolierte Reste von Decke 1 übrig bleiben und in der Landschaft sichtbar sind. Das wird als tektonische Klippe bezeichnet. Zwei der berühmtesten Klippen in der Schweiz sind die Mythen und das Matterhorn (welches allerdings auf seiner Westseite noch eine schmale Verbindung zum Rest der gleichen Decke hat, und deshalb auch als «Halbklippe» bezeichnet werden kann, siehe Abb. 0–14, 2–20). Die gesamten penninischen Sedimentdecken der Freiburger und Waadtländer Voralpen bilden eine riesige Klippe aus mehreren übereinander gestapelten Decken (Abb. 0–7). Sie werden deshalb auch als «Klippendecken» bezeichnet.

Ein tektonisches Fenster ist sozusagen das Gegenteil: Durch Erosion, etwa durch einen Gletscher, wird in die obere Decke hinein lokal begrenzt so stark erodiert, dass ein Loch bis in die untere Decke entsteht – man blickt sozusagen wie durch einen Fensterrahmen von Decke 1 in die Decke 2 hinab. In den Schweizer Alpen sind sehr bekannt das kleine Fenster von Vättis und das Riesenfenster des Unterengadin. Das grösste tektonische Fenster der Alpen ist das rund 180 × 40 km grosse Tauernfenster (s. tektonische Alpenkarte Innenumschlag vorne).

In der Tiefe!

Hier ist etwas vorwegzunehmen, was dann in Essay 11 vertieft und verdeutlicht wird. Es ist jedoch derart wichtig, dass es nicht schadet, wenn es zwei Mal zur Sprache kommt. Sie müssen sich bewusst sein, dass all die Decken mit ihren Überschiebungskontakten, wie Sie sie heute in den Bergen sehen, *nicht* dort oben entstanden sind. Nein, alle diese Deckenbildungen fanden in mehreren bis vielen Kilometern Tiefe statt, und erst danach wurde das Deckengebäude angehoben. Dabei wurden die vielen Kilometer Gestein, welche anfänglich noch darüber lagen, durch die Erosion abgetragen, wegtransportiert und in den Molassebecken auf beiden Seiten der Alpen abgelagert. Dort finden wir es heute als viele km mächtige Abfolgen von Konglomeraten und Sandsteinen. So wurde etwa die Glarner Hauptüberschiebung, welche heute auf rund 2500 m. ü. M zu bewundern ist, ursprünglich in rund 15 km Tiefe gebildet. Andere Decken der Alpen wurden in Tiefen von 50–100 km gebildet und erst danach angehoben (s. Essays 11, 14). Mit der Tiefe nehmen sowohl die Temperatur als auch der Druck (durch die überlagernden Gesteinsmassen) zu. Ab rund 250° C beginnen in den meisten Gesteinen Mineralreaktionen abzulaufen, wodurch sie zu metamorphen Gesteinen werden. Mit der Temperatur-Druck-Zunahme verändert sich auch die Verformbarkeit der Gesteine. Ab rund 200–300° C verlieren viele Gesteinsarten ihr sprödes Bruchverhalten und beginnen sich duktil («fliessend») zu verformen, was die Bildung von Falten natürlich erleichtert. So konnten auch mächtige Kristallin-Decken, wie etwa die oben erwähnte Monte-Rosa-Decke, in grosse Falten gelegt werden. In den Zentralalpen nimmt der Metamorphosegrad in den Decken ganz generell von NW gegen SE zu.

Also, um es nochmals zu verdeutlichen: Decken oder Gesteinsdecken sind weit übereinander geschobene und dabei oft gleichzeitig oder nachträglich verfaltete Gesteinspakete. Sie sind das zentrale Bauelement der Alpen! Die Deckenüberschiebungen, auch wenn wir sie heute hoch oben an den Alpenbergen sehen können, sind tief unten in vielen Kilometern Überdeckung im Innern der kontinentalen Kollisionszone entstanden!

Noch eine kleine Provokation für die Geologenzunft: Wir sprechen immer von Decken-Überschiebungen. Doch viele Decken wurden ja von der abtauchenden Platte abgelöst und von dieser dann *unter*schoben. Sollten wir da nicht eher von Decken-Unterschiebungen reden?

WO SEHEN UND ERLEBEN?

In der Tabelle auf S. 53 sind konkrete Vorschläge für das Erkennen von Decken in der Landschaft zusammengestellt.

Abb. 1–13
Die weltweit einzigartige, dreidimensional in der Landschaft sichtbare Deckengrenze der «Glarner Hauptüberschiebung», hier von W her am Pizol. Oben Verrucano–, darunter Flyschgesteine.

6

Brot und Aufstrich

Kristallines Grundgebirge und mesozoische Sedimente:
Die magische Gesteinsformel der Alpen

In der Permzeit, vor rund 300–250 Mio. Jahren, am Ende der letzten Gebirgsbildung (der «variszischen»), gab es weltweit nur einen einzigen globalen Superkontinent, von den Geologen «Pangäa» getauft (Abb. Innenumschlag hinten). Die Bezeichnung stammt, wie viele Begriffe der Geologie, aus dem Griechischen und ist sehr zutreffend (was ja nicht unbedingt die Regel ist in der geologischen Nomenklatur...). «Pan» bedeutet «allumfassend» und «Gaia» schlicht Erde.

Superkontinent, nicht Urkontinent

Pangäa entstand aus dem schrittweisen Verschweissen von verschiedenen älteren Kontinentteilen, zuerst von Laurentia mit Avalonia-Baltika und dem Iapetus-Ozean dazwischen – die sogenannte kaledonische Gebirgsbildung. Danach wurden diese drei nördlichen Kontinentalplatten mit dem südlichen Gondwana verbunden, unter Verschwinden (Subduktion) des Rheischen Ozeans – das war die variszische Gebirgsbildung. Noch vor diesen Ereignissen konnten bis heute weitere Bildungen und Wiederaufbrechungen von Superkontinenten rekonstruiert werden – in wiederkehrenden, langdauernden Zyklen, nach ihrem Entdecker Wilson-Zyklen benannt (s. Essay 28). Deshalb ist es falsch, dass von Pangäa, wie leider so oft, noch vom «Urkontinent» gesprochen wird (s. Geo-Wissen 3).

Das Gebiet der zukünftigen Alpen lag in Pangäa etwa auf Äquatorhöhe am östlichen Rand dieser gigantischen Landmasse. Während der Permzeit wurden die variszischen Gebirgszüge eingeebnet. Das Klima war wüstenartig trockenheiss. Man stelle sich Genf, Basel, Zürich, Chur und Lugano vor, allesamt staubige trockenheisse Orte, etwa wie heute im Inneren von Australien. Der Untergrund bestand aus metamorphen und magmatischen Gesteinen, die entweder bei der variszischen Gebirgsbildung oder bei noch älteren Gebirgsbildungen entstanden waren. Teilweise finden sich Gesteine darunter, die mehr als 2 Milliarden Jahre Geschichte und mehrere metamorphe Umwandlungen hinter sich haben (man nennt sie «polymetamorph»). Es war ein Stück kontinentaler Kruste, wie es weltweit typisch ist und ganz einfach «Grundgebirge» genannt wird. Manchmal wird auch der Begriff «kristallines Grundgebirge» verwendet, weil darin praktisch nur metamorphe und magmatische Gesteine mit makroskopisch kristallinem Gefüge vorkommen. Weil diese Situation bei uns bis in die oberste Permzeit bestand, also der jüngsten Periode des Paläozoikums, vor dem Beginn des Mesozoikums (s. Zeittabelle Abb. 6–2), wird das Ganze mit einem ziemlichen Wortmonster als «prä-mesozoisches kristallines Grundgebirge» bezeichnet.

Und danach gab es lange, lange Zeit fast nur noch Meer!

Mit dem Beginn des Mesozoikums vor 250 Mio. Jahren (Triaszeit) begann die Vorgeschichte der Alpenbildung, indem Pangäa langsam zerdehnt und dadurch von Meer überflutet und schliesslich zerrissen wurde, mit der anschliessenden Bildung von verschiedenen Meeresbecken dazwischen (s. Essay 9). Überall, wo Meeresbedeckung vorhanden ist, werden – mit ganz wenigen Ausnahmen – auch Meeressedimente abgelagert, mal intensiver, mal weniger, das ist abhängig von ganz verschiedenen Faktoren. Es können sich Kalk, Dolomit, Ton und Sand bilden, sowie alle möglichen Mischungen davon, oder auch exotischere Sedimente wie Gips und Salz. So begannen sich ab der untersten Triaszeit Meeresablagerungen über dem Grundgebirge abzulagern. Diese Meeresbedeckung dauerte während des ganzen Mesozoikums an (Trias-, Jura- und Kreidezeit, 250–65 Mio. Jahre), teilweise noch bis in das Paläogen. Deshalb fasst man diese ganzen Sedimentgesteinsabfolgen als «mesozoische Sedimentgesteine» zusammen. Diese sind für jedes Gebiet charakteristisch (Abb. 1–14).

Deshalb: «Brot und Aufstrich»!

Und so kommt es, dass wir in allen Gebieten und in allen tektonischen Einheiten der Alpen immer unterscheiden können zwischen den beiden grundsätzlich verschiedenen Gesteinsabfolgen, bildhaft vergleichbar mit einem Brot mit Aufstrich:

mesozoische Sedimentgesteine	=	**«Aufstrich» darüber**
prä-mesozoisches kristallines Grundgebirge =	=	**«Brot» darunter**

Bei den Deckenüberschiebungen im Verlaufe der Alpenbildung wurden die mesozoischen Sedimentgesteine häufig von ihrem kristallinen Grundgebirgssockel abgeschert und als eigene Decken gegen vorne/oben überschoben, manchmal bis gegen 100 km weit. Dies geschah beispielsweise mit den mesozoischen Sedimentgesteinen des mittelpenninischen Mikrokontinents («Briançonnais»). Diese wurden vom Grundgebirge, welches heute im Bereich der Walliser Südtäler liegt (Mischabel-Siviez- und Mont-Fort-Decken), fast 100 km weit nach vorne geschoben und bauen heute die Voralpen zwischen Genfer- und Thunersee auf (Préalpes Romandes/Klippendecken, s. tektonische Alpenkarte Innenumschlag vorne).

Wenn wir also in den Alpen unterwegs sind und uns geologisch-tektonisch orientieren wollen, müssen wir als erstes immer Klarheit erhalten darüber, in welcher Art von Grosseinheit wir uns befinden, denn dies hat einen massiven Einfluss auf die zu erwartenden Gesteine:

«Aufstrich»	mesozoische Sedimentgesteine	Kalksteine, Dolomite, Sandsteine, Mergel, Tonsteine, Gips/Salz von unmetamorph bis zu hoch metamorph
«Brot»	prä-mesozoisches kristallines Grundgebirge	Metamorphe Gesteine wie Gneise, Glimmerschiefer, Amphibolite, Marmore etc. Variszische Granite und andere Plutonite

Diese Dualität Grundgebirge – Sedimentgesteine wird übrigens im ganzen mitteleuropäischen Raum angetroffen. Ein schönes Beispiel liefert der südliche Teil von Deutschland. Durch das Aufbrechen und Einsinken des Oberrhein-Grabens im Paläogen/Neogen wurden die seitlichen Flanken angehoben und es kam das alte Grundgebirge zum Vorschein, auf der deutschen Seite als Schwarzwald-Massiv, auf der französischen als Vogesen. Südöstlich bis nordöstlich an das angehobene Schwarzwald-Massiv

folgen dann schön regelmässig die mesozoischen Ablagerungsgesteine von der Trias- über die Jura- bis in die Kreidezeit. Das ergibt die Schichtstufenlandschaften der Schwäbischen und Fränkischen Alb.
Auch weltweit wird dieses Prinzip angewendet – auch wenn mancherorts die überlagernden Sedimentgesteine auch aus noch älteren erdgeschichtlichen Epochen stammen können. Die Franzosen sprechen vom Grundgebirge als «socle», im Angelsächsischen hat sich der Begriff «basement» eingebürgert.
Diese an sich simple Grobeinteilung wird im Alpenraum durch vier Faktoren etwas verkompliziert: erstens die alpine Gesteinsmetamorphose, zweitens die Permokarbon-Tröge, drittens die mesozoischen Ophiolithe und viertens die känozoischen Sedimentgesteine.

Komplikation 1: Alpine Gesteins-Metamorphose

Wie in Essay 14 weiter ausgeführt wird, war mit der Bildung der Alpen eine Versenkung der Gesteinseinheiten in viele Kilometer Tiefe verbunden, wo erhöhte Temperaturen und Drücke herrschen, was bei den Gesteinen zu Mineralreaktionen und Umkristallisationen (Metamorphose) führt. Diese Gesteinsmetamorphose erfasste auch diejenigen Teile der mesozoischen Sedimentgesteine, die in grössere Tiefen versenkt wurden. Bei höheren Metamorphosegraden konnten dabei kristalline metamorphe Gesteine entstehen, welche von den alten Schiefern und Gneisen des Grundgebirges auf den ersten Blick nicht zu unterscheiden sind. Solche Gebiete finden sich vor allem in den südlichen Zentralalpen (SW-Graubünden, Tessin und SE-Wallis). Dort ist die Unterscheidung von «Brot» und «Aufstrich» für den Laien nicht mehr überall so eindeutig und einfach festzustellen. Als Beispiel mögen die «Bündnerschiefer» dienen (s. Essay 17): Findet man diese kalkig-mergelig-tonigen Gesteinsabfolgen etwa im Prättigau östlich von Landquart als fast unmetamorphe Gesteine an, verwandeln sie sich aufgrund der zunehmenden Metamorphose gegen Süden hin zu schönen Granat-Glimmerschiefern im Lukmaniergebiet, und bei Bellinzona finden wir sie im Gebiet von Castione als hoch metamorphe, massige Kalksilikatgesteine wieder.

Die alpine Metamorphose komplizierte auch die Gesteinswelt im prä-mesozoischen Grundgebirge. So trifft man dort beispielsweise variszische Granite an, welche unmetamorph als Plutonite vorliegen (z.B. Mont-Blanc-Granit), dann solche, die nur teilweise metamorphosiert wurden (z.B. Zentraler Aare-Granit) oder solche, die bei der Alpenbildung zu hoch metamorphen Gneisen umgewandelt wurden (z.B. Walliser Arolla-Gneis, Tessiner Gneise). Mehr dazu in Essay 15 und Geo-Wissen 10.

Komplikation 2: Die permischen Grabenstrukturen

Während und nach der Abtragung und Einebnung des variszischen Gebirges bildeten sich in der Permzeit im Grundgebirge Mitteleuropas verschiedenenorts Grabenstrukturen aus, wie sie in junger geologischer Zeit etwa vom Oberrhein-Graben oder vom ostafrikanischen Graben bekannt sind. Diese wurden ausgelöst durch Dehnungsvorgänge in der Erdkruste. Da das Klima im Perm trockenheiss war, wurden in diese Permbecken rote Ablagerungen von Sandsteinen, Brekzien und Tonsteinen abgelagert, gemischt mit Gesteinen von den Vulkanen, die sich an den Bruchzonen der Gräben bildeten. Diese vulkano-sedimentären Ablagerungen werden im Alpenraum unter dem Begriff «Verrucano» zusammengefasst. Bekannte Vorkommen finden sich in den Glarner Alpen, im Münstertal (GR) und im Unterwallis.
Diese permischen Verrucano-Grabenfüllungen werden in der alpinen Geologie eigentlich zum Grundgebirge gerechnet. Einige von ihnen wurden jedoch bei den alpinen Deckenüberbildungen förmlich aus dem Grundgebirge «ausgestülpt» und als Decken oder Deckenteile überschoben. Ein klassisches Beispiel dafür ist der Glarner Verrucano im Weltnaturerbe TAS, der an der berühmten Glarner Hauptüberschiebung weit nach NW geschoben wurde (Abb. 1–9, 1–13).

Komplikation 3: Die mesozoischen Ophiolithe

Bei der Auseinanderdrift von Afrika–Adria und Europa entstanden dazwischen zwei Ozeanbecken (Piemont- und Walliser Becken, siehe Essay 9). Vor allem im Piemont-Becken entstand dabei ein mehrere hundert Kilometer breites

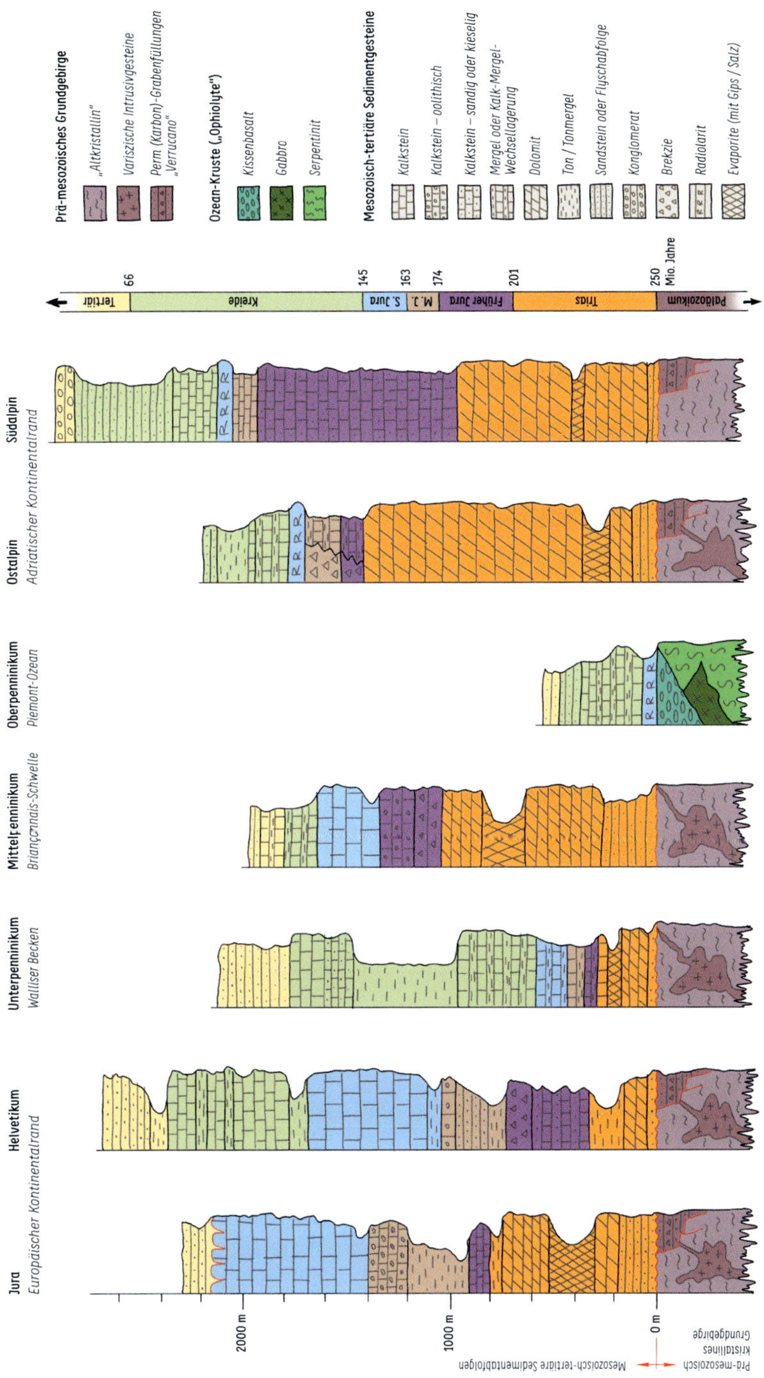

Abb. 1–14

Stark vereinfachte Gesteinsabfolgen mit Grundgebirge und mesozoischen Sedimentgesteinen in den tektonischen Grosseinheiten der Alpen. Die Farben repräsentieren die geologischen Zeitabschnitte, die Gesteinssymbole sind rechts beschrieben. Schauen Sie sich die Unterschiede in den verschiedenen Einheiten an und überlegen Sie sich mögliche Gründe dafür.

Stück ozeanischer Kruste. Diese neu gebildete Ozeankruste unterscheidet sich fundamental von kontinentaler Kruste (s. Geo-Wissen 5). Das Grundgebirge wird dort durch die in der Jurazeit neu gebildete ozeanische Kruste aus Basalt, Gabbro und Serpentinit repräsentiert – etwas komplett anderes als das kontinentale Grundgebirge. Darauf haben sich ebenfalls mesozoische Sedimente abgelagert, vor allem Tiefsee-Sedimente wie Radiolarit, Tiefseekalk und «Bündnerschiefer». Einzelne Späne dieser ozeanischen Kruste entgingen später der Subduktion in den Erdmantel und wurden als Decken in die alpine Kollisionszone integriert (Essay 10). Solche in ein Gebirge integrierte oder auf kontinentale Kruste aufgeschobene Stücke von Ozeankruste haben die Geologen ab dem 19. Jahrhundert als «Ophiolithe» bezeichnet – als sie das Konzept von ozeanischer versus kontinentaler Kruste gar noch nicht kannten. Der Begriff leitet sich vom griechischen «ophios» = Schlange und «lithos» = Stein ab – also Schlangenstein. Dies wiederum, weil die in diesen Gesteinsserien so häufigen Serpentinitgesteine gewisse Ähnlichkeiten mit Schlangenhautmustern aufweisen können – dort wurde einfach das lateinische «serpens» für Schlange verwendet. Ja, ja, ich höre Sie seufzen, die geologische Nomenklatur...

Komplikation 4: känozoische Sedimentserien (Flysche und Molasse)

In der späten Kreidezeit, als die Subduktion der ozeanischen Kruste des Piemont-Meeres unter Adria einsetzte, begannen als Begleiterscheinung zur Subduktion Ablagerungen von Flysch-Sedimenten; diese werden in Essay 18 vorgestellt. Die Flysch-Ablagerungen wanderten mit der Zeit gegen immer nordwestlichere Bereiche, also vom Oberpenninikum bis zum Helvetikum. Flysche haben sich bei der Alpenbildung tektonisch oft «verselbständigt» und wurden als Flyschdecken überschoben und dabei intensiv verfaltet. Sie stellen somit eine Art Sonderfall der Sedimentbedeckung dar, da sie nie direkt mit einem Grundgebirge verbunden waren.

Im Zusammenhang mit dem Plattenabriss vor 35–30 Mio. Jahren (Essay 8) wurde die Flysch-Ablagerung beendet und von den Molasseablagerungen abgelöst, welche in Essay 19 vorgestellt werden. Diese stellen wiederum eine ganz spezielle und eigenständige Suite von Sedimentgesteinen dar. Sie wurden nur noch am alpennächsten Rand von den Deckenbildungen erfasst und von den helvetischen Sedimentdecken um etliche Zehnerkilometer überschoben.

WO SEHEN UND ERLEBEN?

Ganz besonders eindrücklich ist die Auflagerung von mesozoischen Sedimentgesteinen auf dem Grundgebirge entlang des Nordrandes des Aar-Massivs zu beobachten – ein Beispiel ist auf dem Foto rechts abgebildet. Aber diese Zweiteilung ist, wie gesagt, in den ganzen Alpen präsent.

Abb. 1–15
Blick vom Bifertengletscher am Tödi (GL) gegen die Wände des Selbsanft. Der Unterschied zwischen Grundgebirge (= «Brot») und Sedimentabfolge (= «Aufstrich») ist markant. Der Beginn der Sedimentabfolge wird hier durch das gelbe Band des Trias-Dolomits (= «Rötidolomit») zusätzlich hervorgehoben.

Vor langer Zeit und tief in der Erde – neue Erkenntnisse aus den Tiefen und der Tiefenzeit

Die Plattentektonik, erkannt vor rund 60 Jahren und seither ständig weiter differenziert, liefert für die Geologie den Gesamtrahmen, in dem alle geologischen Phänomene eingeordnet und erklärt werden können – so auch die Bildung der Alpen. Weil in den letzten Jahrzehnten die Methoden der indirekten Erkundung des tiefen Untergrundes immer besser, die Altersbestimmungen immer präziser, die Analyse- und Modellierungsmöglichkeiten immer raffinierter geworden sind, haben sich auch die Vorstellungen über die bei der Alpenbildung abgelaufenen plattentektonischen Prozesse stark konkretisiert und teilweise auch verändert.

Abb. 2–1
Satellitenfoto von Westeuropa – die komplexen alpidischen Gebirgszüge sind Produkte eines plattentektonischen Kuddelmuddels.

7

Ziehen, nicht stossen!

Neues von der alpinen Plattentektonik – und ein Paradigmenwechsel?

Alle wissen heute, dass sich die Erdplatten in ständiger Bewegung befinden, mit Geschwindigkeiten von ca. 1–10 cm/Jahr. Sie werden wahrscheinlich auch wissen, dass an den mittelozeanischen Rücken (MOR), wie etwa dem zentralatlantischen, neue Ozeankruste entsteht und seitlich symmetrisch wegdriftet (Abb. 2–13) sowie, dass an den Subduktionszonen mit ihren Tiefseegräben, Erdbebenzonen und Vulkanen die Ozean-Lithosphäre wieder in den Erdmantel abtaucht (s. Abb. 2–3). Und Sie haben wohl alle die einfache und eindrückliche Vergleichs-Illustration mit einem Topf auf einer Herdplatte gesehen, bei der in der Suppe beim Heizen von unten Konvektionsströme entstehen, die die beim vorherigen Abkühlen gebildete dünne Haut an der Oberfläche zum Zerreissen und Bewegen bringen (Abb. 2–2). Damit verbunden tragen die meisten die Vorstellung in sich, dass die heissen Aufströmungen im Erdmantel unter den MOR der eigentliche Antrieb der Plattenbewegungen sind. Die Platten werden demnach an den MOR auseinandergedrückt und setzen sie so in Bewegung. Dies ist das sogenannte «Slab-Push»– Modell (Plattenschub-Modell), welches nach dem Durchbruch der Plattentektonik ab den 1960er-Jahren gelehrt wurde. Weil die Plattentektonik ein derart gewaltiges und überzeugendes Erklärungsgerüst für sämtliche geologische Prozesse war und ist, hat sich dieses Erklärungsbild tief in die öffentliche Wahrnehmung und in die Lehrbücher eingebrannt.

Vom Plattenschub zum Plattenzug

Doch schon bald realisierten die Geologen aufgrund von physikalischen Überlegungen und Modellierungen, dass das Slab-Push-Modell allein so nicht stimmen kann, sondern dass es eher umgekehrt funktioniert; dies soll anhand der Abb. 2–3, einem Querschnitt vom Pazifik bis in das Andengebirge hinein, kurz erläutert werden. Die mittelozeanischen Rücken werden durch das aufsteigende heisse und spezifisch leichtere Mantelmaterial, das teilweise zu Basaltmagma aufgeschmolzen ist, angehoben – so entstehen die untermeerischen Ozean-Gebirgszüge (s. Essay 29). Die seitlich von den erhöhten mittelozeanischen Rücken abdriftenden Ozeanplatten kühlen mit zunehmendem Alter ab, nehmen dadurch an Dichte zu und senken sich leicht ab; dadurch entsteht eine gravitative Kraft vom Rücken weg, die als «Ridge Push» oder Rückenschub bezeichnet wird. Weil abgekühlte Ozeankruste (und damit die ganze Ozeanlithosphäre, s. Geo-Wissen 5) spezifisch schwerer ist als die Kontinente, kann sie nach einigen 10er-Mio. Jahren Drift am Kontakt mit einem Kontinent abzusinken beginnen und an einer Subduktionszone in den Erdmantel abtauchen. Dort werden die basaltischen Gesteine der Ozeankruste infolge des rasch zunehmenden Drucks zu noch dichterem, hochdruck-metamorphem Eklogit-Gestein umgewandelt, wodurch sich eine starke Zugkraft in die Tiefe entwickelt, der «Slab Pull» oder Plattenzug. Diese Zugkraft vom Mittelozeanischen Rücken weg ist der Hauptantrieb der Plattenbewegungen, und da dies beidseits des MOR geschieht, wird am Rücken die Lithosphäre auseinandergezogen, was heissem, plastischem Mantelmaterial erlaubt, gegen oben zu strömen, zu Basaltmagma aufzuschmelzen und in Form von Kissenlava, Ganggesteinen und Gabbros neue Ozeankruste zu bilden. Also Plattenzug («Slab Pull»), und nicht Plattenschub («Slab Push»)! «Ziehen, nicht stossen», das ist die Devise bei den Plattenbewegungen!

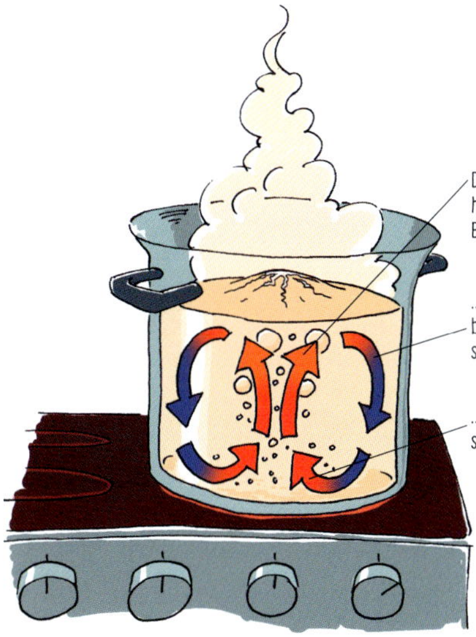

Abb. 2-2
Das «Suppentopf-Modell» für die Bewegung der Erdplatten über den Wärme-Konvektionsströmungen im Erdmantel.

Plattenrückrollen und Rinnensog

Die absinkende Ozeanplatte, zu Beginn des Subduktionsvorgangs mit einem mässigen Absinkwinkel abtauchend, kann mit der Zeit in eine deutlich steilere, fast vertikale Lage übergehen, weil das Gewicht der absinkenden Platte immer stärker nach unten zieht. Dies führt dazu, dass die Biegezone gegen den Ozean hingezogen wird und zurückwandert; je steiler die absinkende Platte, desto mehr. Dies nennt man den «Slab-Roll-Back»-Effekt (Platten-Rückrollen). Dieser bringt es mit sich, dass auch der mit der Subduktionszone verbundene Tiefseegraben (trench) sich ozeanwärts verschiebt («Trench Retreat/Sucking», «Rinnensog»), ja, dass die ganze überliegende Platte nachgezogen wird. Dadurch entstehen dort Dehnungs-Kräfte in der Kruste, was das Aufsteigen von Magmen erleichtert.

Die südamerikanische Platte wird also passiv von der absinkenden Pazifikplatte gegen Westen gezogen, was sich bis an den mittelatlantischen Rücken fortsetzt und dort die weitere Öffnung im Gang hält!

Die Alpen als Plattenrückroll-Gebirge

Solche neueren Vorstellungen, verbunden mit der «Slab Pull»-Hypothese, wurden auch auf die Alpenbildung bzw. die alpine Subduktionszone der europäischen unter die adriatische Platte angewendet. Ein erster Durchbruch war in den 1990er-Jahren das Postulieren eines Plattenabrisses in der alpinen Subduktionszone im Zeitraum zwischen 35 und 30 Mio. Jahren, wie er mit all seinen dramatischen Folgen im Essay 8 erklärt wird.

In den letzten Jahren wurde auch für die Alpen ein «Slab-Roll-Back»-Effekt als zentrales Element der eigentlichen Gebirgsbildung postuliert. Die neuesten Forschungen und Modellrechnungen für die Alpen weisen darauf hin, dass wir für die Geschichte der Alpenbildung seit dem Plattenabriss vor 35–30 Mio. Jahren einen Paradigmenwechsel vollziehen müssen. Bisher wurde die gesamte Bildung der Alpen als Folge der Drift von Adria gegen Europa erklärt, was zu horizontalen Schub- und Kompressionskräften führte – Zusammenschub der Alpen als Kollisionsgebirge. Gerne wurde dazu auch das Bild eines Bulldozers verwendet. (vgl. Essay 12,

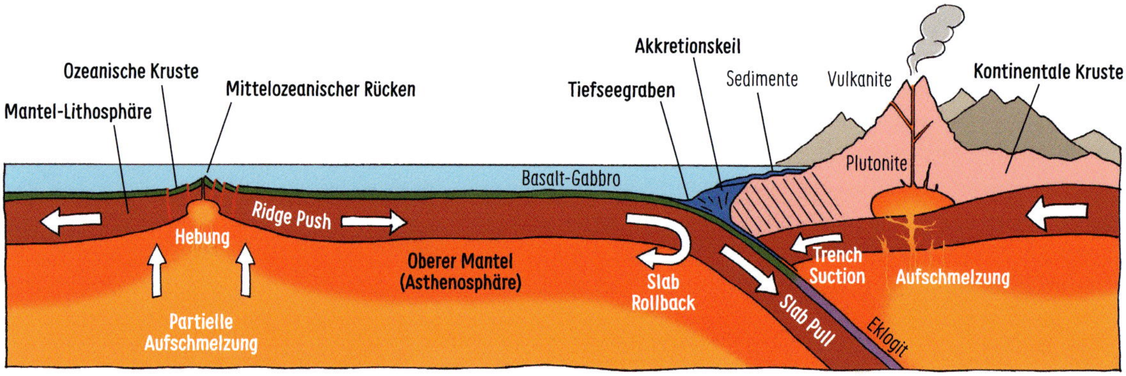

Abb. 2–23). Nun sieht es eher so aus, dass wir für den Zeitraum ab 35–30 Mio. Jahren, in dem die eigentliche Alpenbildung erfolgte, weniger von horizontalen Einengungskräften, sondern von vertikalen Zugkräften als Antrieb der Gebirgsbildung ausgehen sollten. Ein Zitat aus einer aktuellen Forschungsarbeit* soll dies illustrieren (Original in Englisch, Übersetzung durch den Autor).

«Gemäss heute allgemein angewendeten Konzepten werden Gebirgsgürtel hauptsächlich durch horizontale Konvergenz zwischen zwei kollidierenden Platten gebildet. Dies ist verbunden mit dem Bild eines starren «Stempels» – häufig als Bulldozer dargestellt –, der die Konvergenzbewegung in die Gebirgsbildungsvorgänge überträgt. Für die Zentralalpen ist dieses Konzept jedoch nicht kompatibel mit allen Beobachtungen und auch nicht mit isostatischen Massenbilanz-Modellen. ... Eine neue, alternative Erklärung schlägt vor, dass die Zentralalpen durch einen Slab-Rollback-Mechanismus gebildet wurden, bei dem die dynamischen Vertikalkräfte einer zurückrollenden Subduktion im Zusammenspiel mit Auftriebskräften die Hauptfaktoren sind.»

Es scheint also, dass nicht der «Schub» von Adria, sondern der Sog des Platten-Zurückrollens zur eigentlichen Herausbildung der Alpen als Gebirge führte! Der Zug der absinkenden und zurückrollenden europäischen Lithosphäre führte allerdings in den oberen Krustenteilen weiterhin zu horizontalen Einengungen, die sich in den Überschiebungen und Verfaltungen der helvetischen Decken und in den steilen Scherzonen im Aar-Massiv manifestieren.

Mit diesem Modell des «Plattenrückroll-Gebirges» lassen sich gemäss den beteiligten Alpenforschern auch die Ablagerungsmengen und –mächtigkeiten im Molassebecken gut erklären sowie die Tatsache, dass die Alpen nie so hoch wie das Himalaya-Gebirge wurden (s. Essay 20). Schaut man sich nämlich die auf 60 km verdickte Krustenwurzel unter den Alpen an, kann mit einfachen physikalischen Berechnungen gezeigt werden, dass diese bei normalem archimedischem Ausgleich zu wesentlich höheren Bergen hätte führen müssen. Mit einer nach unten hängenden/ziehenden und zurückrollenden europäischen Platte stimmt die Realität mit den Berechnungen aber besser überein. Auch die heute zu beobachtenden Kräfte- und Spannungsverhältnisse in den Alpen und im Molassebecken passen zu diesem Modell (s. Essay 26). Wie sich die heutigen Alpenforscher das vorstellen, ist in der Skizzenfolge von Abb. 2–4 illustriert. Vor und unmittelbar nach dem Plattenabriss vor 35–30 Mio. Jahren lag ein grösserer Teil der zukünftigen Alpen zwar schon über dem Meeresspiegel, war aber noch kein eigentliches Gebirge, und schon gar kein Hochgebirge.

Abb. 2–3
Vereinfachtes Profil Pazifik – Südamerika mit den im Text besprochenen plattentektonischen Prozessen.

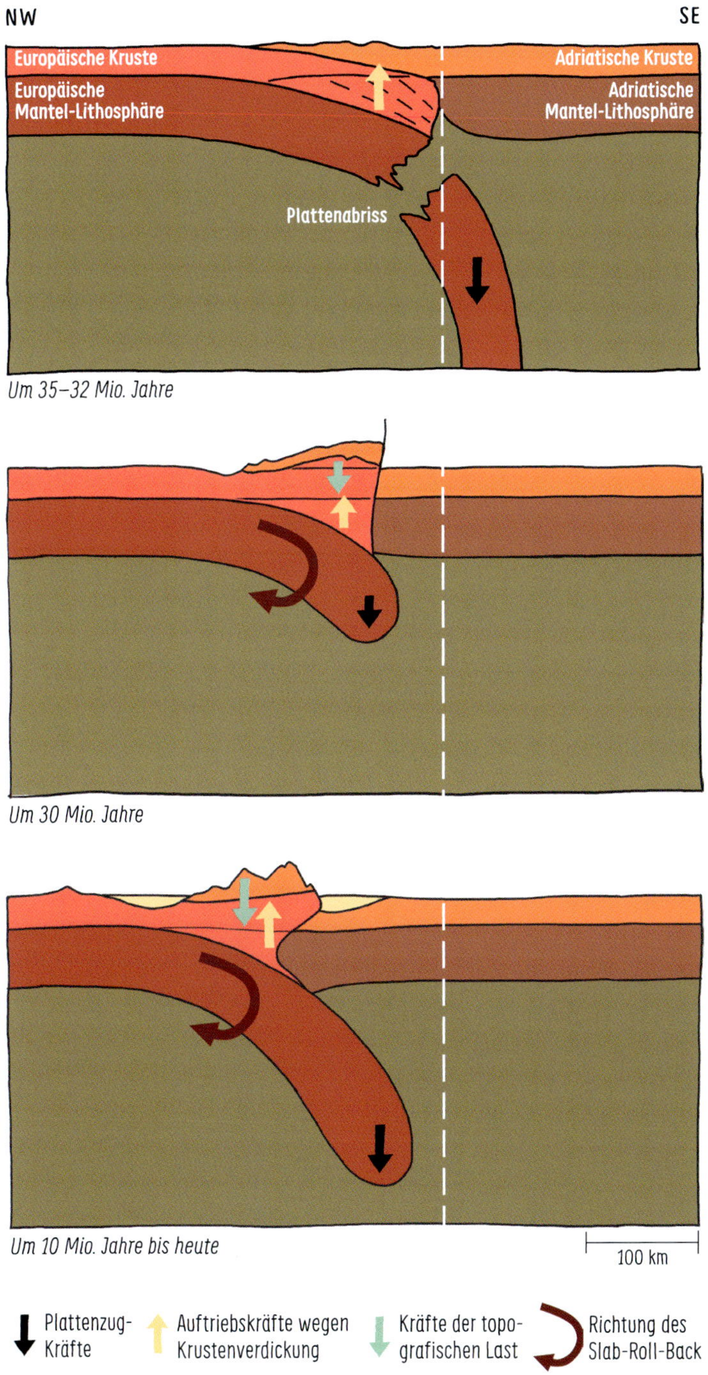

Abb. 2–4
Hoch schematische Skizzenfolge, wie man sich die Bildung der Alpen nach dem Plattenabriss durch den Slab-Roll-Back–Mechanismus erklären kann.

Die Geschichte nach dem Plattenabriss

Erst mit dem Freiwerden der vertikalen isostatischen Ausgleichsbewegungen nach dem Plattenabriss (s. Essays 8, 11) begann die eigentliche Bildung eines topografischen Gebirges – auch wenn die Gebirgsbildung geologisch gesehen in der Tiefe schon lange begonnen hatte. Die europäische Platte senkte sich aber weiterhin in der Subduktionszone ab, Adria näherte sich weiter an, und dadurch entstand ein Slab-Roll-Back-Mechanismus, der das Ganze weiter «in Betrieb» hielt (2. Abbildung von 2–4). Durch das Herausheben entstanden gleichzeitig topografische vertikale Abwärtskräfte, und es entwickelte sich eine Art Konkurrenzsituation zwischen hebenden und senkenden Kräften. Im weiteren Verlauf (3. Abbildung von 2–4) keilte sich der adriatische Kontinentalrand in den europäischen ein, was einerseits zu nach SE gerichteten Rücküberschiebungen und Rückfalten und damit zur Ausbildung der Alpen als bi-vergentes (zweiseitiges) Gebirge führte (s. Essay 12), andererseits zu Abscherungsbewegungen und Überschiebungen der europäischen Oberkruste von der Unterkruste und dem lithosphärischen Mantel. Ein Prozess, den man als Krusten-Delamination (wörtlich «abblättern») bezeichnet. Diese Abscherungen führten zu weiteren Deckenbildungen, etwa den helvetischen Sedimentdecken, und zu einer intensiven Zerscherung des Grundgebirges, wie man es in den letzten Jahren etwa in den Aar- und Mont-Blanc-Massiven beschrieben hat.

Die Alpen – kein Kollisionsgebirge?

Nachdem wir schon von der «Alpenfaltung» und den Alpen als Faltengebirge haben Abschied nehmen müssen, ist nach diesen Erläuterungen zu fragen, ob denn der Begriff «Kollisionsgebirge» noch angezeigt sei, wenn doch die dahintersteckenden Prozesse nicht mehr so richtig zu diesem Begriff passen. Wir vertreten die Ansicht – und in der Fachliteratur wird das auch nach wie vor so gehalten – dass das nach wie vor sinnvoll ist. Denn die Alpen sind und bleiben letztlich das Gebirge, das auf die Annäherung von Adria an Europa und deren Verkeilungen in Form von Decken und Falten zurückzuführen ist – unabhängig davon, wie die antreibenden Kräfte im Einzelnen gewirkt haben.
Kollisionsgebirge ist ja auch so viel eingängiger und eleganter als «Plattenrückroll-Gebirge»...

* *Slab Rollback Orogeny model for the evolution of the Central Alps: Seismo-Thermo-Mechanical test. Zilio L. D., Kissling, E, Gerya T. & van Dinther Y. , 2020*

WO SEHEN UND ERLEBEN?

Zu dieser Thematik kann man an der Oberfläche nichts direkt sehen. Tragen Sie aber diese grossräumigen Vorstellungen über die Prozesse in der Tiefe mit sich, wenn Sie in den Alpen unterwegs sind und konkrete geologische Phänomene beobachten: Die Ursachen dafür liegen in vielen Zehnerkilometern Tiefe!

Abb. 2–5
Google-Earth-Satellitenfoto vom südlichen Teil Südamerikas, mit den in Abb. 2–3 gezeigten plattentektonischen Elementen von oben gesehen. Bildbreite ca. 1000 km.

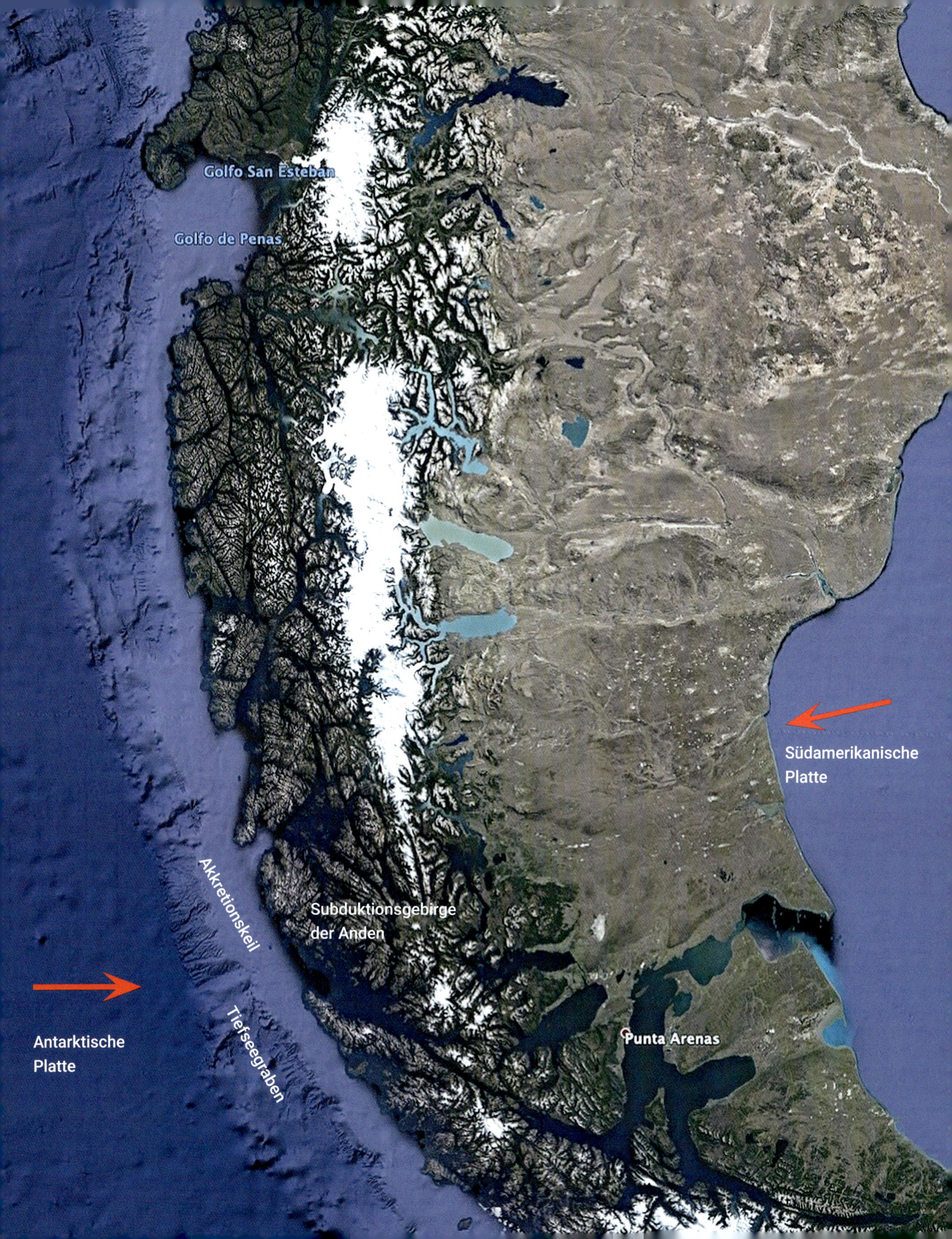
Golfo San Esteban
Golfo de Penas
Südamerikanische
Platte
Akkretionskeil
Subduktionsgebirge
der Anden
Tiefseegraben
Antarktische
Platte
Punta Arenas

8

Achtung, Filmriss!

Der alpine Plattenabriss vor 30 Mio. Jahren und seine weitreichenden Folgen

In den letzten beiden Jahrzehnten hat die Erforschung des tiefen Untergrundes der Erde, bis weit hinein in den mächtigen Erdmantel, riesige Fortschritte gemacht. Wie in der Medizin mit der Computertomografie gibt es heute eine seismische Tomografie, mit welcher tief gelegene geologische Strukturen viel genauer als bisher und in 3D ermittelt werden können (Abb. 1–4, 6–10, Geo-Wissen 6). So erkannte man, dass die unter den Zentralalpen subduzierte europäische und ozeanische Platte nicht wie eine Art langer «Wurzel» in den Erdmantel hineinhängt – dann müsste sie mehrere Hundert Kilometer lang sein – sondern, dass sie offensichtlich abgerissen wurde und heute nur noch als relativ kurzer «Stummel» von rund 160 km Länge vorhanden ist (Abb. 1–4, 2–25).

Pubertät der Alpen

Im Essay 3 über die lang andauernde Geschichte der Alpenbildung wurde der Zeitraum zwischen 35–30 Mio. Jahren (Eozän – Oligozänzeit) als wichtige Etappe in der Alpenbildung vorgestellt – und im Vergleich zum menschlichen Leben als «Pubertät» eingestuft – wo ja bekanntlich vieles drunter und drüber geht – Ablösung, Umwälzungen, Schwelle zum Erwachsenwerden etc.

Bis vor rund 35 Mio. Jahren bewirkte die abtauchende ozeanische Platte des Piemont-Ozeans einen Zug in die Tiefe, auch der Mikrokontinent Iberia (= Briançonnais) wurde schon in die Subduktionszone hinuntergezogen. In vielen Kilometern Tiefe fanden die ersten Deckenbildungen und die Hochdruckmetamorphose (Essay 14) statt. Mit dem Eintritt der dicken und vergleichsweise steiferen europäischen Kontinentalplatte in die Subduktionszone ergaben sich grosse Zerrspannungen, weil sich diese nicht so leicht hinunterziehen und -biegen liess. Dies führte dann letztlich zu einem Plattenabriss («slab break off», Abb. 2–4 und 2–6). In der Folge begann die abgerissene ozeanische Platte losgelöst weiter in den Erdmantel zu versinken. Dieser alpine Plattenabriss wurde Mitte der 1990er-Jahre in einer ziemlich bahnbrechenden Publikation erstmals postuliert und beschrieben. Die Abb. 2–6 stammt, nur ganz leicht modifiziert, aus dieser Originalpublikation* – wir wählten diese quasi zu Ehren der Autoren.
Der Plattenabriss hatte weitreichende Folgen. Er ist wohl, neben der Umkehr der Bewegungsrichtung von Adria – Afrika aufgrund des Aufbrechens des südlichen Gondwana-Kontinents vor rund 100 Mio. Jahren, das dramatischste

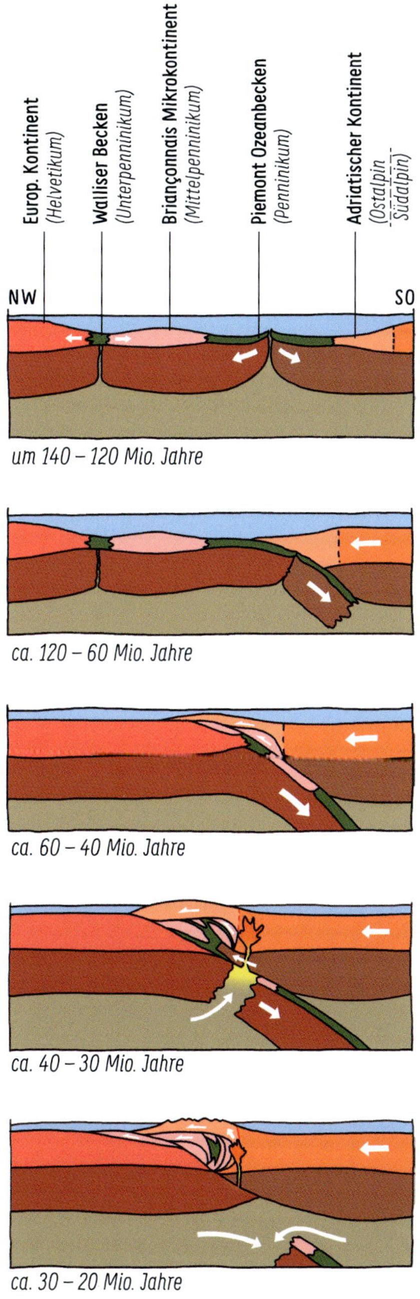

Abb. 2-6

Mit dieser hoch schematischen Skizzenfolge (hier eine kolorierte Nachzeichnung) führte der deutsche Geologe Friedhelm von Blanckenburg im Jahr 1995 das Konzept des Plattenabrisses und des Slab Roll Back - Mechanisumus für die Alpen ein.

Hellrot: kontinenentale Kruste Eurasiens.
Orange: kontinentale Kruste von Adria
Dunkelrot/braunrot: Mantel-Lithosphäre Eurasiens bzw. von Adria
Braun: Oberster Mantel (Asthenosphäre)

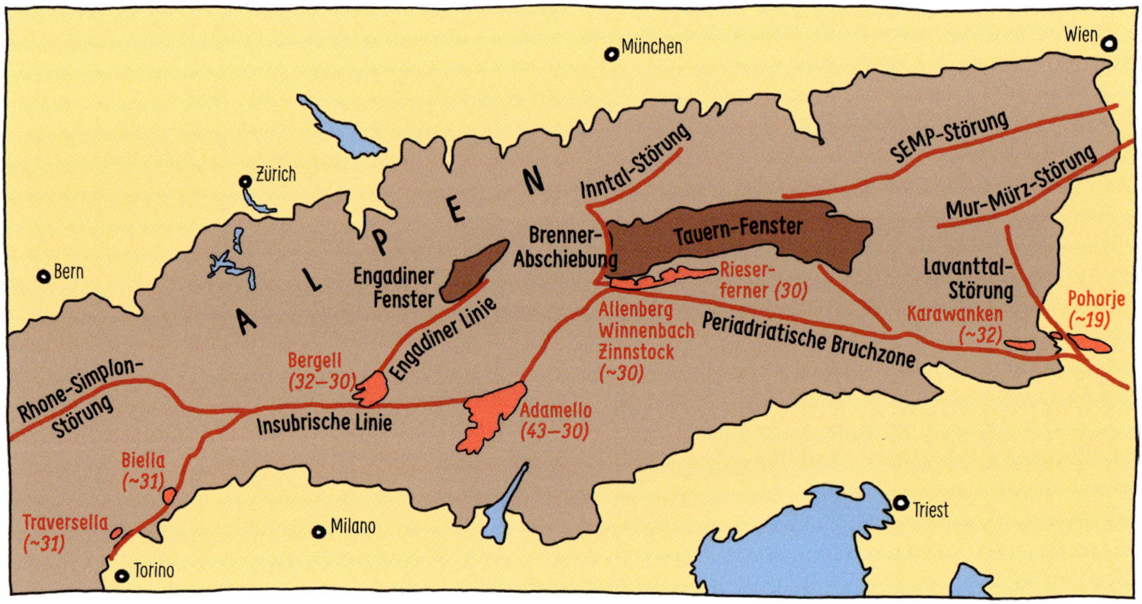

Ereignis der Alpenbildung. Mit ihm hört der starke Plattenzug plötzlich auf, und die darüberliegende Knautschzone entspannte sich wie eine Blattfeder – natürlich alles, wie in Essay 1 festgehalten – im geologischen Superschneckentempo!

Der Plattenabriss löste eine ganze Kaskade von Vorgängen aus. Konsultieren Sie zu den nachfolgenden Erläuterungen die Grafiken der Abb. 2–4, 2–7, 2–25 und 3–7.

Beginn der eigentlichen Gebirgsbildung

Aufgrund des Plattenabrisses entwickelte sich im dicken «Paket» der Kollisionszone aus den hinabgezogenen, spezifisch relativ leichten Krustengesteins-Decken ein starker Auftrieb, der zu einer plötzlichen starken Hebungsrate führte. Erst damit begannen sich die Alpen als eigentliches Gebirge und Hochgebirge zu manifestieren. Die Bildung der Alpen hat also viel mit Auftrieb zu tun. Archimedes lässt grüssen! Muss man sich die Alpen vor dem Plattenabriss als sanfte Mittelgebirgs-Hügellandschaft vorstellen. Nun erschienen plötzlich Zwei- und Dreitausender. Dies wird in Essay 11 wieder aufgenommen und die weitere Hebungsgeschichte wird in Essay 25 vertieft.

Abb. 2–7
Die plutonischen Intrusionen, die im Zeitraum des Plattenabrisses entlang der periadriatischen Bruchzone gebildet wurden. Die Zahlen geben die Intrusionsalter in Mio. Jahren an.

Intrusion von Plutonen

Entlang der Periadriatischen Bruchzone, der heutigen Plattengrenze zwischen Europa und Adria (s. Essay 23), liegen aufgereiht wie an einer Perlenschnur plutonische Intrusionen (Abb. 2–7), die während der Alpenbildung entstanden sind, und nicht, wie der grosse Rest der Granite des Alpenraums, anlässlich der vorletzten, variszischen Gebirgsbildung, der variszischen (Essay 15). Alle diese Plutone intrudierten im Zeitraum von 35–30 Mio. Jahren, weil infolge des Plattenabrisses heisser Asthenosphären-Mantel in die Lücke eindringen und zu Krustenaufschmelzungen führen konnte. Der einzige dieser Plutone, der teilweise in der Schweiz liegt, ist die Bergeller Intrusion,

welche die wilden Granitberge am Grenzkamm Schweiz–Italien in Südbünden aufbaut (Abb. 2–8). Diese Intrusion, aufgebaut aus einer südlichen Zone von sogenanntem Tonalit, dessen Hauptmasse aus Granodiorit besteht – beides enge Verwandte von Granit – ist damit der einzige «echte Alpengranit» der Schweiz.
Der weitaus grösste und komplexeste dieser känozoischen Plutone ist derjenige der Adamello-Presanella-Gebirgsgruppe im Trentino (I), eingedrungen im Grenzbereich der periadriatischen Bruchzone und einer weiteren grossen Störungszone, der Giudicarien-Linie (Abb. 4–19).

In der Tiefe: Adriatischer Keil, Delamination und Periadriatische Bruchzone

Nach dem Plattenabriss begann sich die adriatische Lithosphäre wie ein Keil in die Kollisionszone hineinzuschieben (Abb. 2–4). Dadurch wurde die Oberkruste der europäischen Platte von ihrer Unterkruste und dem Lithosphärenmantel abgelöst – man spricht von Delamination. Die Folge sind weitere Verkürzungen und Überschiebungen gegen NW am europäischen Kontinentalrand, und gleichzeitig der Beginn von südostgerichteten Aufschiebungen und Deckenüberschiebungen an der adriatischen Platte. Damit werden die Alpen als zweiseitiges («bivergentes») Gebirge ausgebildet (Abb. 2–21 und Essay 12). Verbunden damit beginnen auch Vertikal- und Seitenbewegungen an den tiefreichenden Störungen der Periadriatischen Bruchzone, auf welche in Essay 23 weiter eingegangen wird.

Metamorphose

In den gleichen Zeitraum fällt der Höhepunkt der temperaturbetonten Regionalmetamorphose in den Zentralalpen (s. Essay 14). Bei der Subduktion/Kontinentalkollision wurden die Gesteinsdecken, die heute die hohen Bergen bilden, in der Tiefe gebildet (Essay 11). Unter den dort herrschenden hohen Temperaturen und Drücken wurden sie mehr oder weniger stark metamorph umgewandelt. Auf eine etwas früher abgelaufene Hochdruckmetamorphose infolge der raschen Subduktion folgte eine zweite, temperaturbetonte Metamorphose. Nach dem Plattenabriss kühlten die Gesteine bei ihrer langsamen Anhebung sukzessive ab. Mehr dazu in Essay 14.

Ende Flysch …

Die Flyschbecken entwickelten sich über der Subduktionszone als Akkretionskeile, von den ursprünglich am weitesten im SE gelegenen süd/oberpenninischen Einheiten in der mittleren Kreidezeit bis zum unterhelvetischen Flysch der Eozänzeit (Essays 16 & 18). Infolge der raschen Subduktion, und weil über dieser noch kein eigentliches Gebirge vorhanden war, konnte die Sedimentation mit der Absenkung kaum Schritt halten, weshalb sich die tiefen Flyschtröge entwickelten und halten konnten – sogenannte unterfüllte Becken. Nach dem Plattenabriss ändert sich diese Situation und die Flyschbildungen hörten auf – sie gingen in die Molassebildungen über (Abb. 3–7 und Essay 19).

… und Beginn Molasse

Ab ungefähr 35 Mio. Jahren begann die Aufschüttung der Molassegesteine, die wir heute im Alpenvorland nördlich und südlich der Alpen finden (s. Essay 19). Diese wurden, ähnlich wie die Flysche, in den Vorlandbecken vor und hinter dem sich hebenden Gebirge abgelagert. Weil diese Hebung nun viel stärker wurde, verstärkte sich auch die Abtragung, wodurch viel mehr Material angeliefert wurde, und die Molassebecken laufend aufgefüllt wurden (überfüllte Becken). So besteht denn ein Grossteil der Molasseablagerungen auch aus terrestrischen Ablagerungen (v. a. Nagelfluh-Konglomerate).

Plattenabriss im ganzen Alpenbogen?

Da war also ganz schön viel los nach dem Plattenabriss! Der Vergleich mit der menschlichen Pubertät ist frappant: Ablösung und innere Umbrüche läuten das Erwachsenwerden ein…
Wir haben beim Plattenabriss immer von den Zentralalpen gesprochen – mit Absicht. Denn die plattentektonischen Verhältnisse in der Tiefe unter dem Alpengebäude sind zwischen den West-, Zentral- und Ostalpen sehr verschieden – darauf wird in Essay 13 noch eingegangen. So dürfte unter

den Westalpen erst in jüngerer Zeit ein Plattenabriss stattgefunden haben bzw. noch im Gange sein. In den Ostalpen ist überhaupt die ganze Subduktionsrichtung umgekehrt (Abb. 2–25).

Plattenabrisse allüberall

In den letzten rund 30 Jahren wurde erkannt, dass Plattenabrisse bei ganz vielen gebirgsbildenden Vorgängen eine zentrale Rolle spielen, insbesondere auch bei der Bildung der ganzen alpidischen Gebirge. Man hat auch erkannt, dass Plattenabrisse oft auch in schräger Anlage wie durch einen ständig tiefer greifenden Scherenschnitt erfolgen. Schauen Sie sich die Abbildung 5–9 an, wo ein derartiger «Scherenschnitt-Plattenabriss» unter den heutigen Westalpen dargestellt ist. Neben den Alpen liefert das System Himalayagebirge – Tibetplateau ein eindrückliches Beispiel für die – geologisch-tektonisch gesehen – dramatischen Folgen eines Plattenabrisses. Als die weit unter den asiatischen Kontinent subduzierte indische Ozeanplatte vor rund 40 Mio. abriss, klappte die verbliebende indische Platte förmlich nach oben unter die asiatische Platte, wodurch sich die Lithosphäre stark verdickte und damit eine starke isostatische (archimedische) Hebung einsetzte, was zur Bildung des gewaltigen Tibet-Hochplateaus mit seiner mittleren Höhe um 5000 m führte (s. auch Abb. 4–17).

* *Von Blanckenburg, F. & Davies, J.H. Slab breakoff: A model for syncollisional magmatism and tectonics in the Alps. Tectonics 14/1, 1995*

WO SEHEN UND ERLEBEN?

Auf der Sonnenterrasse von Soglio GR haben Sie einen fantastischen Blick auf die wilden Bergeller Granitberge. Vom Bürgenstock am Vierwaldstättersee können Sie die mächtigen Konglomerat-Ablagerungen der Rigi-Molasse bewundern – und können angesichts solcher Einblicke in das Gebirge über die tieferen Zusammenhänge sinnieren. Letztlich manifestieren sich die geschilderten Prozesse in jedem Blick auf eine alpine Gebirgslandschaft …

Abb. 2–8
Blick in die Sciora-Gruppe der Bergeller Berge – der einzigen granitischen Intrusion der Schweiz, welche nicht bei der variszischen, sondern während der alpinen Gebirgsbildung entstanden ist.

9

Afrika – Meer – Europa: so simpel?

Das grosse Kuddelmuddel zwischen Afrika und Europa

Im Süden Afrika, dann das Tethys-Meer, im Norden Europa – so sei es vor der Alpenbildung gewesen; so stellt man es sich gemeinhin vor, so wird es an Schulen gelehrt und erklärt. Und so gehe die Geschichte: Da gab es in der Karbon- bis Permzeit den Superkontinent Pangäa, der alle heutigen Kontinente vereinte. Er entstand durch die Kollision zwischen einem nördlichen und südlichen Riesenkontinent (Laurussia und Gondwana), die Kollisionszone war das variszische Gebirge. Pangäa begann dann vor rund 250 Mio. Jahren (frühe Triaszeit) auseinanderzubrechen, an einer ungefähr Ost-West verlaufenden Sutur, und die beiden Teile drifteten auseinander: im Süden Gondwana, dazwischen der Tethys-Ozean, im Norden Laurasia (Abb. 2–9). Dann, vor rund 100 Mio. Jahren, kehrte Afrika seine Bewegungsrichtung um, der Tethys-Ozean wurde wieder verschluckt, und dann «Bumm!», Kollision der beiden Kontinentalplatten, und das ergab die Knautschzone der Alpen. So haben wir die Alpenbildung im Griff...

Hmmmm...

Leider müssen wir Sie ein wenig enttäuschen. Wenn es so einfach wäre, dann würde man die Alpen doch eher als ein geradlinig verlaufendes, einfach gebautes Gebirge erwarten. Dass dem nicht so ist, wissen Sie; wir haben es in den Essays 1 und 3 schon aufgegriffen.
Schauen Sie sich doch einmal die Karte der Abb. 2–10 an. So sah der Grossraum Nordafrika–Südeuropa vor rund 120 Mio. Jahren aus, als Afrika langsam umkehrte von seiner Fahrt nach Süden und wieder gegen Norden zu driften begann. Diese Karte ist noch eine Vereinfachung, aber trotzdem werden Sie wohl denken...

Ui, ui, ui!

... das ganz einfache Bild der Abb. 2–9 ist offenbar nicht haltbar! Die Geografie (bzw. Paläogeografie) war damals wesentlich komplizierter. Im Detail gibt es durchaus noch umstrittene Unklarheiten und deshalb auch etwas voneinander abweichende Kartendarstellungen, aber insgesamt

sind sich heute die Geologen über die in Abb. 2–10 gezeigte Paläogeografie einig.
Zwischen den grossen Kontinentalmassen von Afrika und Eurasien gab es verschiedene Mikrokontinente und eine ganze Serie von Ozeanbecken, in denen an Spreizungszonen ozeanische Kruste gebildet wurde. Zwei Mikrokontinente sind für den zukünftigen Alpenraum relevant. Da ist zuerst die iberische Mikroplatte (auch «iberischer Block» genannt), die im Wesentlichen das heutige Spanien ausmacht. Die Platte hatte damals eine immer schmaler werdende Verlängerung gegen Osten hin, und es ist dieser schmale Spickel, der in die Alpenbildung geriet. Die frühen Alpengeologen nannten die Decken und Gesteine dieser Einheit «Briançonnais», weil sie in den Westalpen in der Region der Alpenstadt Briançon besonders gut ausgebildet vorliegen. Damals wussten die Forscher noch nicht, dass es sich dabei um ein Stück der iberischen Mikroplatte handelt. Dieser Spickel endet gegen Osten, weshalb Decken und Gesteine des Briançonnais heute nur bis etwa in den Grenzbereich der Zentral-Ostalpen gefunden werden, am östlichsten im tektonischen Unterengadiner Fenster. In den Ostalpen fehlen sie.

Der abtrünnige korso-sardinische Block

Auf der Karte der Abb. 2–10 können Sie weiter erkennen, dass auch das heutige Korsika und Sardinien zum iberischen Mikrokontinent gehörten. Die beiden wurden erst viel später durch eine neue Spreizungszone von Iberien losgelöst und drifteten ins ligurisch-tyrrhenische Meer hinaus – sozusagen ein Stück Alpen auf Ferienreise im Mittelmeer. Es mutet einem Alpengeologen beim ersten Mal schon seltsam an, auf Wanderungen in Korsika den gleichen Gesteins- und Deckeneinheiten wie in den Westalpen zu begegnen...

Abb. 2–9
So etwa stellen sich die meisten Nicht-Geologen die paläogeografische Situation vor Beginn der Alpenbildung vor.

Adria und Apulia – das eigentliche «Afrika»

Der zweite, weiter östlich gelegene Mikrokontinent war ein komplexes Gebilde. Für den Alpenraum ist sein Nordost-Teil «Adria» wichtig. Die Gesteinseinheiten dieses Teils finden wir heute in den Zentral- und Ostalpen als «Ostalpine Decken», einerseits als Grundgebirgs-Decken, andererseits in den vom Grundgebirge abgescherten und weit nach Norden überschobenen «Nördlichen Kalkalpen», welche die Kalk-Dolomit-Gebirgsgruppen von Vorarlberg bis nach Wien aufbauen (Abb. 2–28). In der neueren Alpenliteratur wurde dieser Mikrokontinent sowohl «Adria» als auch «Apulia» genannt. Heute bezeichnet man den nördlichen Teil des Bereichs, welcher in die eigentliche Alpenbildung involviert wurde, als «Adria», den südlichen Teil als «Apulia». Adria-Apulia setzt sich gegen Südosten fort in Kontinentteilen, die heute in Griechenland und weiter östlich in der Türkei zu finden sind.

Nur ein Meer? – vergiss' es!

Noch komplizierter sieht es mit den Meeresbecken aus. So etwas wie «DAS Tethysmeer» gab es nicht. Derjenige Meeresteil, den man heute als «Alpine Tethys» bezeichnet, wird je nach Region, die man gerade betrachtet, in verschieden bezeichnete Abschnitte unterteilt:

Ligurisches Becken:	südlich des iberischen Mikrokontinents; heute in den als Ophiolithdecken im ligurischen Apennin zu finden.
Piemont-Becken:	südlich des Briançonnais-Spickels des iberischen Mikrokontinents; liegt heute in den als oberpenninische Ophiolithdecken in den West- und Zentralalpen vor (z.B. Zermatt-Saas-, Platta- und Malenco-Decken).
Walliser Becken:	nördlich des Briançonnais-Spickels des iberischen Mikrokontinents; liegt heute in den als unterpenninische Decken vor, die im Wesentlichen aus Ozean-Sedimenten bestehen, welche Bündnerschiefer getauft wurden (Essay 16).
Penninisches Becken:	östlich von Piemont- und Walliser Becken im Bereich der heutigen Ostalpen, wo es die Trennung in zwei Becken durch den Briançonnais-Spickel nicht mehr gab. Die Decken aus diesem Ozeanbecken findet man heute im tektonischen Tauernfenster unter den ostalpinen Decken.
Pyrenäen-Becken:	Fortsetzung des Walliser Beckens gegen Westen; Reste davon sind im Pyrenäengebirge zu finden.

Für die spätere Ausgestaltung des östlichen Mittelmeerraums sind die weiter östlich/südlich gelegenen Meeresbecken Pindos, Vardar und Neotethys relevant (s. auch Essay 25).

Rund um den Begriff «Tethys»

Noch eine Anmerkung zum Begriff «Tethys». Der Begriff stammt aus der griechischen Mythologie. Tethys, Tochter von Uranos und Gaia, verheiratet mit ihrem Bruder Okeanos, war eigentlich eine Titanin und Göttin der Quellen und Flüsse; später wurde sie in der Dichtung als Personifizierung der Meere dargestellt. So ist es nicht verwunderlich, dass die Geologen sie als Namensgeberin für die heute verschwundenen Meere wählten. Mit den zunehmenden Erkenntnissen der plattentektonischen Komplikationen im Alpenraum und der Benennung der einzelnen Meeresbecken wie oben geschildert, wurde es auch mit dem Begriff «Tethys» kompliziert. Heute unterscheidet man drei Tethys-Arten:

— Paläo-Tethys (Alt-Tethys): Der riesige Ozean, der bis in die Triaszeit im Osten von Pangäa lag; er bildete eine Art Riesenbucht aus und war letztlich Teil des damals weltumspannenden Super-Ozeans Panthalassia (s. Grafik hinterer Innen – Umschlag).

— Neo-Tethys (Neu-Tethys): Das sich zwischen Afrika und dem Mikrokontinent Adria-Türkei in der Triaszeit öffnende Meeresbecken, von welchem heute noch Reste im östlichen Mittelmeer vorhanden sind.

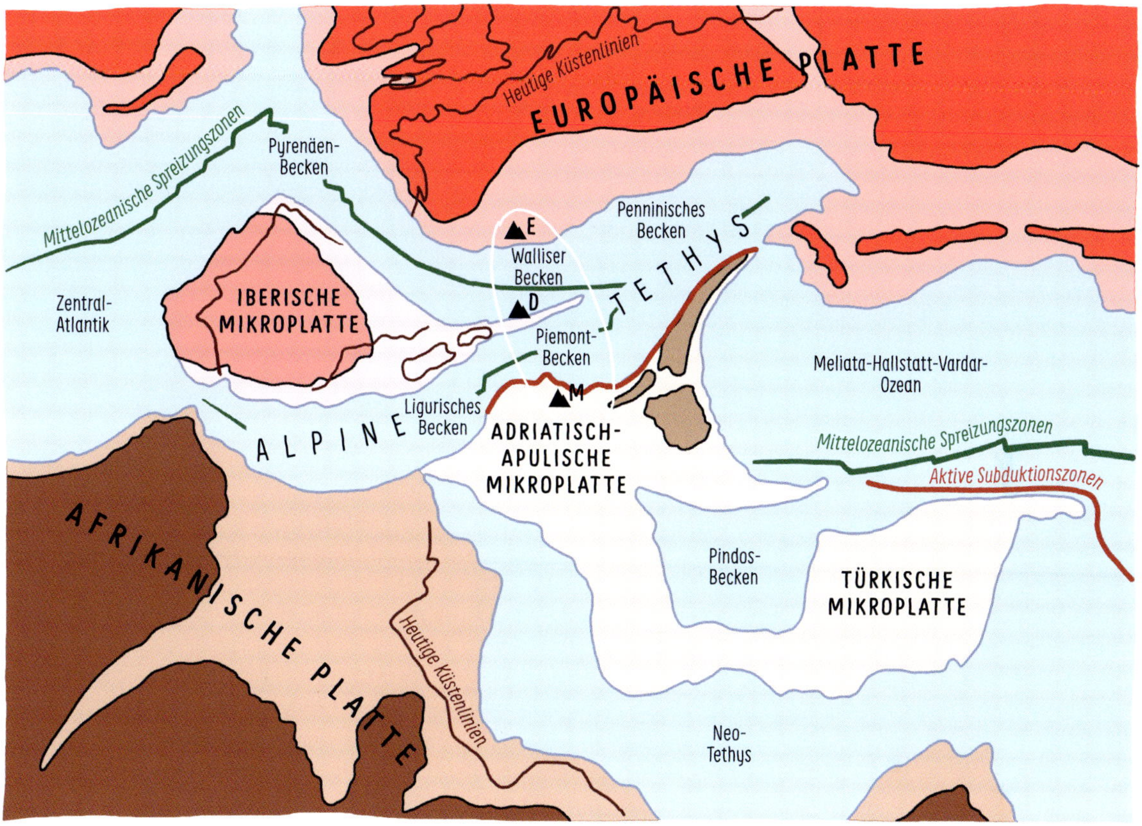

— Alpine Tethys oder einfach Tethys: Die verschiedenen Meeresbecken, aus welchen später die Alpen erwuchsen.

Die Alpen entstanden also aus mehreren Meeresbecken und Mikrokontinenten, die ab rund 100 Mio. Jahren durch die rotative Nord-/Nordwest-Drift von Afrika bzw. Adria langsam zusammengeschoben, teilweise subduziert und miteinander verkeilt wurden. Deshalb sollte man heute nicht mehr von Eurasien und Afrika als Ausgangsplatten der Alpenbildung reden, sondern von Eurasien mit Iberia (bzw. Briançonnais) und Adria. Der Lausanner Alpengeologe Michel Marthaler müsste eigentlich den Titel seines bekannt gewordenen Buches zur geologischen Alpenentstehung «Das Matterhorn aus Afrika» umtaufen in «Das Matterhorn aus Adria» – und das Giraffenfoto auf dem Umschlagbild mit Badegästen vom Strand bei Rimini ersetzen...

Abb. 2–10
Vereinfachte paläogeografische Karte rund um den zukünftigen Alpenraum vor 120 Mio. Jahren (frühe Kreidezeit). Mehr dazu im Text. E = Eiger, D = Dom, M = Matterhorn

Platten-Kuddelmuddel als Grund für die komplexen Gebirgszüge

Diese hoch komplexe Platten-Ozean-Geometrie ist der Hauptgrund dafür, dass die heutigen alpidischen Gebirgsketten so komplizierte Verläufe aufweisen, von den Pyrenäen zu den Alpen, dem Apennin und weiter über den Karpatenbogen zu den Balkangebirgen und weiter gegen Osten (siehe Abb. 0–3, 2–1, 5–7). Die Annäherung von Adria bzw. seinem Nordost-Spickel an Eurasien erfolgte analog zur Bewegung von Afrika mit einer Rotationsbewegung im Uhrzeigersinn. Damit geht aus dem Kartenbild von Abb. 2–10 einleuchtend hervor, dass die alpine Gebirgsbildung zuerst in den heutigen Ostalpen begonnen hat (in der Kreidezeit), und zwar mit Deckenüberschiebungen von Ost nach West, und sich dann später (im Paläogen/Neogen) in den Bereich der Piemont- und Walliser-Becken fortgesetzt hat, mit Schubrichtung Südost nach Nordwest.

Meer = ozeanische Kruste?

Auf etwas muss noch hingewiesen werden in der Abb. 2–10. Dort sind die Zonen mit kontinentaler Kruste (rot, braun) von denjenigen mit ozeanischer Kruste (hellblau) unterschieden. Die Meeresbedeckung hielt sich jedoch nicht an diese Abgrenzung, denn weite Teile der Kontinentalränder, ja ganze Mikrokontinent-Teile lagen infolge der ausgedünnten Kontinentalkruste unter dem Meeresspiegel, waren also auch meeresbedeckt, weshalb auf ihnen auch Sedimente abgelagert, die später zu Sedimentgesteinen wurden. Diese Meeresbedeckung ist in der Abb. 2–10 als aufgehellte Bereiche der Kontinentalplatten eingetragen. Dies ist für Laien oft verwirrend: Meeresbedecktes Gebiet bedeutet nicht automatisch Ozeankruste! Im mitteleuropäischen Raum nahmen Meeresflächen über leicht abgesenkten Kontinentteilen, sogenannte Schelfmeere, grösseren Raum ein als echte ozeanische Meeresbecken. Ein den meisten geläufiges aktuelles Beispiel möge dies illustrieren. Der Ärmelkanal und die Nordsee sind ein solches Flachmeer über einer zwischen Westeuropa und Grossbritannien durchgehenden Kontinentmasse, die Wassertiefen von unter 200 m aufweist. Während den grossen quartären Eiszeiten lag der Meeresspiegel um bis 150 m tiefer, weil eine entsprechende Riesenmenge Wasser in den Eiszeitgletschern gebunden war. Zwischen Westeuropa und Grossbritannien gab es Land – über das etwa die Mammuts auf ihren jahreszeitlichen Wanderungen stampfen konnten. Im geologischen Sinne gibt es also keinen Brexit...

Wir haben Ihnen hier die Situation vor 120 Mio. Jahren gezeigt. Sie war ähnlich komplex wie vom Beginn der ersten Zerdehnungen Pangäas in der Triaszeit (ab rund 240 Mio. Jahren) bis hin zur Kontinentalkollision in der Paläogenzeit (vor ca. 50 Mio. Jahren). Sie beginnen zu verstehen, warum wir Geologen die Alpen als das wohl komplizierteste Gebirge der Welt ansehen. Es tut uns leid, aber wir können nichts dafür, wir waren bei diesen Geschichten noch nicht dabei ...

WO SEHEN UND ERLEBEN?

Die skizzierte «alte Geografie» können wir natürlich nicht mehr sehen, wir können sie nur aus den Gesteinen und den tektonischen Strukturen rekonstruieren. Machen Sie aber einmal an einer guten Aussichtsstelle der Waadtländer-, Berner oder Glarner Alpen, von wo aus Sie die Berge, bestehend aus ostalpinen Decken, erblicken können (Walliser oder Mittelbündner Hochalpen), folgendes kleines Gedankenexperiment: Diese Berge, heute vielleicht in 30–60 km Entfernung, lagen vor 120 Mio. Jahren rund 1000 km entfernt. Und Sie standen nicht auf einem Berg, sondern auf einer kleinen tropischen Meeresinsel ...

Abb. 2–11
Der Alpenraum vor 120 Mio. Jahren in der unteren Kreidezeit – eine tropische Meereslandschaft. Doch in den Tiefen der darunterliegenden Erdkruste bewegt sich schon vieles, die Subduktion des Piemont-Ozeans unter den adriatischen Kontinentalrand ist in vollem Gange.

10

Die verschwundenen Ozeane …

…waren gar keine Ozeane!

Im vorhergehenden Essay wurde die erstaunliche paläogeografische Komplexität des zukünftigen Alpenraums während der Jura- und Kreidezeit dargestellt. Hier möchten wir Ihnen etwas drüber berichten, wie man sich diese Ozeanbecken wie «Piemont» und «Wallis» vorstellen muss. Man hört ja immer wieder die Ausdrücke «Piemont-Ozean» und «Walliser Ozean» (oder «Walliser Trog»). Waren das echte Ozeane, mit vollständig entwickelter Ozeankruste und viele Tausende Kilometer gross? Die Antwort steht schon im Untertitel.

Ozeankruste an Mittelozeanischen Rücken MOR

Nehmen wir als Vergleich einen «richtigen» Ozean, den Atlantik, mit seiner Breite von 4000–6000 km. Vielleicht haben Sie diese berühmten Weltkarten schon einmal gesehen, die so dargestellt sind, als ob man das Wasser der Ozeane hätte auslaufen lassen, als ob sozusagen der Stöpsel der globalen Badewanne gezogen worden sei. Diese von der US-Wissenschaftlerin Marie Tharp gezeichneten Karten entstanden vor rund 60 Jahren, als man die ersten Erkenntnisse über die Plattentektonik gewann, welche in der Folge die Geologie revolutionierten (Abb. 2–12). Auf Abb. 2–13 sehen Sie einen Ausschnitt davon für den Zentral-Nordatlantik. Der mittelozeanische Rücken (MOR) mit dem Zentralgraben ist sehr deutlich zu erkennen, ebenfalls die West-Ost verlaufenden Transformbrüche, welche als Anpassung an die Kugelform der Erde entstanden. Die Pfeile zeigen die Bewegungsrichtungen und -geschwindigkeiten des «sea floor spreading» in cm/Jahr an. Die Abb. 2–13 zeigt einen idealisierten Querschnitt durch den mittelatlantischen Rücken mit der Ozeankrusten-Abfolge; von oben nach unten: Tiefseesedimente → Kissenlaven → Gangkomplex → Gabbroschicht → Peridotit (Serpentinit). Diese klassische Ozeankruste wird auch in Geo-Wissen 5 vorgestellt und der kontinentalen Kruste gegenübergestellt.

Die etwas andere Ozeankruste der alpinen Meeresbecken

Stücke von ozeanischer Kruste, welche bei Gebirgsbildungen der Subduktion in den Erdmantel entgingen und als Decken oder Schuppen in das Gebirge eingebaut wurden, haben die Geologen «Ophiolithe» getauft. Wenn Sie das idealisierte Ozeankrusten-Profil des Atlantiks (Abb. 2–12) mit demjenigen für den Alpenraum (Abb. 2–14) vergleichen, können Sie deutliche Unterschiede feststellen. Dies wird

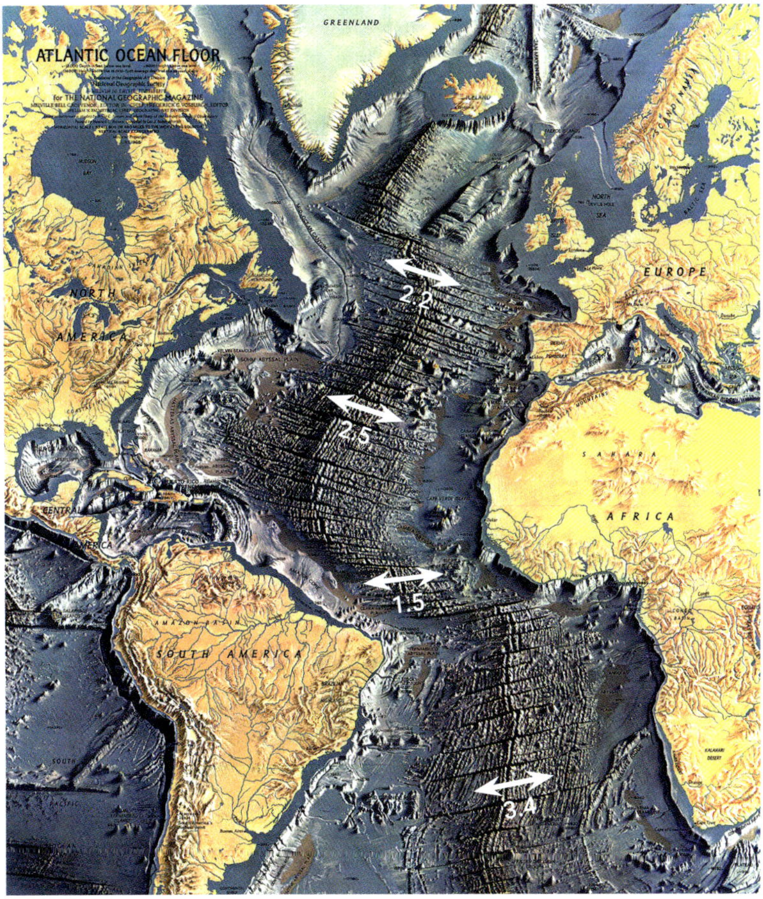

Abb. 2–12
Ausschnitt aus der berühmten «World Ocean Floor Map» von Marie Tharp aus den 1960er-Jahren.

mit dem realen Profil durch ein Stück alpiner Ozeankruste am Beispiel der Platta-Decke (GR, Abb. 2–15) noch verdeutlicht.

Wir können folgende Unterschiede zum Atlantik hervorheben:

— Die beiden Meeresbecken «Piemont» und «Wallis» sind wesentlich kleiner als der Atlantik. Misst letzterer zwischen New York und Nordafrika rund 6000 km, so war der Piemont-Ozean nur rund 400 Kilometer, das Walliser Becken vielleicht etwa 200 Kilometer breit. Zudem waren ihre Öffnungsgeschwindigkeiten mit je unter 1 cm/Jahr sehr langsam.
— Die Kontinentalränder und der Mikrokontinent des Briançonnais sind bei der Öffnung des Ozeans extrem auseinander gezogen worden, wodurch Schollen von Grundgebirge und Trias-Sedimenten des Kontinentalrandes direkt auf die Serpentinite zu liegen kamen. Dies ist besonders am adriatischen Kontinentalrand sehr ausgeprägt.
— Im Atlantik tritt der Erdmantel (Peridotit/Serpentinit) erst ab ca. 5–6 km unter den Basalt- und Gabbroschichten auf; in den beiden alpinen Meeresbecken bildet die Mantel-Lithosphäre mit Serpentinit teilweise direkt den Meeresboden.

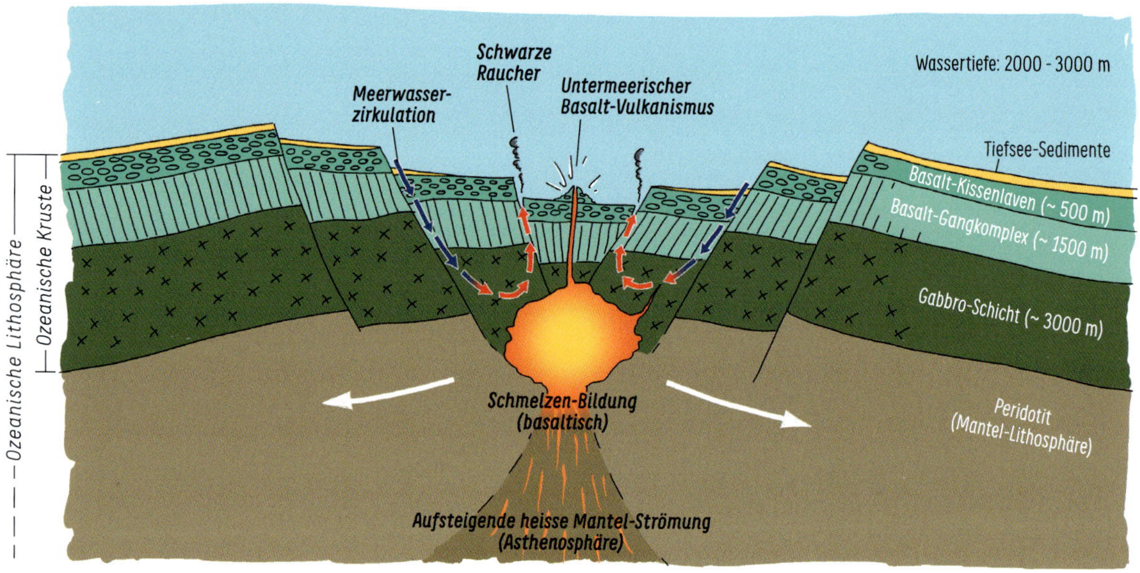

- Gabbros bilden in den alpinen Ophiolithen keine mächtige Schicht wie an einem klassischen MOR, sondern vereinzelte Körper, oft auch noch im Kontakt mit kontinental-kristallinem Grundgebirge.
- Verbreitete Vorkommen von grösseren Basaltvolumina und Kissenlaven in alpinen Ophiolithen zeigen, dass es eine beträchtliche submarine Basaltproduktion gab – wie an einem «richtigen» MOR auch (Abb. 2–17). Oft liegen die Basalte jedoch direkt auf den Serpentiniten auf, ohne eine Gabbroschicht dazwischen (Abb. 2–16).
- Ein Gangkomplex fehlt in den alpinen Ophiolithen vollständig.
- Radiolarite aus der Jurazeit in den Serien des adriatischen Kontinentalrandes, des Piemont-Ozeans (und auch der Briançonnais-Schwelle) zeigen an, dass dort zeitweise tiefe Meeresbecken vorhanden waren – wie es sich für einen Ozean gehört.

Wir finden also in den Alpen durchaus Elemente, wie sie charakteristisch sind für Ozeankruste, etwa Kissenlaven, Serpentinite, Gabbros, Radiolarite, aber es gibt auch grosse Unterschiede dazu. Eine vollständig ausgebildete ozeanische Kruste war weder im Piemont-Ozean noch im Walliser Becken vorhanden.

Abb. 2–13
Idealisierter Querschnitt durch den mittelatlantischen Rücken mit den wichtigsten Phänomenen einer vollständigen Ozeankruste.

Schmale Meeresbecken, keine Ozeane

Aus den plattentektonischen Rekonstruktionen wissen wir heute, dass sowohl der Piemont-Ozean als auch das Walliser Becken recht schmale, längliche Gebilde waren, deren Öffnung im spitzen Winkel schief zu den Beckenrändern verlief, weil sich Adria relativ zu Europa Richtung Osten bewegte. Man nennt solche Strukturen auch «transtensionale» oder «pull-apart»-Becken. Als damit vergleichbares, heutiges Meeresbecken wird gerne der Golf von Kalifornien zwischen Baja California und dem mexikanischen Festland genannt.

Die Bildungsgeschichte der alpinen Ozeane begann schon in der Permzeit vor rund 250 Mio. Jahren, als die Kruste nach der variszischen Gebirgsbildung, vermutlich infolge eines Plattenabrisses (s. Essay 8), sich aufzuwärmen und auszudünnen begann. Die Kruste wurde an flachen Abschiebungen blockweise auseinander gerissen und diese Krustenblöcke wurden dabei rotiert. Diese Ausdünnung ging so lange, bis der oberste Erdmantel am Ozean-

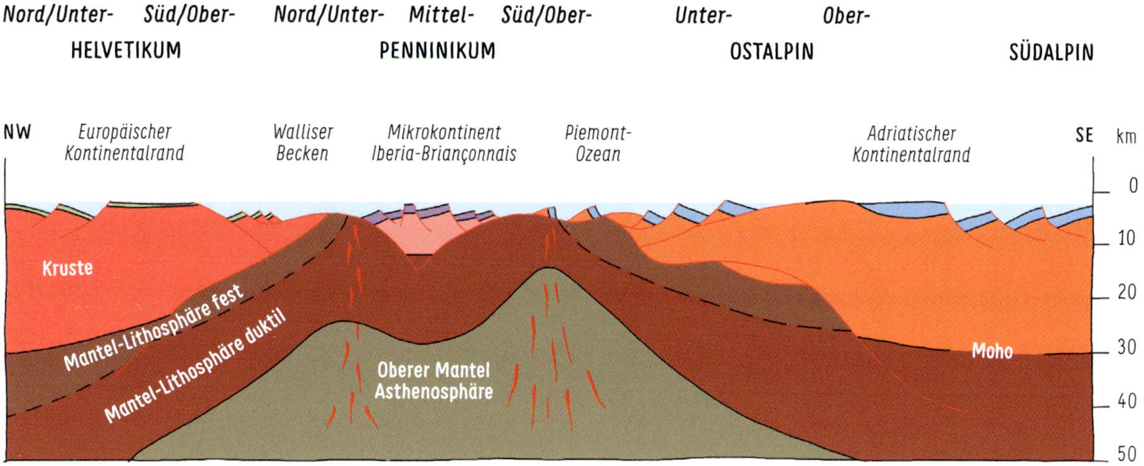

boden exponiert wurde bzw. unter einzelne Kontinentalschollen zu liegen kam. Solche Verbandsverhältnisse, Kontinentkruste auf Serpentinit, kann man heute vor allem in den Zentralbündner Bergen im Gelände beobachten. Da der nun exponierte Erdmantel (oben Serpentinit, darunter Peridotit) spezifisch schwerer ist als die Kontinentalkruste, begannen diese Regionen langsam abzusinken, bis sie tiefere Meeresbecken bildeten, in denen dann Radiolarite als charakteristische Tiefseesedimente abgelagert wurden. Durch spätere Ablagerung von Kalk und Zufuhr von klastischem Sedimentmaterial vom adriatischen Kontinentalrand wurden im Piemont-Ozean grössere Mengen von kalkig-sandig-tonigen Mischsedimenten abgelagert, die heute in metamorpher Form als oberpenninische Bündnerschiefer («schistes lustrés») vorliegen (vgl. Essay 17). Der Piemont-Ozean dürfte im Bereich der zukünftigen Zentralalpen rund 350–400 km breit gewesen sein.

Diese extreme Ausdünnung dürfte später ab der mittleren Kreidezeit (ab ca. 120 Mio. Jahren), als Adria sich wieder an Eurasien anzunähern begann, dazu geführt haben, dass die Subduktion der Ozeankruste des Piemont-Ozeans am adriatischen Kontinentalrand, gegen Südosten hinab, begann – und nicht am europäischen Kontinentalrand (s. Abb. 0–12, 2–18).

Abb. 2-14
Querschnitt vom europäischen bis zum adriatischen Kontinentalrand mit Walliser-Becken und Piemont-Ozean vor ca. 140 Mio.J. Die extrem auseinandergezogene Kontinentkruste beider Kontinentalränder sowie das Fehlen eines richtigen Ozeans sind zu erkennen.

Besonders klein: das Walliser Becken

Das nord/unterpenninische Walliser Becken war deutlich schmaler als der Piemont-Ozean, rund 200 km, und eine auch nur annähernd vollständige ozeanische Kruste bildete sich nie aus. Es blieb bei einer stark ausgedunnten kontinentalen Kruste. In den nord/unterpenninischen Sedimenten Graubündens (aus dem Walliser-Becken) wurden zwar eindeutig ozeanische Basalte gefunden, aber immer nur als Lagen in den Sedimentabfolgen. Die lange als Beweis für Ozeankruste im Walliser Becken gehandelten Ophiolith-Vorkommen des Versoyen im italienisch-französischen Grenzgebiet Savoyens wurden kürzlich neu untersucht und als viel älter als die nord/unterpenninischen Sedimentabfolgen interpretiert. Die Autoren kamen zum Schluss, dass damit der «Walliser Ozean» begraben werden könne. Sie haben wohl recht wenn sie damit ein Meeresbecken mit ozeanischer Kruste meinen. Aber einen Meeresarm nördlich der Briançonnais-Schwelle, mit Verbindung zum Pyrenä-

Paläogeografische Einheit	Charakterisierung	Strukturelle Einheit in den heutigen Alpen	Decken in den westlichen CH-Alpen	Decken in den östlichen CH-Alpen
Walliser Becken (in der Literatur auch «Walliser Trog» oder «Walliser Ozean» genannt)	Schmales Meeresbecken, gebildet ab der frühen Kreidezeit, mit ausgedünnter kontinentaler Kruste, kaum Ophiolith-Gesteine. Vor allem Sedimente (Bündnerschiefer)	Unterpenninikum	Zone von Sion-Courmayeur	Bündnerschiefer-Decken: Prättigau, Tomül u.a.
Briançonnais-Mikrokontinent-Schwelle	Mikrokontinent-Schwelle, Ausläufer des Mikrokontinents Iberia. Flach- bis tiefmarine Sedimente	Mittelpenninikum	Klippendecken der «Préalpes Romandes»	Schamser-, Sulzfluh-Falknis-Decken
Piemont-Ozean	Mittelbreites Meeresbecken; viel Ophiolithgesteine, aber keine klassische MOR-Abfolge (kein Gangkomplex, keine Gabbros). Radiolarite und Bündnerschiefer; Teil des als «alpine Tethys» bezeichneten Ozeans	Oberpenninikum	Zermatt-Saas-, Tsaté- und Antrona-Decken	Platta-Decke, Arosa-Decke (auch «Aroser Zone» genannt), Malenco-Forno-Lizun-Decke

enbecken, den hat es auf jeden Fall gegeben. Denn die dazu gehörenden, viele Kilometer mächtigen Sedimentgesteinsabfolgen sind ja nur allzu bekannt. Es sind die unterpenninische Bündnerschiefer (s. Essay 17)!
Die oben abgebildete Tabelle zeigt den Zusammenhang zwischen den paläogeografischen Domänen des Penninikums und den heutigen tektonischen Sedimentgesteinseinheiten im Überblick.
Fazit: «*Das* Tethysmeer» als Wiege der Alpen hat es so nicht gegeben, sondern zwei verschiedene, relativ kleine Meeresbecken mit höchst unvollständiger Ozeankruste und einem dazwischenliegenden Stück Mikrokontinent.

WO SEHEN UND ERLEBEN?

- Im Gebiet des Marmorera-Stausees im Oberhalbstein sind Ozeanboden-Gesteine gut zugänglich.
- Ein gut erreichbarer Aufschluss mit den am besten erhaltenen Kissenlaven der östlichen Zentralalpen befindet sich am Aroser Hörnli, gleich oberhalb des Wanderwegs vom Hörnligrat zur Carmennahütte.
- Hervorragende Beispiele von Piemont-Ozean-Kruste finden sich in der Region zwischen Zermatt und Saas Fee.

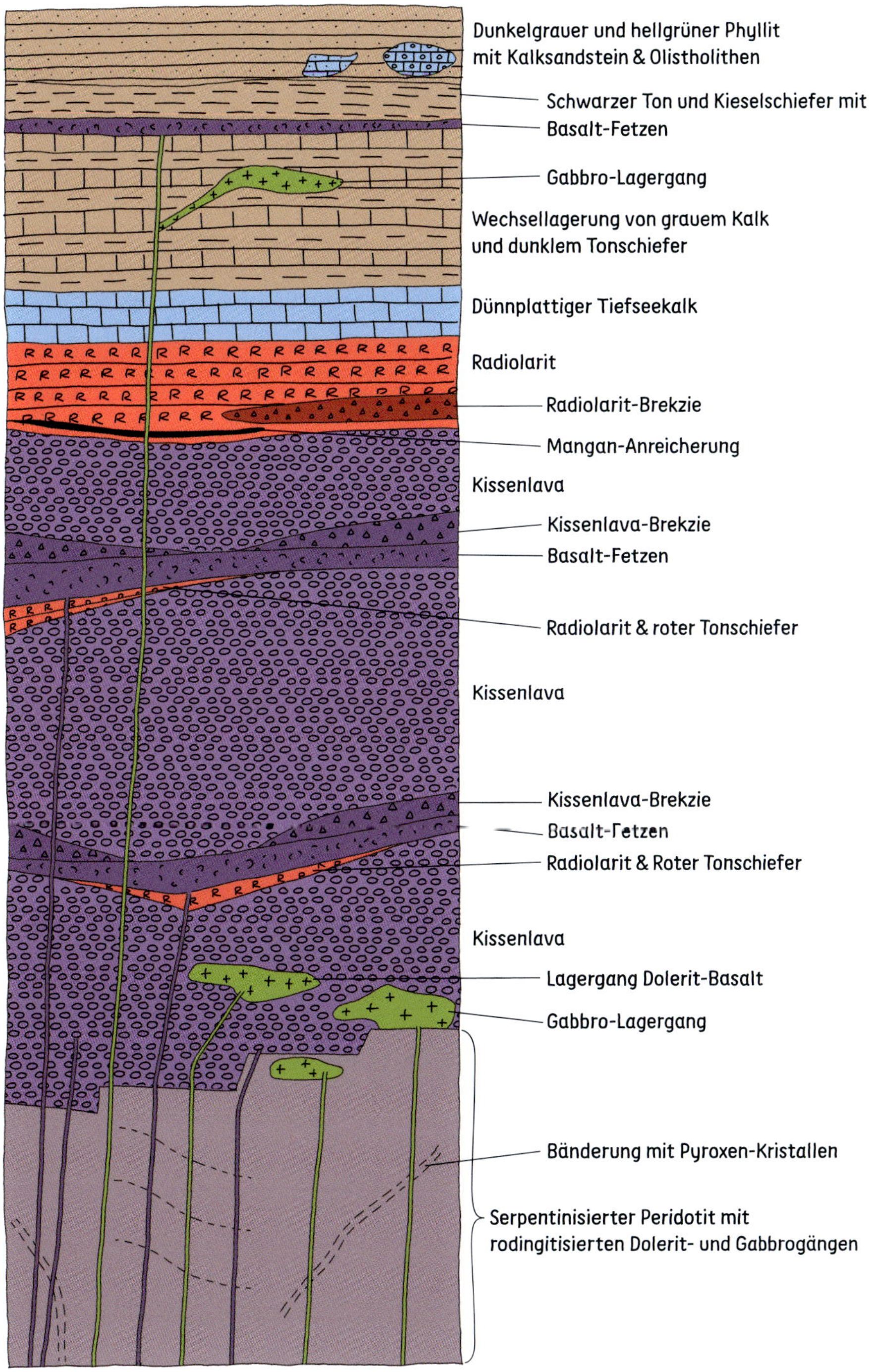

Abb. 2–15
Sammelprofil durch die Ozeankruste der Platta-Decke Mittelbündens.

Diese ist recht typisch für die Ozeankruste des Piemont-Ozeans: Kaum Gabbros, Kissenlaven liegen direkt auf den Serpentiniten.

Abb. 2–16 (Seite 92)
Diese Viertausender zwischen Saas Fee und Zermatt bestehen aus Ozeankrusten-Gesteinen. Am Allalinhorn heller Gabbro, der obere Teil des Rimpfischhorns aus Kissenbasalten, darunter Serpentinit, und links braune Bündnerschiefer.

Abb. 2–17 (Seite 93)
Am Gipfelgrat des Rimpfischhorns. Die Bergsteiger klettern in bestens erhaltenen Basalt-Kissenlaven, die allerdings zu Eklogitgestein metamorphosiert wurden (vgl. Essay 14).

11

Die Alpen wurden nicht aufgetürmt sondern «abgetürmt»

Gebirgsbildung beginnt mit Abtauchen, die Hebung folgt danach

So wie der Begriff der «Alpenfaltung» das falsche Bild des «Tischdecken-Modells» erzeugt (Essay 2), so ist auch die Formulierung von den «Alpen, die aufgetürmt wurden», zu hinterfragen. Wie die «Alpenfaltung» sollte sie besser nicht mehr verwendet werden. Der Begriff des «Abtürmens» wäre viel besser, auch wenn es diesen gar nicht geben kann, weil er ja ein Widerspruch in sich selbst ist. Wir bauen nun mal keine Türme in die Tiefe hinab! Der Begriff soll aber bildhaft vermitteln, was bei der Alpenbildung geschah.

Ein wenig Hand-Theater

Wir verwenden in Kursen gerne unsere Hände und Gestik, um geologische Prozesse zu illustrieren – das wirkt häufig noch besser und eindrücklicher als Zahlen, Fakten und Diagramme. So kann auch das «Auftürmen» und «Abtürmen» sehr gut mit den Händen gezeigt werden. Probieren Sie es mal bei einer guten Gelegenheit – vielleicht unter Freunden – aus. Beginnen Sie mit der Frage, ob alle wüssten, dass die Alpen durch eine Kollision zwischen dem europäischen und afrikanischen (oder für Fortgeschrittene: adriatischen) Kontinent entstanden sei – alle werden zustimmen und zufrieden sein, dass sie es wissen. Dann führen Sie das mit ihren Händen vor: Halten Sie beide Hände hoch vor sich hin, die eine Hand sei Europa, die andere Afrika. Nun bewegen sich die beiden aufeinander zu. Sie können noch anmerken, dass dazwischen natürlich nicht Luft war, sondern die dünne Kruste des Tethysmeers, die beim Annähern subduziert wurde. Das können sie mit zwei zusätzlichen Händen einer Zuschauerin noch verdeutlichen, die beim Annähern Ihrer Hände unter Afrika abtauchen (Subduktion). Beim Zusammenkommen Ihrer beiden Hände verkeilen sich die Finger ineinander (das sind die Deckenüberschiebungen!) und gleichzeitig türmen sich die beiden ineinander verkeilten Hände auf. Fragen Sie nun die Zuschauer: «Kann man sich so die Bildung der Alpen vorstellen, mit diesem Verkeilen und gleichzeitigen Auftürmen?» Alle werden begeistert zustimmen. Es erscheint ja derart logisch.

Alles hinab in die Tiefe!

Jetzt kommt Ihr Überraschungsmoment: «Nein, so war es eben nicht! Es war so: Die Alpen wurden sozusagen abgetürmt!» Nun wiederholen Sie die Szene (nicht vergessen, die Ozeankruste auch darstellen und unter Afrika subduzieren lassen), aber im Moment der «Kontinentalkollision» mit

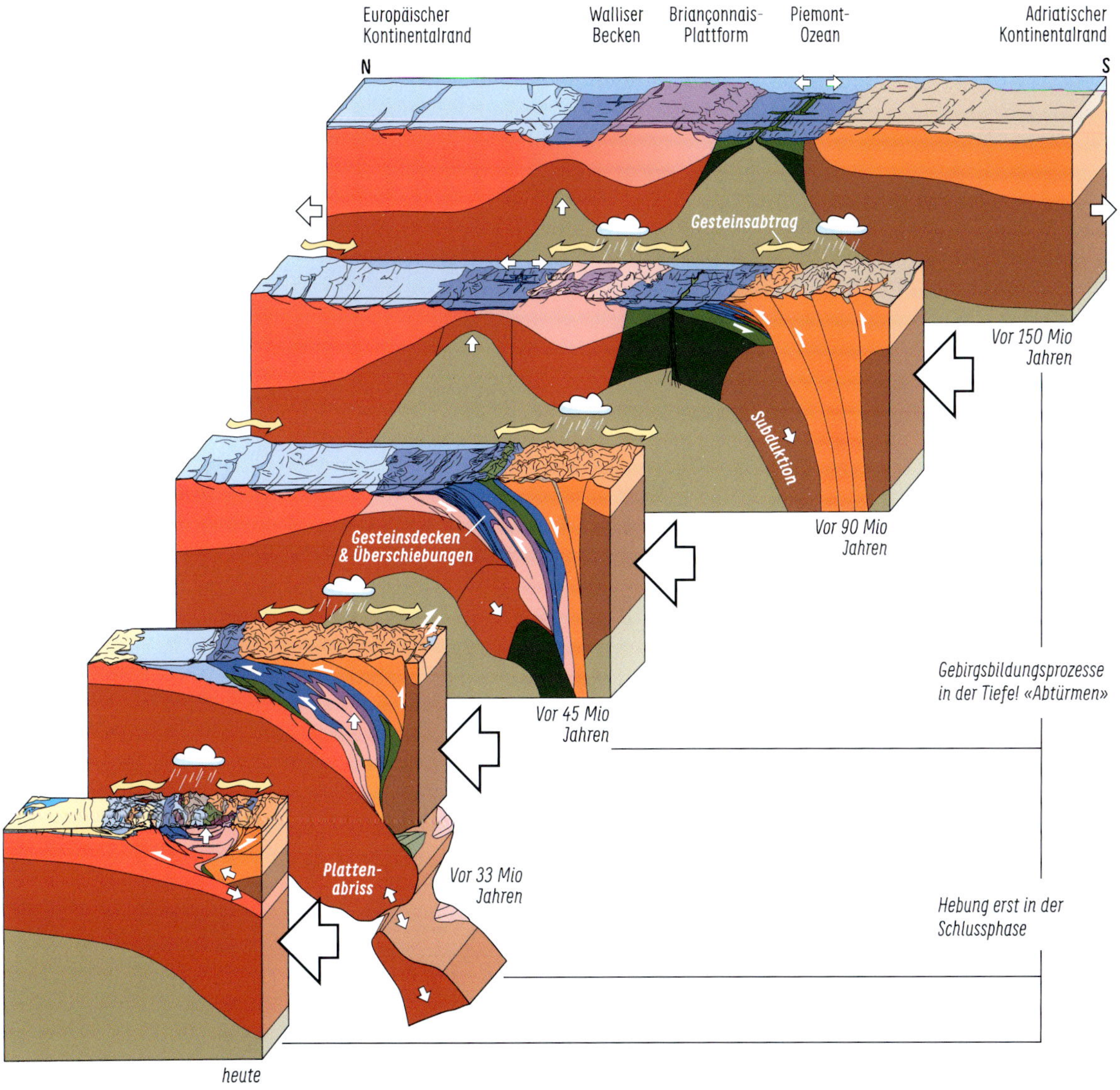

Abb. 2-18

Die Bildung der Zentralalpen in einer Abfolge von Blockdiagrammen von 150 Mio. Jahren bis heute. Sie verdeutlicht, wie die Prozesse der Gebirgsbildung in der Tiefe abliefen.

Rot/Rosa/Braun: kontinentale Lithosphären von Eurasien, Briançonnais und Adria.
Dunkle Anteile: die jeweiligen Mantel-Lithosphären.
Grün: Ozeankruste und Ozean-Mantellithosphäre.
Darüber in hellen Farben die jeweiligen mesozoischen Sedimentgesteine (deren Ablagerungsräume lesen Sie aus dem obersten Diagramm ab).

Ihren beiden Händen, folgt die «europäische Hand» der Ozeankruste gegen unten und verkeilt sich gegen abwärts mit der «afrikanischen» Hand. Die ganze Kollisionszone mit den Deckenüberschiebungen bewegt sich nach unten. Nun halten Sie inne und fragen: «Jetzt haben wir hier eine verdickte Kollisionszone, die tief in den plastischen Erdmantel abgetaucht ist – was wird nun passieren?» Wahrscheinlich wird bald jemand Ihrer Zuschauer darauf kommen: «Das Ganze hebt sich nun an». Richtig! Wie schon Archimedes erkannte: Je dicker ein schwimmender Gegenstand ist, desto tiefer taucht er in die Flüssigkeit ein und desto höher ragt er oben heraus. Verdicken Sie einen Holzklotz durch Auflegen eines zweiten in Wasser, wird der verdickte Stapel in Bruchteilen einer Sekunde reagieren (Abb. 4–6). Stellen Sie sich das Experiment anstatt mit Wasser mit Honig vor, dann dauert der Ausgleich natürlich ein wenig länger – je kälter und zäher der Honig, desto länger. In der Geologie mit ihren riesigen Gesteinsmassen und dem extrem zähflüssigen oberen Erdmantel dauert es eben viele Millionen Jahre. Das Prinzip bleibt aber dasselbe. In Essay 21 wird dann der Faden hin zu einer weiteren erstaunlichen und ziemlich neuen Folgerung weitergesponnen.

So lief es in den Alpen ab

Sie können nach dieser ganz einfachen Illustration dann gerne die Profilabfolge der Alpenbildung von Abb. 2–18 bzw. den Innenumschlag hinten, oder, noch besser, eines der im Internet zu findenden Videos zeigen.

Und so geht die Geschichte vom «Alpen Abtürmen» ein wenig wissenschaftlicher: Vor rund 120–100 Mio. Jahren änderte der afrikanische Kontinent und sein vorgelagerter Mikrokontinent Adria die Driftrichtung, begann sich also dem europäischen Kontinent wieder anzunähern. Damit begann die dünnere und schwerere Ozeanlithosphäre des Piemont-Ozeans unter den adriatischen Kontinentalrand abzutauchen. Der allergrösste Teil verschwand dabei für immer in den Tiefen des Erdmantels, aber kleine Späne wurden am adriatischen Kontinentalrand abgeschert und als Decken sozusagen «angeklebt». Das ging über viele Millionen Jahre so weiter, bis in der obersten Kreidezeit auch der Briançonnais-Mikrokontinent in den Subduktionskanal gezogen wurde. Dabei wurden die mesozoischen Sedimentgesteine vom Grundgebirge abgeschert und als Decken gegen oben verfrachtet; auch das Grundgebirge wurde in Decken zerlegt, deformiert und metamorph überprägt. Einige Decken aus Ozeankruste und dem Briançonnais-Grundgebirge wurden über 100 km tief hinuntergezogen und erlebten dort eine «Ultra-Hochdruck-Metamorphose» (s. Essay 13). Noch während der Subduktion wurden Teile der versenkten Decken durch Auftriebskräfte wieder gegen oben bewegt – also gleichzeitige abwärts- und aufwärts-Vorgänge – aber alles in vielen Kilometern Tiefe. An der Oberfläche ergab sich am darüberüberliegenden adriatischen Kontinentalrand eine Heraushebung über den Meeresspiegel, aber noch kein wirkliches Gebirge. Die ganzen Vorgänge der Deckenbildungen, Verfaltungen und der Metamorphose spielten sich in der Tiefe ab! Also: Die Alpen wurden nicht auf- sondern «abgetürmt»!

Archimedes kommt ins Spiel

Vor rund 35 Mio. Jahren gelangte der europäische Kontinentalrand in die Subduktionszone. Da die europäische Lithosphäre deutlich dicker und steifer war, als alles bisher Subduzierte, ergaben sich gewaltige Zerrspannungen, welche dann bald zum Plattenabriss führten (s. Essay 8). Nun begann die Phase, die wir in unserem Handspiel mit dem Auftauchen der ineinander verkeilten Hände illustriert haben. Die vom Gewicht und Zug der abgerissenen Lithosphäre befreite Kollisionszone erlebte starken Auftrieb, gleichzeitig ging das Abtauchen des europäischen Kontinentalrandes weiter, was zum «Slab-Roll-Back»-Mechanismus führte (s. Essay 7). Erst ab dieser Zeit begannen sich die Alpen als Gebirge zu manifestieren. Etwa ab 20 Mio. Jahren wurde die europäische Oberkruste vom abtauchenden Lithosphären-Mantel und der Unterkruste abgeschert (= Krusten-Delamination), und dies führte nochmals zu verstärkten Auftriebsbewegungen, die sich in steilen Aufschiebungen im kristallinen Grundgebirge äusserten, wie sie heute im

Abb. 2–19
Die Glarner Hauptüberschiebung auf 2600 m ü. M. am Piz Sardona und dahinter am Ringelspitz. Entstanden ist sie jedoch in vielen Kilometern Tiefe.

Aar-Massiv gut zu erkennen sind. Diese steilen Aufschiebungen können nun durchaus als «Auftürm-Prozess» gesehen werden. Im grösseren Zusammenhang sind sie jedoch eine Folge des archimedischen Auftriebs der «abgetürmten» Subduktions-/Kollisionszone sowie des Slab-Roll-Back-Effekts (Essay 7).

Beispiel Glarner Hauptüberschiebung

Lassen Sie es uns nochmals am Beispiel der berühmten Glarner Hauptüberschiebung illustrieren (Abb. 1–9 und 5–22). Diese ist heute als steil aus dem Vorderrheintal aufsteigende, am Piz Sardona kulminierende und dann gegen Norden unter den Walensee abtauchende gekrümmte Fläche aufgeschlossen und lässt in dieser Form den Begriff des «Auftürmens» logisch erscheinen. Rekonstruieren wir jedoch die Geschichte dieser Deckenüberschiebung, dann sehen wir, dass auch sie in vielen Kilometern Tiefe durch eine Abscherung im abtauchenden europäischen Kontinentalrand entstanden ist – «abgetürmt!». Die Überschiebungsfläche war eine von SE nach NW ansteigende, kaum gekrümmte Fläche in 10–15 km Tiefe, an welcher die Glarner Decke um rund 40 km nach NW geschoben wurde (s. Essay 30). Erst später, im Verlauf der Anhebung des darunterliegenden Aar-Massivs wurde sie angehoben und in ihre heutige Lage gebracht.

WO SEHEN UND ERLEBEN?

Wie oben illustriert, die markante Glarner Hauptüberschiebung als Paradebeispiel für die grundlegenden Prozesse der Alpenbildung: zuerst «abtürmen», dann herausheben. Bei jeder Alpenansicht daran denken: Was wir da heute sehen, bildete sich in vielen Kilometern Tiefe!

Abb. 2–20
Das Matterhorn von NE. Der Berg ist eine tektonische Klippe (Erosionsrelikt) von adriatischem Grundgebirge der Dent-Blanche-Decke über den Gesteinsdecken des Piemont-Ozeans. Die Deckenüberschiebung liegt am Hörnligrat auf 3500 m ü. M., gebildet wurde sie in mehreren 10er Kilometern Tiefe.

Unterostalpine (salassische)
Dent Blanche-Decke
Oberpenninische
Tsaté-Decke
Oberpenninische
Zermatt-Saas-Decke

12

Die Alpen sind ein Blumenkohl

Ein moderner Blick auf die Tiefenstruktur der Alpen

Wenn wir Geologen geologische Phänomene und deren Entstehung verstehen wollen, reicht es nicht, wenn wir die Gesteine und deren Strukturen an der zugänglichen Oberfläche studieren und auf Karten eintragen. Solche geologischen Karten sind zwar unverzichtbar, doch wir brauchen immer auch die dritte Dimension in die Tiefe hinab. So bringt es auch Meteorologen nicht viel, wenn sie nur gerade Druck, Temperatur und Windrichtung an der Erdoberfläche messen, um Wetterprognosen zu erstellen. Sie richten den Blick nach oben in die Troposphäre mit den verschiedenen Wolken, lassen Wetterballone bis in die Stratosphäre steigen und nutzen Daten von Satelliten und Flugzeugen.

Seit in den 1990er-Jahren die tiefenseismische Erforschung der Alpen begann, und mit ihr die ständige Weiterentwicklung tomografisch-seismischer Methoden, haben sich unsere Kenntnisse des tieferen Untergrundes – d. h. ab wenigen 10er-Kilometern bis ins tiefere Erdinnere – massiv verbessert. Heute kennen wir die Tiefenstruktur der Alpen bis in rund 200 Kilometer Tiefe ziemlich gut – ein gewaltiger Fortschritt gegenüber der Zeit davor, wo wir lediglich Profile bis in rund 20 Kilometer Tiefe erstellen konnten (wenngleich die Geologen sich natürlich auch schon damals Gedanken machten, wie es weiter unten aussehen könnte und darüber spekulierten). Auch für noch grössere Tiefen werden unsere Informationen immer besser und genauer. So können wir u. a. nach der Subduktion abgesunkene Lithosphärenplatten-Teile bis an die Grenze zum Erdkern in 2900 km Tiefe verfolgen.

Eine der wichtigen Erkenntnisse, die erst mit den Tiefenuntersuchungen so richtig ins Bewusstsein der Alpengeologen geriet, ist die zweiseitige (bivergente) «Blumenkohl-Struktur» der Alpen. Stellen Sie sich einen aufgeschnittenen Blumenkohl vor: Sie erkennen einen wurzelnahen Bereich, und dann ein Auffächern gegen oben nach links und rechts. Vergleichen Sie nun dieses Bild mit dem tektonischen Tiefenprofil durch die Alpen der Abb. 2–21. Erkennen Sie die Ähnlichkeiten mit dem Blumenkohl?

Deckenüberschiebungen nach NW und nach SE

Vor allem in der Deutschschweiz lernen wir die Alpen als ein Deckengebirge kennen, bei dem, durch den Zusammenschub von Adria gegen Europa, die Gesteinsdecken von Südost gegen Nordwest überschoben wurden. Dies wird gerne mit dem Bulldozer-Bild der Abb. 2–23 verdeutlicht. Die Geologen sprechen bei solchen, in einer bestimmten Richtung erfolgten Überschiebungs-/Falten-Richtung von «Vergenz», und so beschreibt man dann die Alpen als NW-vergentes Deckengebirge. Wenn Sie auf dem Profil der Abb. 2–21 schauen, sehen Sie, dass die Deutschschweiz und Romandie in denjenigen Profilbereichen liegt, wo das Bild

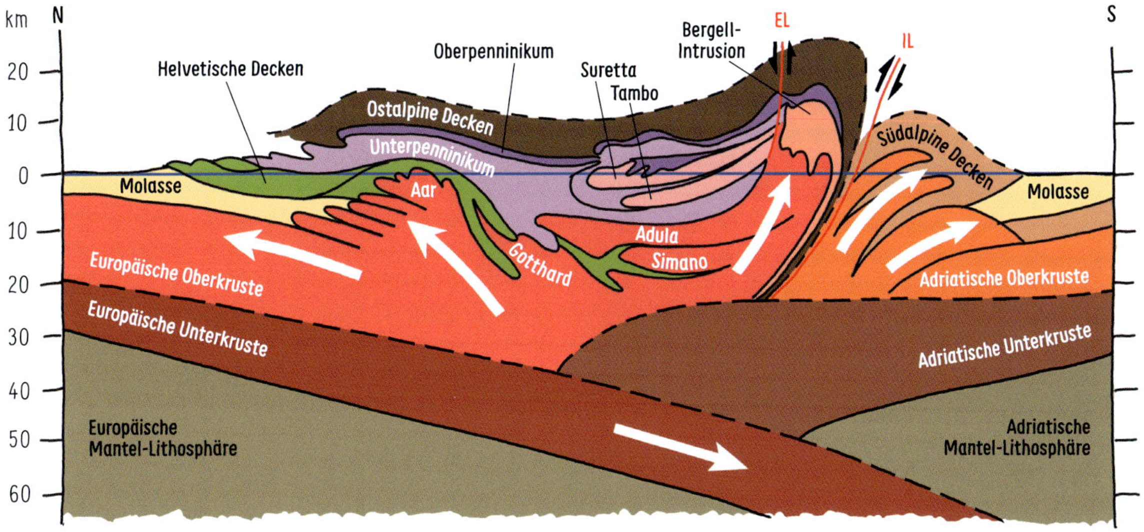

des einseitigen, nordvergenten Gebirges stimmt! Aber wenn Sie in den Profilen bis in die Po-Ebene gehen, sieht es ganz anders aus: Blumenkohl – ein bivergentes Gebirge!

Dass diese Tatsache vor allem in der Deutschschweiz so wenig beachtet wurde, hat wohl einerseits mit einer gewissen kulturellen «Barriere» zu tun, andererseits, und das ist viel wichtiger, mit der Tatsache, dass die meisten der ganz grossen südgerichteten Deckenüberschiebungen in den Südalpen nicht an der Oberfläche zu sehen sind, sondern in ihrem gewaltigen Ausmass erst mit den neuen seismischen Untersuchungen so richtig erkannt wurden. So gibt es etwa in den Bergen des Sottoceneri Deckenüberschiebungen von mehreren Zehnerkilometern Transportweite (Abb. 2–22), die allerdings an der Oberfläche nicht sicht- und kartierbar sind. Erst weiter östlich, in den Bergamasker Alpen, liegen diese Deckenstrukturen teilweise an der Oberfläche.

Bis zum Plattenabriss vor 35–30 Mio. Jahren (Essay 8) war die Alpenbildung durch die Subduktion der ozeanischen Lithosphäre des Piemont-Ozeans und des Mikrokontinents Iberia- Briançonnais geprägt. Dies führte in der Tiefe der Subduktionszone zu Deckenbildungen, Metamorphose und ersten Verfaltungen. Während dieser Zeit waren die Verschiebungsbewegungen tatsächlich monovergent nach NW (vgl. Profilserie der Abb. 2–18). Erst nach dem Plattenabriss änderte sich das; in den Zentral- und Westalpen verursachte das Eindringen der adriatischen Unterkruste/oberer Lithosphärenmantel («adriatischer Keil») Rücküberschiebungen sowie die grossen Rückfaltungen, die etwa in den Walliser Alpen so gut zu erkennen sind (Abb. 2–24).

Ins gleiche Kapitel der Bivergenz gehört die erst mit den seismischen Untersuchungen klar gewordene Tatsache, dass es nicht nur nördlich der Alpen ein Molassebecken mit kilometermächtigen Ablagerungen gibt (s. Essay 18), sondern auch südlich davon, allerdings gut versteckt unter ganz jungen eiszeitlichen Schotterablagerungen der Po-Ebene. Die dort angehäuften Molassegesteine erreichen mit über 10 km grössere Mächtigkeiten als diejenigen des schweizerischen Molassebeckens!

Abb. 2–21
Vereinfachtes tektonisches Profil durch die östlichen Zentralalpen: Die Pfeile markieren die Richtungen der Überschiebungen.

WO SEHEN UND ERLEBEN?

Die wohl eindrücklichste Stelle in den Schweizer Alpen, wo man eine südgerichtete Rückfalte im Gelände erkennen kann, liegt im Mattertal VS. Von der Bergstation Unterrothorn kann man die Rückfaltung der Mischabel-Siviez-Decke bei Morgenlicht perfekt erkennen (Abb. 2–24). Die südgerichteten Deckenüberschiebungen der Südalpen sind in den Bergamasker Alpen zu erkennen.

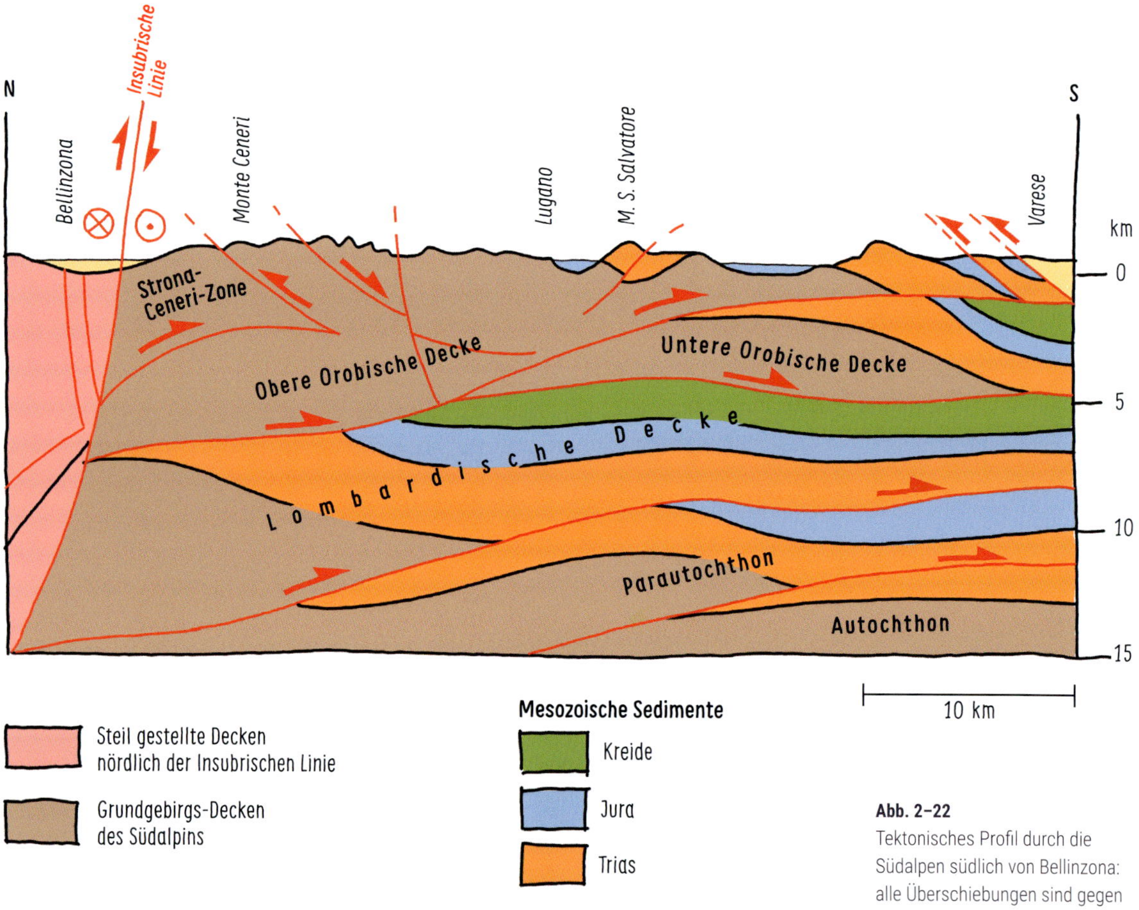

Abb. 2–22
Tektonisches Profil durch die Südalpen südlich von Bellinzona: alle Überschiebungen sind gegen Süden gerichtet!

Abb. 2–23
Solche Prinzipskizzen zur Alpenbildung finden sich noch in vielen Lehrbüchern. Sie sind ebenso zu entsorgen wie das Tischdeckenmodell der Alpenfaltung.

Abb. 2–24
Blick auf das Walliser Weisshorn. Das helle Kalksteinband markiert die Überschiebung der Dent-Blanche-Decke; die darunterliegende Mischabel-Siviez-Decke ist in eine riesige, gegen Süden gerichtete Rückfalte gelegt.

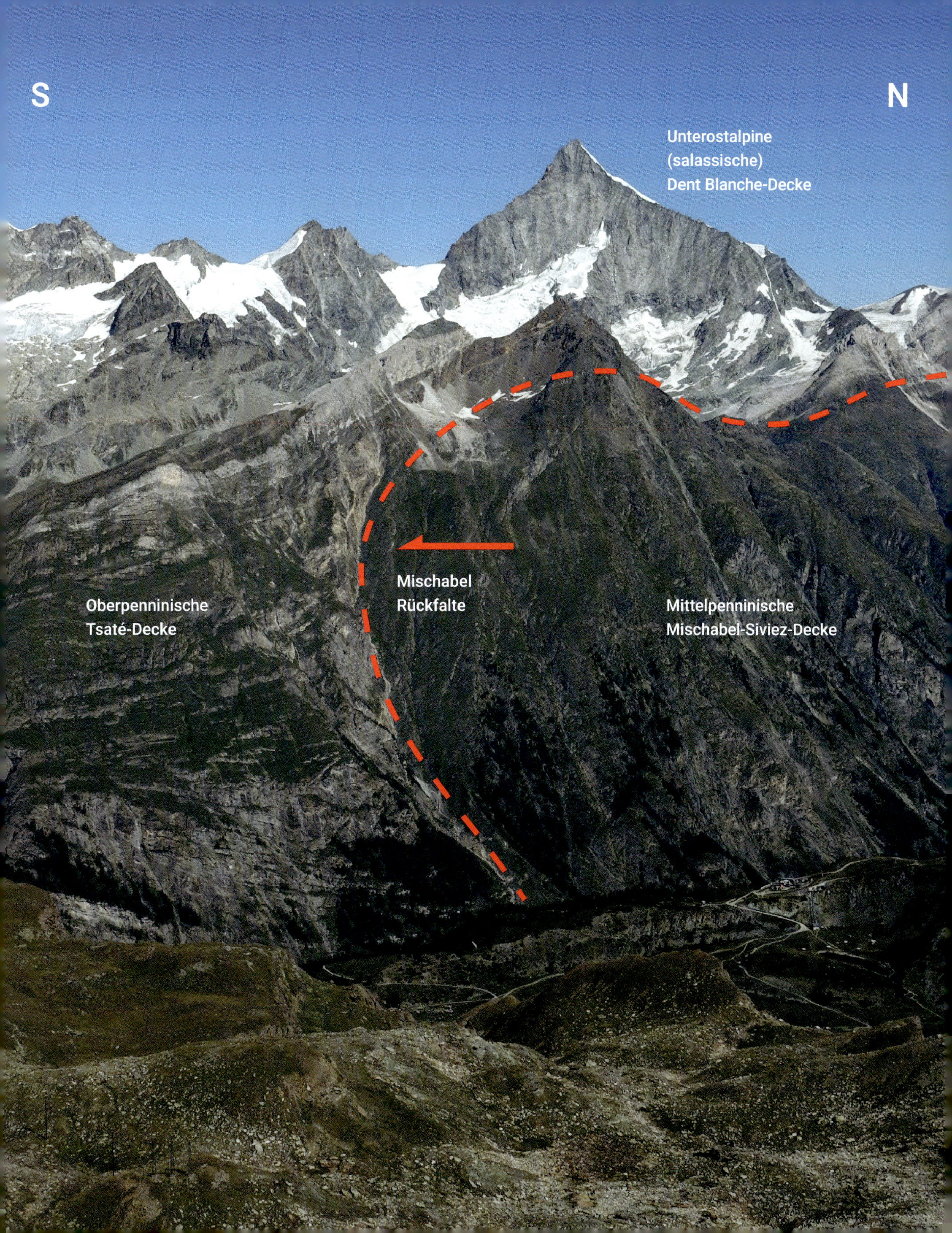
S
N
Unterostalpine
(salassische)
Dent Blanche-Decke
Mischabel
Rückfalte
Oberpenninische
Tsaté-Decke
Mittelpenninische
Mischabel-Siviez-Decke

13

Der west-östliche Divan

Die tiefgreifenden Unterschiede zwischen West-, Zentral- und Ostalpen

Wir reden gern von den Alpen als Einheit, wie sie sich in einem eleganten Bogen von der ligurischen Küste bis nach Wien erstrecken, und wir sprechen von *der* Alpenbildung. Auf den ersten Blick, etwa auf dem Satellitenbild (Abb. 0–5, 2–1), sind die Alpen ja wirklich als Einheit zu erkennen.

Zwei Gebirgsbildungen

Eigentlich müssten wir aber bei der Alpenbildung von zwei Gebirgsbildungen sprechen. Zudem von drei ziemlich verschiedenen Alpenteilen, den West-, Zentral- und Ostalpen. Warum zwei Gebirgsbildungen? In den Ostalpen kann man anhand von Deckenüberschiebungen, Metamorphosealtern, Flysch- und Molassebildungen eine Gebirgsbildung zur Kreidezeit feststellen, d. h. zu einer Zeit, als im Zentral- und Westalpenraum noch ruhige Meeressedimente abgelagert wurden. Die Deckenbewegungen verliefen eher von Ost nach West. Erst die paläogene (tertiäre) Gebirgsbildung erfasste dann den gesamten Alpenraum.

So wie Goethes berühmte Gedichtsammlung «Der West-östliche Divan» der Frage nach der Vereinbarkeit von östlicher und westlicher Kultur nachgeht und diese bejaht, so kann diese Fragestellung als Metapher für die West- und Ostalpengeologie dienen: gleicher Gebirgszug, und trotzdem grosse Unterschiede.

Werfen Sie einen Blick auf die tektonische Übersichtskarte der Alpen auf dem vorderen Innenumschlag. Sie können unschwer erkennen, dass an einer Nord-Süd-Grenze, die etwa vom Bodensee bis nach Bergamo verläuft, sich einige Veränderungen beobachten lassen, anhand derer sich die Ostalpen von den Zentral- und Westalpen unterscheiden. Aus dieser Perspektive wird verständlich, dass man in den Ostalpen eher nur von Ost- und Westalpen spricht, wir aber die Dreiteilung West-, Zentral- und Ostalpen bevorzugen, weil es auch zwischen West- und Zentralalpen durchaus Unterschiede gibt.

Viele Unterschiede

— Die helvetischen Sedimentgesteinsdecken sind in den West- und Zentralalpen in einer 15–25 km breiten Zone in Form von verschiedenen Decken vorhanden. In den Ostalpen hört diese auf; Sedimentgesteine des Helvetikums treten nur noch als ganz schmale Zonen am Nordrand der ostalpinen Decken auf, welche über die helvetischen Decken überschoben wurden.

— Decken und Gesteine des Mikrokontinents Iberia-Briançonnais (Mittelpenninikum) gibt es nur in den West- und Zentralalpen. Die östlichsten Vorkommen findet man im tektonischen Unterengadiner Fenster. Östlich davon gab es diesen Mikrokontinent nicht mehr. Damit gab es auch

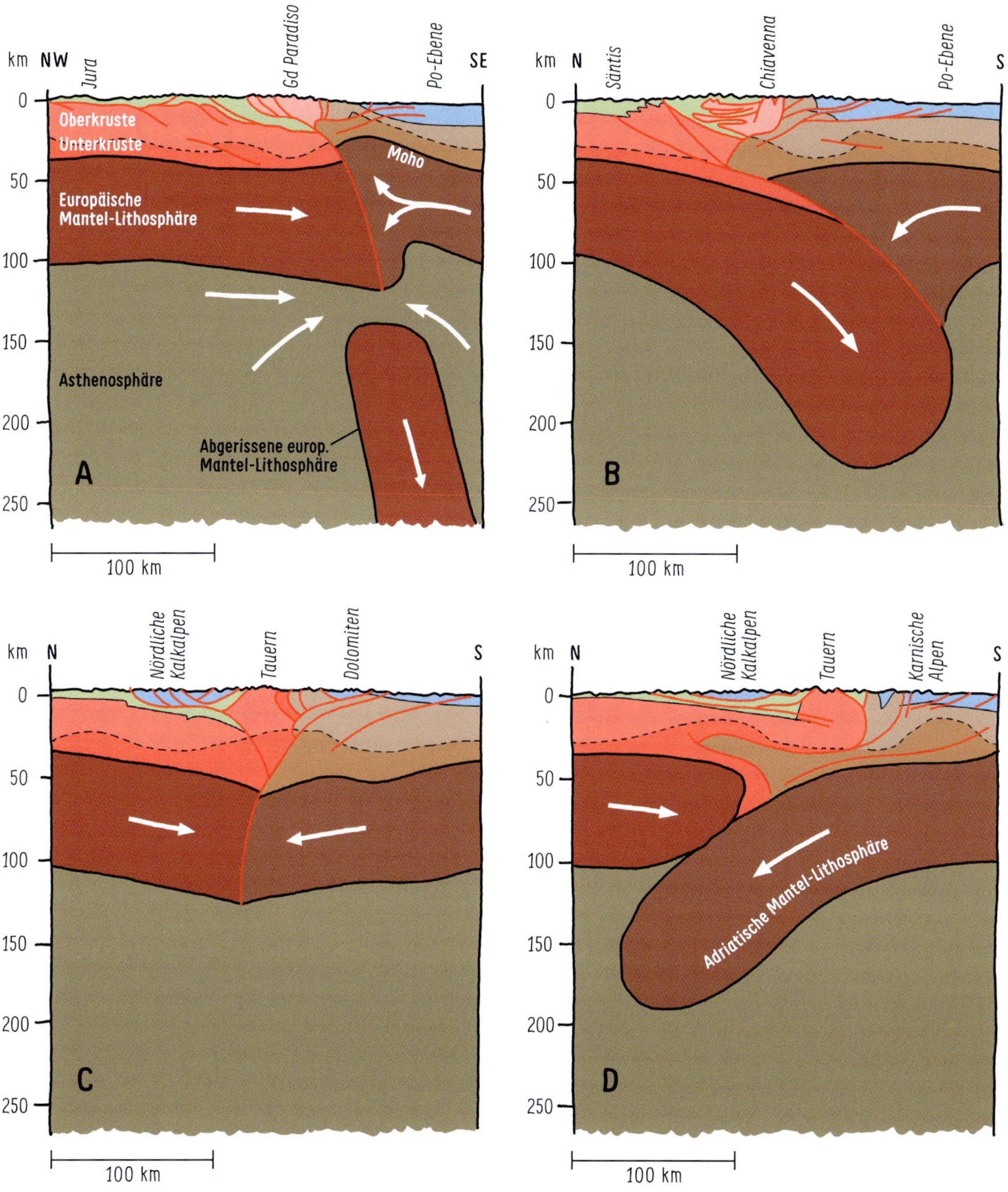

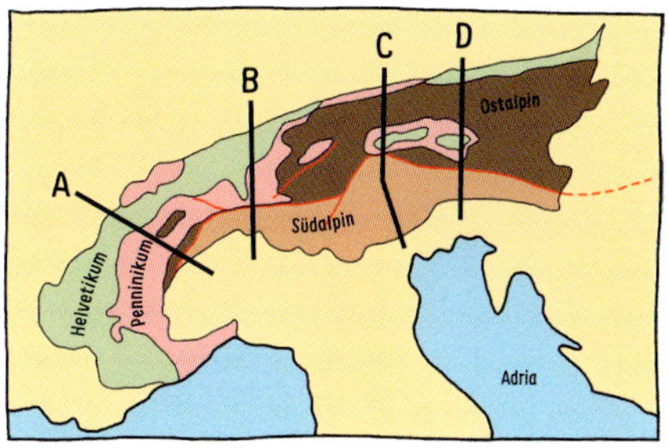

Abb. 2-25
Vier geologische Tiefenprofile – bis über 250 km tief – durch die West-, Zentral- und Ostalpen. Die Lage der Profile ist aus der kleinen tektonischen Alpenkarte ersichtlich.

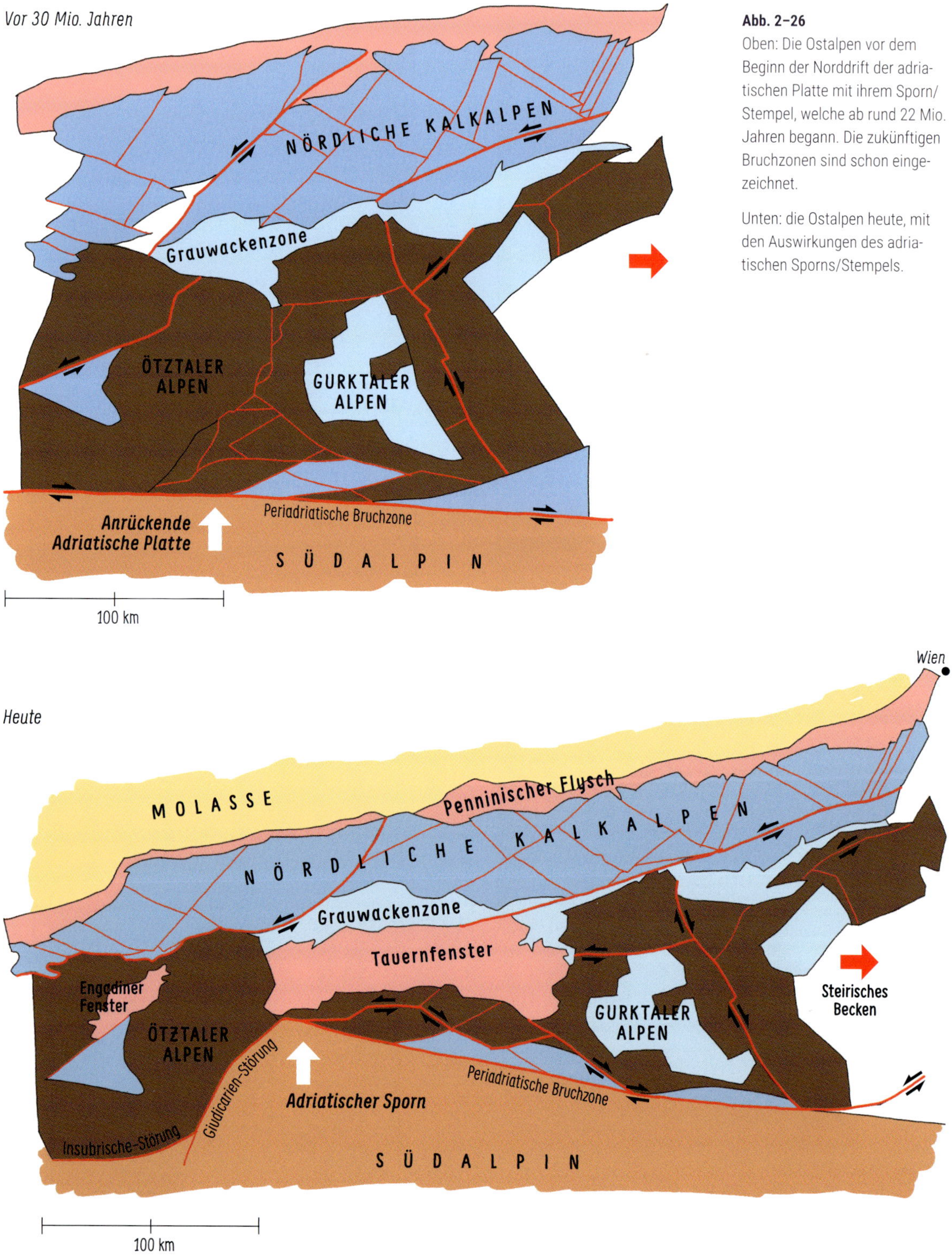

Abb. 2–26
Oben: Die Ostalpen vor dem Beginn der Norddrift der adriatischen Platte mit ihrem Sporn/Stempel, welche ab rund 22 Mio. Jahren begann. Die zukünftigen Bruchzonen sind schon eingezeichnet.

Unten: die Ostalpen heute, mit den Auswirkungen des adriatischen Sporns/Stempels.

keine zwei Meeresbecken (Piemont-Ozean und Walliser Becken), sondern nur noch den von den Ostalpengeologen so getauften Penninischen Ozean (Abb. 2–10).

— Die ostalpinen Decken, welche einen Grossteil der Ostalpen einnehmen, hören an der Nord-Süd verlaufenden Grenze zwischen Zentral- und Ostalpen auf. Allerdings gibt es am Roggenstock bei der Ibergeregg (SZ), 60 km weiter westlich, noch eine winzige tektonische Klippe mit Gesteinen der ostalpinen Sedimentabfolge der Nördlichen Kalkalpen. Bis wo genau die ostalpinen Decken einmal vorhanden waren, ist nicht sicher; man geht aber davon aus, dass sie nicht viel weiter in die Zentralalpen hinein reichten.

— An einer SSW-NNE verlaufenden Bruchlinie, der Giudicarien-Störung (s. tektonische Alpenkarte auf der vorderen Umschlaginnenseite), wurden die südalpinen Einheiten ab rund 20 Mio. Jahren (Miozän) um rund 80 km nach Norden versetzt; die adriatische Platte hat sich wie ein breiter, schräger Keil in die ostalpine Alpenstruktur eingeschoben. Man spricht unter Geologen auch vom «adriatic indenter» (adriatischer Stempel/Sporn, Eindringkörper). Dieser adriatische Stempel hatte dramatische Folgen für die nördlich anschliessenden Ostalpengebiete: Sie gaben dem Druck nach, indem sie gegen Osten zum pannonischen Becken hin auswichen – eine Art gigantischer Senftuben-Effekt. Dies wird bezeugt durch Scharen von Bruchzonen in den ostalpinen Decken, die eine solche Zerdehnung dokumentieren. Viele der grossen Ostalpentäler folgen diesen Bruchzonen (z. B. Inn, Salzach, Gail, Mur und weitere). Das ostalpine Gebirge wurde so um gut 150 km gegen Osten hin verlängert und in Nord-Süd-Richtung um rund 80 km zusammengedrückt! (Abb. 2–26). Auf diese Zerdehnung ist auch die Heraushebung des tektonischen Tauern-Fensters zurückzuführen. Dieses wird sowohl im Westen als auch im Osten durch grosse Dehnungsbrüche (Brenner- und Katschberg- Abschiebungen) begrenzt.

Die plattentektonische Überraschung

Die ganz grosse Überraschung, die mit diesen Unterschieden zusammenhängen dürfte, erlebten die Geologen dann vor gut 20 Jahren, als die ersten guten tiefenseismischen Profile durch die Alpen verfügbar wurden. Schauen Sie sich die vier Tiefenprofile durch die Alpen der Abb 2–25 an. Die Unterschiede sind frappant: in den Westalpen taucht die europäische Platte unter die adriatische ab, in den Ostalpen ist es genau umgekehrt! Wir sehen einen grundsätzlichen Unterschied im Grossbau der alpinen Kollisionszone! Diese plattentektonischen Unterschiede des Alpenbogens hängen mit der ursprünglichen Komplexität der Platten, Mikroplatten und Ozeanbecken zusammen, wie sie in Essay 9 dargestellt wurde. Im Essay 26 wird diese Komplexität des tiefen Untergrundes dann noch für den ganzen Mittelmeer-Grossraum aufgegriffen.

Die Alpengeologen gehen heute davon aus, dass dieser Wechsel in der Subduktion in den Ostalpen auch vor rund 20 Mio. Jahren passierte, und im Zusammenhang damit die Bewegungen des Adriatischen Sporns und der Abschiebungen an der Brenner-Störung. Wie das alles genau zusammenhing und ablief, darüber zerbrechen sich die Alpengeologen ihre rauchenden Köpfe. Und wir müssen seufzend zur Kenntnis nehmen, dass diese verflixte Alpenbildung *noch* komplizierter ist als wir sie Ihnen bisher schon erläutert haben. Wir haben es eigentlich mit zwei Gebirgsbildungen zu tun!

WO SEHEN UND ERLEBEN?

Wenn Sie auf einem Berggipfel der Zentralalpen, etwa der Welterbe-Region TAS stehen, lassen Sie ihren Blick über das Gipfelmeer zuerst gegen Westen, dann gegen Osten schweifen: überall dasselbe Gewoge von Bergen und Tälern, scheinbar gleichartig, fast monoton. Aber nun wissen Sie, dass dem nicht so ist, und dass Bau und Geschichte dieser Gebirgsteile sehr unterschiedlich sind.

Abb. 2–27
Blick über die Tschingelhörner mit der Glarner Hauptüberschiebung in die Ostalpen mit dem Berninamassiv im Hintergrund. Eine Gipfelflur, zwei Gebirgsbildungen!

Abb. 2–28
Flugaufnahme aus den nördlichen Ostalpen: Blick über das Karwendel-Gebirge zur Zugspitze der nördlichen Kalkalpen. Im Prinzip vergleichbar mit ähnlichen Landschaften aus den helvetischen Decken oder Klippendecken der Zentral- und Westalpen – aber von der Bildungsgeschichte und Tiefenstruktur her mit grossen Unterschieden.

Die Gesteine der Alpen – einige Klarstellungen

In den Alpen findet sich eine gigantische Vielfalt von unterschiedlichsten Gesteinen. Das kann und soll nicht Thema dieses Buches sein – wer darüber mehr erfahren möchte, sei u. a. auf mein Buch «Gesteine der Schweiz» hingewiesen.

Hier sollen jedoch einige Klarstellungen und neuere Forschungserkenntnisse zu wichtigen Gesteinsgruppen der Alpen vorgestellt werden, die in einem direkten Zusammenhang mit der alpinen Gebirgsbildung stehen.

Abb. 3–1
Steinkreis aus Gesteinen des Gasterntals (BE)

14

Alpengesteine im Hochdruck-ofen

Bekanntes und Neues von den alpinen Gesteinsmetamorphosen

Wenn Ihnen nicht ganz klar sein sollte, was mit Gesteinsmetamorphose gemeint ist, konsultieren Sie am besten zuerst das Geo-Wissen Nr.7, bevor Sie hier einsteigen.

Die lepontinische Metamorphose

Seit Langem fiel den Geologen auf, dass in den Zentralalpen der Grad der alpinen Metamorphose generell von Norden gegen Süden hin zunimmt und dass im Bereich des Locarnese Gesteine mit dem höchsten Metamorphosegrad vorkommen. Heute kennt man die zwiebelschalenartige Anordnung der Linien gleicher Temperaturen (= Isothermen) gut (Abb. 3–2). Man nennt diese Metamorphose auch die «lepontinische», wegen ihres Zentrums in den Lepontinischen Alpen, wie die Tessiner Berge früher genannt wurden. Heute weiss man, dass diese Metamorphose ihren Höhepunkt vor rund 30–20 Mio. Jahren hatte (Oligozän–Miozän). Sie lässt sich auch wunderbar erleben, indem man etwa vom Zentralalpenrand her ein gleichartiges Ausgangsgestein, wie etwa einen Tonstein, bis in die Gegend Bellinzona – Locarno verfolgt und schaut, wie sich das Gefüge und die Mineralien mit zunehmendem Metamorphosegrad verändern. Dies ist in Abb. 3–3 anhand einer Fotoserie von sechs Tonsteinen (Peliten) dargestellt, vom unmetamorphen, unscheinbar grauen Tonstein aus dem Mittelland über verschiedene Glimmerschiefer-Stadien bis zum hochmetamorphen migmatischen Cordierit-Kalifeldspat-Fels.

Was auch bald erkannt wurde und Sie in Abb. 3–2 leicht erkennen können: Die Isothermen schneiden die tektonischen Deckenkontakte durch – was ganz einfach bedeutet, dass sich diese Deckenüberschiebungen *vor* dem Metamorphose-Maximum auf dem Weg in die Tiefe gebildet haben müssen. Weiter erkannten die Geologen, dass dieses regelmässige Muster östlich und westlich des Lepontins nicht mehr vorhanden ist, und dass es dort ein teilweise beträchtliches Durcheinander in Sachen Metamorphosegraden gibt.

Hochdruck-Metamorphose

Man fand ausserhalb des Lepontins Gesteine, welche anzeigten, dass sie bei vergleichsweise tiefen Temperaturen, aber sehr hohen Drücken, umgewandelt wurden, d. h. eine sogenannte Hochdruck-Metamorphose erlebten, wie sie typisch ist für Subduktionszonen (s. Geo-Wissen 7). Das bekannteste dieser Gesteine ist hochdruck-metamorpher Basalt der ozeanischen Kruste des Piemont-Ozeans, der zu «Eklogit» umgewandelt wurde, ein sehr schönes Gestein aus grünem Pyroxen und roten Granatkörnern (Abb. 3–4). Sie sind in der Gegend von Saas-Fee – Zermatt und weiter

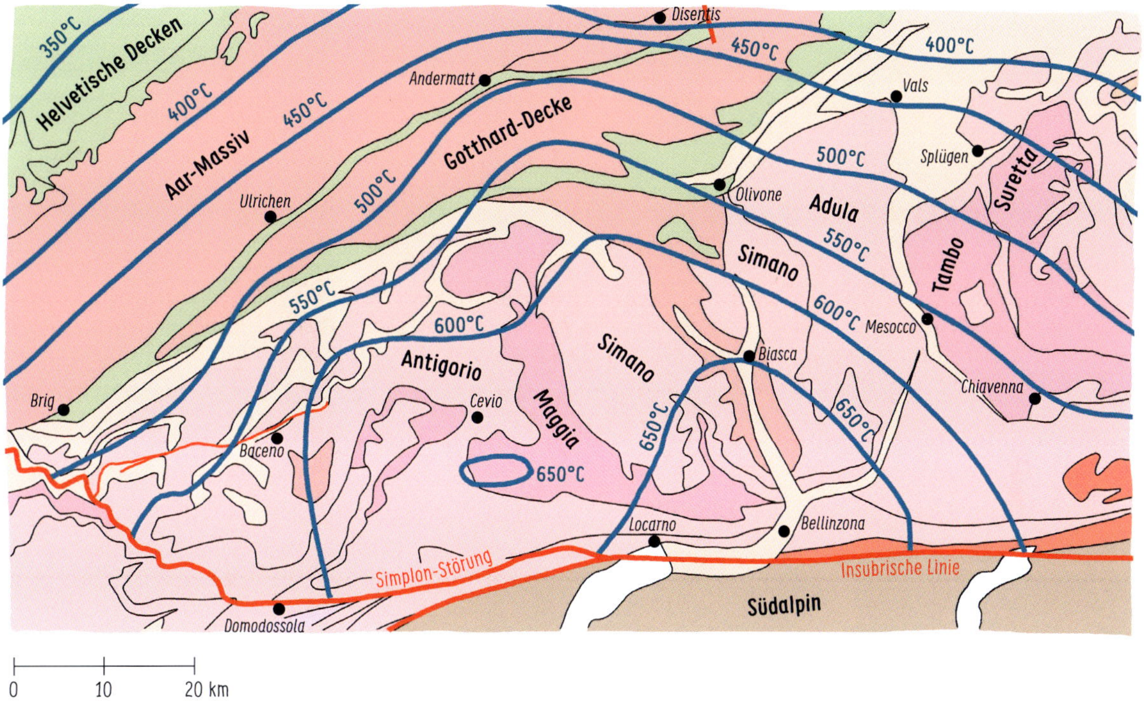

Abb. 3–2
Tektonische Karte der Lepontin-Region, mit den Isothermen der «lepontinischen» Metamorphose.

in den Westalpen häufig, wurden unterdessen aber auch in weiteren Zonen der Alpen gefunden. Man fand dann heraus, dass diese Hochdruckmetamorphose älter ist als die lepontinische.

Die ersten Altersbestimmungen aus den 1980er/1990er-Jahren an Hochdruckgesteinen wiesen auf Metamorphosealter in der späten Kreidezeit hin (ca. zwischen 100–70 Mio. Jahren). Man nannte diese die frühalpine Hochdruckmetamorphose. Das passte an sich gut in das damals erst ziemlich neu etablierte plattentektonische Modell der Alpenbildung. Die Hochdruckmetamorphose dokumentierte die Subduktion der ozeanischen Platte und des europäischen Kontinentalrandes unter den anrückenden Adria-Mikrokontinent. Die damaligen Abschätzungen aus der Analyse der Gesteine ergaben Drücke in Bereichen von 10–20 Kilobar und damit Versenkungstiefen bis gegen 50 km. Man ging davon aus, dass man damit ein recht konsistentes Bild von den Vorgängen bei der Alpenbildung hatte.

Durcheinander bei den Metamorphosealtern

Wie so oft in der Wissenschaft ist das dann der Moment, wo plötzlich Zweifel aufkommen, wo neuere Untersuchungen und Daten nicht mehr mit den etablierten Thesen übereinstimmen – und das sind dann spannende Zeiten für die Forscher (oder schwierige für diejenigen, welche die älteren Resultate publiziert hatten und sich nun in Frage gestellt sehen ...). So ergaben sich immer mehr unterschiedliche Altersbestimmungen für die Hochdruckmetamorphose, die zwischen rund 100–40 Mio. Jahren lagen. Spiegelte das Methoden- oder Messfehler wider oder gab es diese Hochdruckmetamorphose zu verschiedenen Zeiten? Heute wissen wir, dass es entlang des Alpenbogens tatsächlich

Abb. 3–3
Sechs Tonsteine (Pelite) mit zunehmendem Metamorphosegrad (vgl. S. 112). Massstab = 1 cm.

ganz unterschiedliche Metamorphosealter gibt. Der grösste Unterschied besteht zwischen den West- und Ostalpen. In Letzteren wurden die Gesteine in der späten Kreidezeit (ca. 110–90 Mio. Jahren) während der ersten ostalpinen Gebirgsbildungsphase metamorphosiert (s. Essay 13); in den Zentral- und Westalpen hingegen fanden die Metamorphosen zwischen 65–20 Mio. Jahren statt, während der eigentlichen alpinen Gebirgsbildung.

Die Ultra-Hochdruck-Sensation der 1980er-Jahre

Mitte der 1980er-Jahre beschrieb der junge französische Forscher C. Chopin in den Westalpen höchst eigenartige Gesteine mit weissen Granaten bis Fussballgrösse, und in diesen drin geschützt eingeschlossen eine Hochdruck-Modifikation von Quarz, sogenannten Coesit. Bei den Temperaturen um 600 °C, welche diese Gesteine anzeigten, liess das auf Drücke von über 28 000 bar und damit auf Versenkungstiefen um 100 km schliessen. Das schlug ein wie eine Bombe in das Gefüge der Alpenforscher – dass Gesteine bei der Alpenbildung derart tief versenkt wurden! Es löste einen Forschungsboom über die neu so getaufte «Ultra-Hochdruck-Metamorphose» UHP aus («Ultra High Pressure»). Seither wurde Coesit auch in weiteren Gesteinen der Alpen gefunden, u. a. in der Gegend von Zermatt. Die nächste Sensation liess nicht lange auf sich warten: In den 1990er-Jahren fanden Forscher in UHP-Gesteinen von Kasachstan winzig kleine Einschlüsse von Diamant, der Hochdruck-Modifikation von Graphit, die man bisher nur in uralten Vulkanschloten aus dem oberen Erdmantel kannte. Damit waren Metamorphosedrücke von über 33 000 bar und Versenkungstiefen von über 150 km nachgewiesen. Unterdessen wurden auch in alpinen Gesteinen bei Zermatt und im Susatal solche Mikrodiamanten gefunden.

Das Arami-Rätsel

Weiter trugen exotische Ultrahochdruck-Gesteine im Gebiet nördlich von Bellinzona, bei der Alpe Arami und an der Cima di Gagnone, zur UHP-Diskussion bei. Dort findet man Linsen von Erdmantelgestein als hochmetamorphe «Granat-Peridotite» in den lepontinischen metamorphen Gneisen, die eine vorgängige UHP-Metamorphose belegen. An diesen Gesteinen wird heute noch ein heftiger Forscherstreit ausgetragen. Die «Zürcher Schule» vertritt die Ansicht, dass sie, genauso wie die anderen UHP-Gesteine der Alpen, rund 100 km Tiefe erreichten. Eine hochkarätige Gruppe aus den USA postuliert hingegen unglaubliche 400 km erreichter Tiefe aufgrund verschiedener Messkriterien. Ihr entsprechendes Forschungspapier von 2010 betitelten sie selbstsicher «The Alpe Arami Story: Triumph of Data over Prejudice».

Warum behelligen wir Sie mit diesen UHP-Geschichten?

Es geht um zwei aktuelle Forschungsfragen, die Ihnen illustrieren sollen, dass auch im best-untersuchten Gebirge der Welt die geologischen Rätsel noch lange nicht alle gelöst sind, und dass noch recht grundsätzliche Fragestellungen im Raum stehen.

Gesteine in einer Subduktions- oder Kollisionszone in die Tiefe zu bringen, ist aus heutiger geologischer Sicht kein Problem und kann aufgrund der plattentektonischen Prozesse gut verstanden werden: Die Gesteine werden mit der subduzierenden Lithosphärenplatte entlang eines «Subduktionskanals» in die Tiefe gezogen. Viel trickreicher ist hingegen die Frage, wie solche ultratief versenkten Gesteine wieder an die Oberfläche und auf die heutigen 4000er-Berge kamen. War die Krustenverdickung bei der Kollision so gewaltig, dass sich der ganze Gebirgskörper um 100 km und mehr anhob – und alles angehobene Material wegerodiert, abtransportiert und als Molassegesteine am Rand des Gebirges wieder abgelagert wurde? Dafür fehlen alle Anzeichen. Es kommt hinzu, dass neuere und präzisere Altersbestimmungen darauf hinweisen, dass in den Zentralalpen die UHP-Metamorphose vor rund 50–40 Mio. Jahren stattgefunden hat, also relativ kurz vor der danach anschliessenden lepontinischen Metamorphose bei wesentlich tieferen Drücken. Damit müssen diese Gesteine in der – geologisch gesehen – kurzen Zeit von etwa 10–5 Mio. Jahren (teilweise noch kürzer) aus über 100 km Tiefe auf die rund 15–25 km der lepontinischen Metamorphose aufgestiegen sein. Das ergibt Aufstiegsgeschwindigkeiten von

0,5–4 cm pro Jahr. Solch hohe Hebungsraten sind von ausschliesslich archimedischen Ausgleichsbewegungen nicht bekannt und gemäss Berechnungen auch nicht möglich. Wie also wurden die Gesteine aus ihren Ultratiefen nach oben transportiert? Das wird derzeit intensiv diskutiert und es werden unterschiedliche Möglichkeiten vorgeschlagen. Allen ist gemein, dass der rasche Aufstieg der UHP-Gesteine noch während der andauernden Subduktion der ozeanischen Lithosphärenplatte vonstatten ging, in einer kanalartigen Struktur, für welche u. a. die Bezeichnung «tektonischer Akkretionskanal» vorgeschlagen wurde: Schlauchartige Zonen, in denen die tief versenkten Gesteine nach oben geschleppt oder gepresst und dabei zu teigartig ineinander vermischten, chaotischen Gesteinskomplexen umgewandelt wurden. Solche Mischgesteinszonen, auch «tektonische Mélanges» genannt, werden tatsächlich im Feld angetroffen, etwa in der südlichen Adula-Decke oder in der Aroser Zone.

Das Druck-Tiefe-Paradigma wankt

Die zweite Frage, welche die Geologen neuerdings umtreibt, betrifft die Interpretation der aus den metamorphen Gesteinen ermittelten Drücken. Bisher rechnete man diese ganz einfach in die entsprechende Versenkungstiefe um, indem man eine mittlere Gesteinsdichte von etwa 2,8 g/cm^3 für die überlagernde Gesteinssäule annahm (sogenannter lithostatischer Druck). Dieser ist analog dem Wasserdruck, den ein Taucher in der Tiefe allseitig auf seinem Körper spürt. So bedeutete etwa ein aus dem Gestein ermittelter Druck von 10 kbar eine Versenkungstiefe von rund 35 km. Dieses Druck-Tiefe-Paradigma galt für Generationen von Geologen als selbstverständlich. Aufgrund der daraus gewonnenen Druck-Daten aus metamorphen Gesteinen rekonstruierte man auch die Tiefenprofile durch die sich bildenden Alpen.

Nach der Jahrtausendwende begannen Forscher zu überlegen, rechnen, modellieren, experimentieren und im Gelände Beispiele zu suchen, um herauszufinden, ob es nicht auch einen Druckanteil durch tektonische Kräfte in der Kollisionszone gegeben haben könnte, sogenannten «tektonischen Überdruck». Falls ja, war die Folgefrage, wie gross dessen Anteil gewesen sein könnte. Einige Forscher postulierten, dass dieser Anteil bis gegen 50 % des Gesamtdrucks ausmachen könnte. Die Überlegungen veränderten natürlich die ganze Rekonstruktionstheorie des Alpenkörpers stark. So hat etwa A. Pfiffner für seine Rekonstruktionen im Buch «Geologie der Alpen» diese Unsicherheit berücksichtigt. Wo solche tektonischen Überdrücke eingerechnet werden müssen und wo nicht, ist jedoch noch umstritten.

Sie sehen: Die Alpen haben noch längst nicht alle ihre tiefen Geheimnisse gelüftet!

WO SEHEN UND ERLEBEN?

- Die lepontinische Metamorphose kann auf einer Reise etwa vom Walensee bis nach Bellinzona an Metapelit-Gesteinen nachvollzogen werden. In den berühmten Bachaufschlüssen der Maggia und Verzasca sind die hochmetamorphen Gneise und Schiefer des Tessins wunderbar zu studieren.
- Ultrahochdruck-Gesteine sind in der Region Zermatt hervorragend aufgeschlossen. Die extremen Hochdruckgesteine der Alpe Arami liegen oberhalb von Bellinzona.
- Im ehemaligen Schieferbergwerk des Landesplattenbergs im Glarner Sernftal können schwach metamorphe Metapelite (= Tonschiefer) bewundert werden.

Abb. 3–4
Zu farbenprächtigem Eklogit umgewandelter ozeanischer Kissenlava–Basalt am Pfulwepass ob Zermatt (siehe auch Abb. 2–17). Bildbreite ca. 10 cm. Rot = Granat, grün = Omphacit, violett = Glaukophan, gelbgrün = Epidot.

15

Die Granite der Alpen ...

... entstanden nicht bei der Alpenbildung

Granit – das schweizerische «Urgestein»?

Der «Gotthardgranit» als eine Art Quintessenz der Alpenbildung erscheint immer wieder in Medien, Berichten oder im allgemeinen Sprachgebrauch: Herz der Schweiz, Urschweiz. Urgestein. Trutzburg aus Stein. Ort der grössten Alpenreduitfestung. Auf Granit beissen.

Die Geologen sehen das etwas anders. Sie haben nicht mal einen Granit als «Gotthardgranit» bezeichnet. Und bitte: Den Begriff «Urgestein» für Granit nicht mehr verwenden (s. Geo-Wissen 3)! Dort oben in der Passregion gibt es zwar Granite, aber es sind allesamt vergleichsweise kleinere Granitkörper mit aufgeschlossenen Oberflächen von 10–20 km^2 und heissen: Gamsboden-Granit, Fibbia-Granit, Rotondo-Granit (Abb. 3–5). Wenn Bananen in einem Schweizer Lebensmittelgeschäft liegen, sind sie deswegen keine Schweizer Bananen; und so sind die Granite in den Alpen eben keine Alpengranite, die bei der Alpenbildung entstanden sind.

Der grösste Granitkörper der Alpen ist der Zentrale Aare-Granit (Abb. 3–5 und 3–6). Er bildet einen rund 85 km langen und im Mittel 7 km breiten Körper mit WSW-ENE-Ausrichtung, aufgeschlossen vom Bietschhorn im Lötschental (VS) bis zum Oberalpstock (UR). Man weiss nicht genau, bis in welche Tiefen er reicht, doch sind es sicher noch 5 km. Damit muss sein heutiges Volumen mindestens 3000 km^3 betragen. Der nächst grössere Granitpluton ist derjenige des Mont-Blanc-Massivs, mit einer Aufschlussfläche von 250 km^2, von der allerdings nur 50 km^2 in der Schweiz liegen; den Rest teilen sich Frankreich und Italien. Dies sind die beiden bekanntesten Alpengranite.

Granit der Alpen = Granite des variszischen Gebirges

Doch der Begriff «Alpengranit» täuscht. So sehr diese Gesteine die alpinen Landschaften heute auch prägen – etwa das eindrückliche Granitland Grimsel oder die zackigen Granitnadeln des Mont-Blanc-Massivs – so haben sie doch mit der Alpenbildung primär nichts am Hut. Sie entstanden nämlich lange vor der Alpenbildung, im Zuge der vorletzten Gebirgsbildung, welche die Gegend der zukünftigen Schweiz und Mitteleuropas vor rund 350–290 Mio. Jahren prägte. Die Geologen nennen diese die «variszische» Gebirgsbildung, so getauft 1888 vom Geologenpionier Edward Suess nach dem Altgermanenstamm der Varisker, die im Gebiet des Fichtelgebirges in Deutschland hausten.

Diese Gebirgsbildung war, im Gegensatz zur «granitarmen» Alpenbildung, mit der Intrusion von zahlreichen Plutonitkörpern verbunden. Granite sind dabei das wichtigste Gestein, aber man findet alle möglichen Varianten von Alkali-

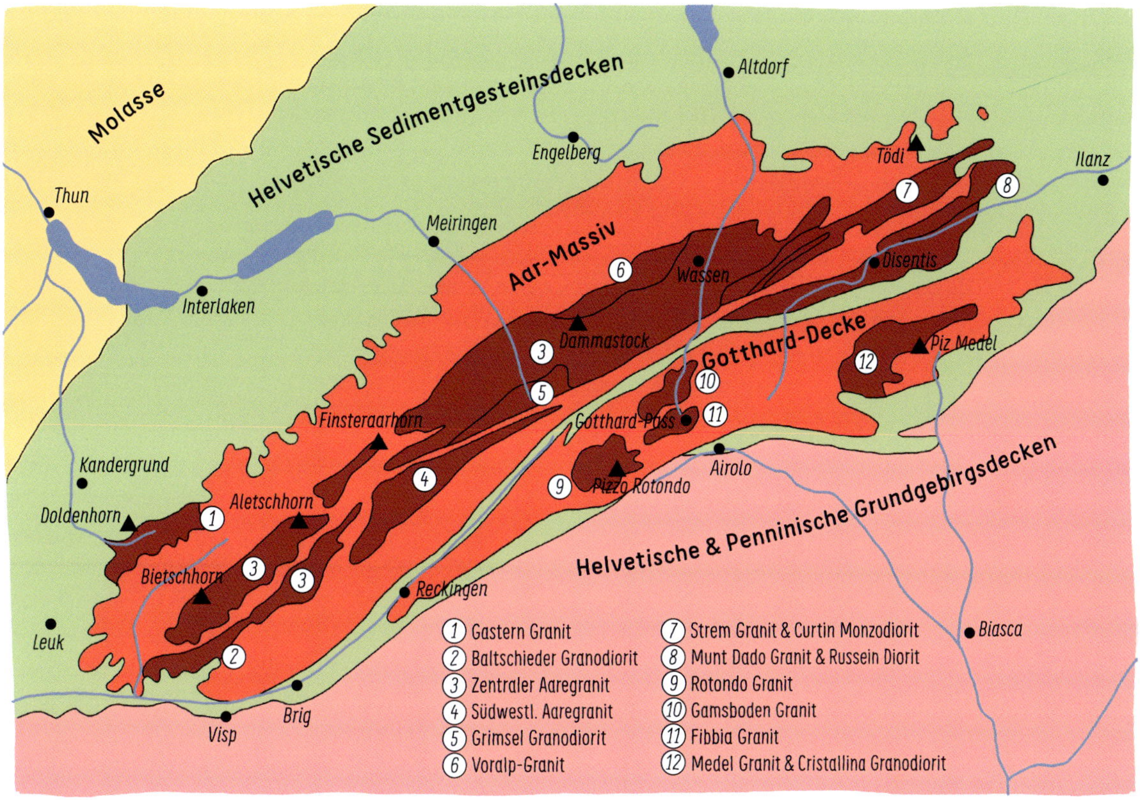

granit über Granodiorit bis hin zu Dioriten. Im Aar-Massiv konnte man zudem differenzieren zwischen früh-, mittel- und spät-variszische Intrusions-Suiten. Man findet diese variszischen Plutonite in ganz Mitteleuropa: Bekannt sind etwa der «Albtalgranit» im Schwarzwald, der «Granit rose» der Bretagne, die Granite Westkorsikas oder der Granit von Cornwall in England. Unsere Alpengranite hatten das Pech, später in die Kollision zwischen Adria und Europa zu gelangen und damit Teil des Alpengebäudes zu werden. Dabei wurden sie teilweise arg geplagt, was dazu führte, dass manche Alpengranite zonenweise oder ganz zu Gneisen umgewandelt wurden (dazu mehr in Geo-Wissen 10).

Abb. 3–5
Stark vereinfachte geologische Karte von Aar-Massiv und Gotthard-Decke mit den wichtigsten variszischen Granitkörpern.

Von Granit zu Granitgneis

Die Granite der helvetischen Zone, etwa Aar, Gastern, Gamsboden, Fibbia, Rotondo und Medel, Mont Blanc und Vallorcine wurden bei der Alpenbildung nur wenig verformt und «vergneist». So bilden sie weitgehend für Granite typische Landschaften und Bergformen (Abb. 3–6). In lokalen Scherzonen können sie aber auch als Gneise oder gar als hochdeformierte Schiefer vorliegen. Gerade im Zentralen Aare-Granit sind solche hochdeformierten Scherzonen sehr charakteristisch. Sie bilden wegen ihrer leichteren Erodierbarkeit die Scharten und Couloirs der Berge. Sie dokumentieren die junge Herauspressung des Aar-Massivs.

Die variszischen Granite, welche im kristallinen Grundgebirge des mittelpenninischen Briançonnais-Mikrokontinents (Iberia) oder in im ostalpinen Grundgebirge der Dent-Blanche-Decke vorhanden waren, wurden bei der Alpenbildung wesentlich tiefer versenkt und dabei mittelstark bis stark metamorph umgewandelt und verformt. Sie liegen im Wesentlichen heute als Granitgneise vor. Aber bei den grösseren dieser Gneismassen kann es auch vorkommen, dass sie lokal, in verschonten Bereichen, noch das ursprüngliche Granitgefüge zeigen – sehr schön etwa im Monte-Rosa-Gneis oberhalb der Monte-Rosa-Hütte zu beobachten. Die höchsten Berge der Walliser Alpen werden durch diese Granitgneise gebildet: Monte-Rosa-Granitgneis, Arolla-Gneis mit den Viertausendern vom Weisshorn bis zur Dent Blanche, oder der Randa-Augengneis. Auch viele Gneise vom Oberwallis bis ins Mitteltessin gehören dazu: Monte-Leone-, Antigorio-, Verzasca-, Cucco-, Ruscada- und Matorellogneise. Östlich des Tessins sind es der Zevreila-/Valsergneis, Truzzo- und Tambogneis sowie der Andeer-/Rofnagneis.

In den unterostalpinen Decken Err, Julier und Bernina war die alpine Deformation wiederum sehr viel schwächer, und wir treffen dort wieder echte Granite an: die rot-grünen Julier-Albula-Bernina-Granite, die blauen Bernina-Granite. Der Piz Bernina selbst wird durch einen der grössten Dioritkörper der Alpen aufgebaut.

Doch noch ein waschechter Alpengranit!

Aber halt: *Einen* echten Alpengranit haben wir in der Schweiz schon – den Bergeller Granit. Dieser Grantikörper baut im Wesentlichen die gleichnamige Gebirgsgruppe in Südbünden auf, mit den Bergen der Forno-, Albigna- und Bondasca-Gruppe, in letzterer der berühmte Piz Badile mit seiner eindrücklichen Granitplattenflucht, der 1000 m hohen NE-Wand. Kann man sich das Alter der variszischen Alpengranite mit rund 300 Mio. Jahren gut merken, so ist es mit dem Bergeller Granit noch einfacher: einfach eine Null streichen: 30 Mio. Jahre! Der Bergeller Granit hat sich zusammen mit einer Handvoll weiterer Granitkörper entlang der Plattengrenze zwischen Europa und Adria gebildet, als vor 30 Mio. Jahren die abtauchende europäische Platte abriss und so plötzlich viel Wärme aus dem Erdmantel in das werdende Alpengebäude aufsteigen konnte. Diese Geschichte wird in Essay 8 erzählt.

WO SEHEN UND ERLEBEN?

Die klassischen Granitlandschaften der Alpen sind die Gebiete Grimsel-Göschenen im Aaregranit, das Mont-Blanc-Massiv im gleichnamigen Granit, und für den Bergeller Granit die ganze gleichnamige Berggruppe.
Aare- und Mont-Blanc-Granit wurde zudem von den eiszeitlichen Gletschern bis weit ins Mittelland transportiert und können dort als Findlinge bewundert werden.

Abb. 3–6
Blick von der Grimselpass-Strasse an die Brunbergkette – eine Landschaft ganz in Granitgesteinen des Zentralen Aare-Granits. Die eiszeitliche Schliffgrenze ist hervorragend zu erkennen.

16

Gesteine, die keine sind

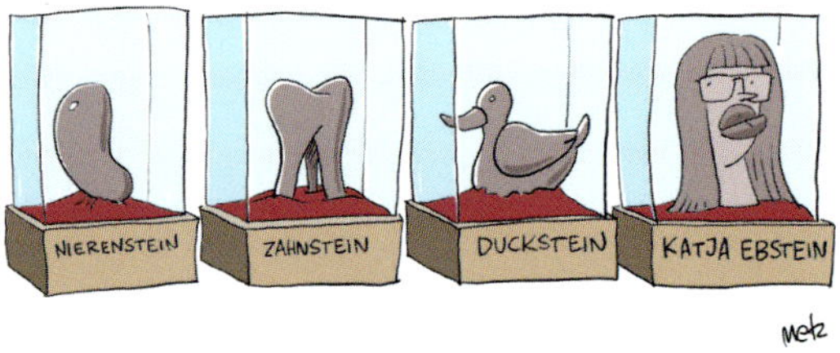

Bündnerschiefer, Flysch und Molasse: die «heilige Dreifaltigkeit» der Alpengesteine

Wer sich nur ein wenig mit der Geologie der Alpen beschäftigt, wird sehr schnell einmal mit einem der drei Begriffe «Bündnerschiefer», «Flysch» oder «Molasse» konfrontiert. Die logische Frage des Laien ist jeweils: Was sind denn das für Gesteine? In der Regel paaren sich bei der Antwort des Geologen dann Staunen mit Enttäuschung – warum denn schon wieder so kompliziert? Denn alle drei Begriffe beschreiben nicht einzelne Gesteine, sondern charakteristische alpine Gesteinsverbände, in denen jeweils eine grössere Zahl von bestimmten Gesteinsarten vorkommt. Eine Analogie aus der Küche: Nehmen Sie Schokokuchen, Schlagrahm, Kirschen und Kirschwasser – alles ganz lecker. Aber erst eine ganz bestimmte Zusammensetzung dieser Einzelzutaten macht dann eine Schwarzwäldertorte aus.

Die drei Gesteinsverbände sind, so kann man es sehen, sehr wichtige «Clans» der Alpenbildung – bedeutend, einflussreich, fast überall präsent – und doch auf den ersten Blick wenig sichtbar. Eine Art «geologische Alpenmafia» oder etwas freundlicher ausgedrückt, die alpine «heilige Dreifaltigkeit». Was sie verbindet: Es sind alles Ensembles von Sedimentgesteinen.

Überall präsent, wenig sichtbar: Im Gegensatz zu anderen wichtigen Alpengesteinen, etwa den variszischen Graniten, den grossen Gneismassen, den mächtigen Kalksteinschichten des Hochgebirgs- und Schrattenkalkes bilden unsere drei Gesteins-Clans oft keine markanten Berge, Felswände und Grate, weil ihre Gesteine verwitterungs- und erosionsanfälliger sind, und sich deshalb oft in eher sanfteren Berggestalten unter Wiesen und Wäldern verbergen (mit Ausnahmen, wie immer in der Geologie!). So sind etwa für Kletterer diese drei Gesteine völlig unbedeutend. Es gibt keine Matterhörner, Eiger, Finsteraarhörner oder Berninas aus diesen Gesteinen – sie wirkten eher im Verborgenen, aber doch mit grossem Einfluss auf die Alpenbildung.

Die Tabelle auf Seite 123 fasst das Wesentliche zusammen – mehr zu den einzelnen Gesteinsverbänden findet sich dann in den nachfolgenden Essays 17–19.

Die drei Gesteinsverbände stehen in einem zeitlich-räumlichen Zusammenhang mit der Alpenbildung (s. Abb. 3–7). Die Ablagerung der Bündnerschiefer erfolgte am frühesten, noch während der Dehnungsphasen der Meeresbecken, die Flysche folgten später, während der Subduktions- und Kollisionsphasen. Zum Schluss wurden die Molassegesteine nördlich und südlich von dem sich stark hebenden Gebirgskörper abgelagert. Die Gesteinsverbände sind eine Art «Begleitmusik» zur Alpenbildung.

Ein aus verschiedenen Gesteinsarten zusammengesetzter Gesteinsverband ist übrigens auch der sogenannte «Verrucano». Die Verrucano-Ablagerungen wurden in den permischen Grabensenken gebildet. Sie umfassen grobe Brek-

Gesteinsverband	Bündnerschiefer	Flysch	Molasse
	tiefmarine Ablagerungen in den alpinen Meeresbecken.	**Subduktion und Akkretion produzieren submarine Sandlawinen.**	**Abtragungsschutt der sich hebenden Deckenstapel der Alpen.**
Gesteine	marine bis tiefmarine, kalkige und tonige Sedimentgesteine.	gut geschichtete Sandstein-Tonschiefer-Ablagerungen.	Konglomerate («Nagelfluh»), Sandsteine und Mergel.
Ablagerung	In den tieferen Meeresträgen des süd/oberpenninischen Piemont- und des nord/unterpenninischen Walliser Beckens.	Über den Subduktionszonen bei der Annäherung von Adria/Apulia-Afrika an den europäischen Kontinentalrand durch Schüttungen vom langsam werdenden Alpengebirge. Ablagerung meist in «Akkretionskeilen», in Form von submarinen Sandlawinen (Turbiditen) mit dazwischen gelagerten Tonschichten.	In Randbecken, aus dem Abtragungsschutt vor und hinter dem sich laufend hebenden und dabei gleichzeitig erodierenden Alpengebirges.
Alter im Alpenraum	Späte Jurazeit bis in die späte Kreidezeit, ca. 150–80 Mio. Jahre	Kreide- bis Tertiärzeit, ca. 100–35 Mio. Jahre	Mittel- bis Spättertiär, ca. 35–5 Mio. Jahre
Metamorphose bei Alpenbildung	schwach bis stark. Die Kalksteine wurden zu grauen Calcitmarmoren, die tonhaltigen Lagen mit zunehmendem Metamorphosegrad zu Tonschiefern, Serizitschiefern und dann Glimmerschiefern umgewandelt. Sammelbegriff: «Kalkglimmerschiefer».	unmetamorph bis mittelgradig metamorph. Tonlagen → Tonschiefer, Phyllite Sandsteinlagen → Quarzit	unmetamorph
Begriffsverwendung	Wird nur in den Alpen verwendet. Französisch = «schistes lustrés», italienisch = «calcescisti»	«Flysch» wird weltweit für Akkretions-Ablagerungen aus Turbiditströmen an aktiven Kontinentalrändern verwendet.	Molasse wird weltweit für randliche kontinentale Ablagerungen vor/hinter sich stark hebenden Gebirgen verwendet.

zien, Sandsteine, Tonsteine, in Kombination mit vulkanischen Gesteinen von meist rhyolithischem Charakter. Eine der am besten erhaltenen und vielfältigsten Verrucano-Serien ist diejenige des «Glarner Verrucano» in der Welterberegion TAS (s. auch Essay 30). Und, last but not least, gehört auch der Begriff «Ophiolith» in diese Kategorie: Ozeankrusten-Verbände, die einer Subduktion entgingen und sozusagen «an Land» gerieten (Essay 10).

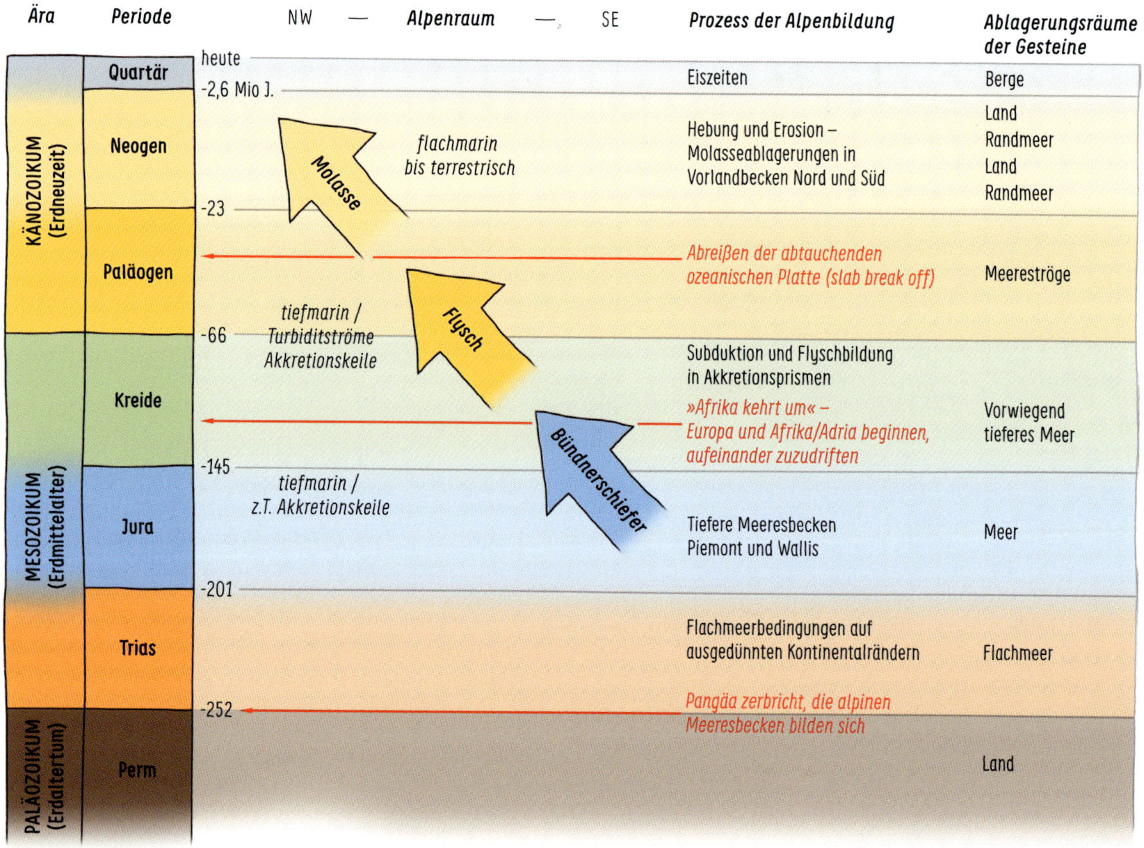

Abb. 3-7
Zeit-Raum-Schema zur Einordnung der drei Gesteinsverbände in die Alpenbildung.

WO SEHEN UND ERLEBEN?

Naturgemäss können die Gesteinsverbände vielerorts in den ganzen Alpen beobachtet werden. Hier als Beispiel die Region des Weltnaturerbes TAS. Dort schliessen Bündnerschiefer südlich ans Welterbegebiet an, Molasssegesteine nördlich, und Flyschgesteine selbst machen einen bedeutenden Teil des Welterbegebiets aus (Abb. 3-8).

- Bündnerschiefer: alle Berge der unteren Talteile von Prättigau, Schanfigg, Domleschg, Safien und Lugnez.
- Molasse: von den steil aufgestellten Molasseplatten des Speer über den Kronberg bis zum Bodensee.
- Flysch: Fast ausschliesslich in Flyschserien bewegt man sich im Calfeisental, Seeztal, Sernftal und über den Richetipass bis Linthal sowie rund um den Piz Sardona. Dort liegen unter der Glarner Hauptüberschiebung Flyschgesteine. Das Schieferbergwerk Landesplattenberg und die berühmten Fisch- und Schildkrötenfossilien stammen alle aus tonreichen nordhelvetischen Flyschserien.

Abb. 3-8
«Flugaufnahme» von Google Earth, Blick von SSE über Nordbünden bis zum Bodensee. Eingetragen sind die Gebiete, in welchen die drei Gesteinsverbände dominant sind.

Molasse-Ablagerungen
Flysch-Abfolgen
Flysch-Abfolgen
Bünderschiefer-Abfolgen

17

Was suchen Bündnerschiefer im Walliser Becken?

Eine wichtige alpine Gesteinsabfolge lüftet ihren Schleier

Es ist schon ein Kreuz, was Ihnen die Geologen mit ihrer chaotischen Nomenklatur alles zumuten – als wenn die Alpenbildung nicht schon kompliziert genug wäre! Die Bündnerschiefer aus dem Walliser Becken sind ein ein klassisches Beispiel dafür. Aber nur Mut, abgesehen von solchen Kleinigkeiten ist die Geologie eine tolle Sache!

Stellen Sie sich einen frühen Alpengeologen des 19. Jahrhunderts vor, wie er auf seiner beschwerlichen Fuss- und Kutschenreise die noch wenig erschlossenen Alpentäler zu erforschen beginnt. Er nähert sich vom Bodensee dem St. Galler Rheintal entlang Chur an. Rechterhand erblickt er die aufschiessenden Kalksteinplatten des Alpsteins, linkerhand die Kalkstein-Felszinnen des Falknis im Rätikon. Und dann, ab Sargans – weite Talfluchten, mässig steile Berge, viel Wald und Alpweiden, wenig senkrechte Felswände. Beim näheren Hinschauen stellt der Geologe fest: Das ganze Gebiet besteht aus geschieferten und fein gebankten, oft wild verfalteten grauen Gesteinsabfolgen aus Tonschiefern, Mergeln, Kalksteinen und wenig Sandsteinen, die recht monotone, mächtige Massen bilden. In allen nordbündner Seitentälern trifft er dasselbe an: Prättigau, Schanfigg, Domleschg, Safiental, Val Lumnezia – überall diese schiefrigen Gesteinsmassen, die schwer voneinander zu unterscheiden sind und auch wenig sichtbare Fossilien enthalten. Da ist es doch leicht verständlich, dass der Geologe diese Gesteine ganz einfach «Bündnerschiefer» tauft; so wie es der grosse Alpengeologie-Pionier Bernhard Studer 1836 tat. Dieser praktische Name blieb später auch dann erhalten, als die Geologen langsam lernten, die einzelnen Serien auseinanderzuhalten, die mit weiteren Lokalnamen wie etwa «Nolla-Serie», «Bärenhorn-Formation» oder «Curvèr-Serie» bezeichnet wurden (Abb. 3–9).

Bündnerschiefer auch im Wallis!

Die Geologen stellten dann fest, dass gleiche Gesteinsserien sich in einer schmalen Zone über die Gebiete Lukmanier–Bedretto–Nufenen–Binntal bis ins Wallis verfolgen lassen, wo sie wieder viel mächtiger werden, und dort südlich des Mont-Blanc-Massivs weiter bis in die französischen Westalpen zu erkennen sind. Der Name aber blieb. Die welschen und italienischen Geologen hatten diese Gesteine unterdessen auch beschrieben und – natürlich! – wieder anders benannt– zugegebenermassen sinnvoller

Abb. 3–9
Sammelprofil durch die unterpenninischen Bündnerschieferserien Graubündens. Die einzelnen Formationen sind bei der Alpenbildung in verschiedene Decken zerlegt worden.

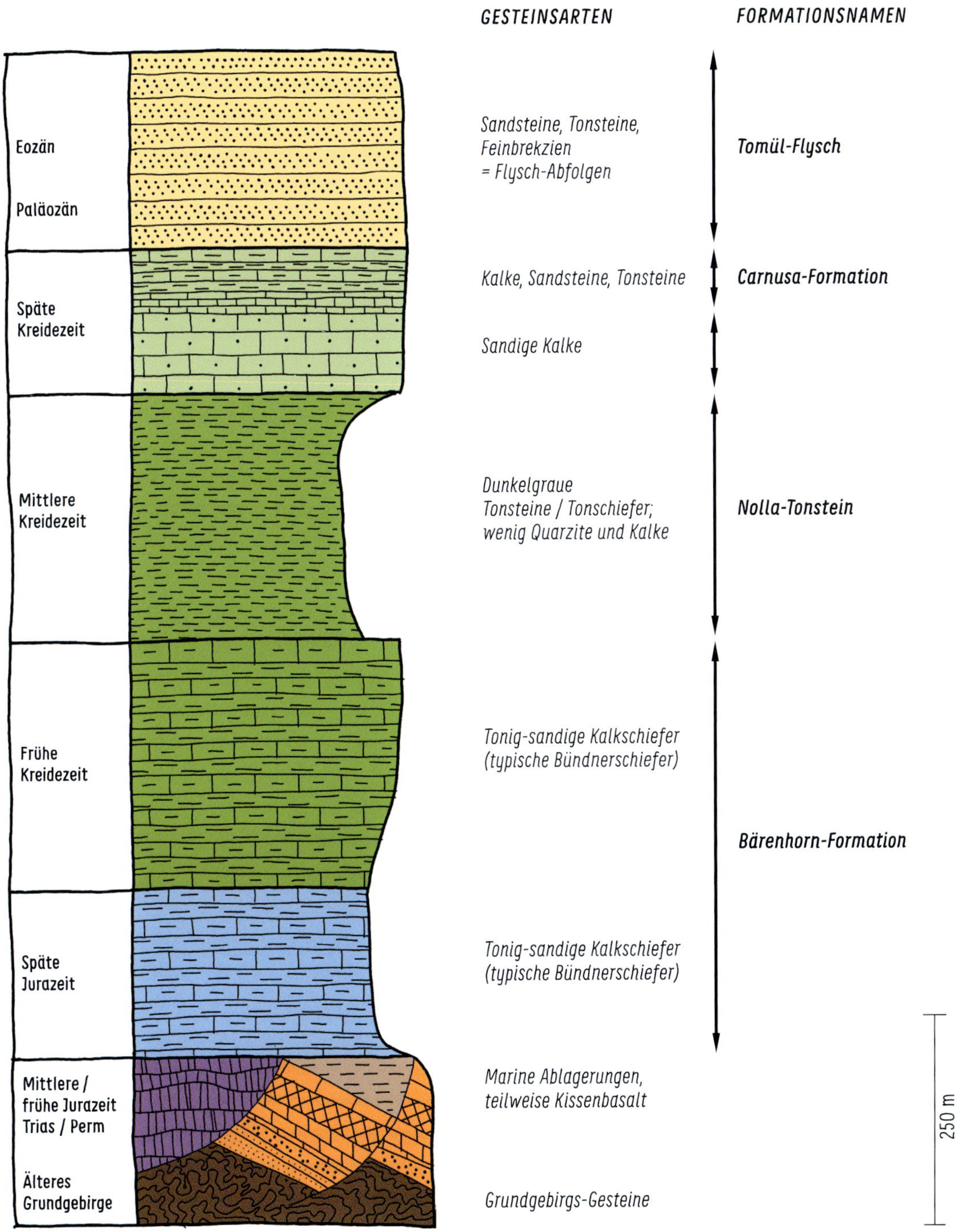
GESTEINSARTEN
FORMATIONSNAMEN
Eozän
Paläozän
Sandsteine, Tonsteine, Feinbrekzien = Flysch-Abfolgen
Tomül-Flysch
Späte Kreidezeit
Kalke, Sandsteine, Tonsteine
Carnusa-Formation
Sandige Kalke
Mittlere Kreidezeit
Dunkelgraue Tonsteine / Tonschiefer; wenig Quarzite und Kalke
Nolla-Tonstein
Frühe Kreidezeit
Tonig-sandige Kalkschiefer (typische Bündnerschiefer)
Bärenhorn-Formation
Späte Jurazeit
Tonig-sandige Kalkschiefer (typische Bündnerschiefer)
Mittlere / frühe Jurazeit
Trias / Perm
Marine Ablagerungen, teilweise Kissenbasalt
Älteres Grundgebirge
Grundgebirgs-Gesteine
250 m

als die Deutschschweizer, nämlich ohne geografischen Bezug: Schistes lustrés (Glanzschiefer) wegen der häufig schimmernden Glimmerschieferflächen in Frankreich und noch treffender «Calcescisti» (Kalkschiefer) in Italien aufgrund ihrer beiden wichtigsten Komponenten Kalkstein und Tonschiefer.

Die Geologen erkannten später auch, dass es nicht einfach *das* Tethysmeer gab, sondern die beiden Ozeanbecken Piemont und Wallis (s. Essay 9). Die Gesteine des Piemont-Ozeans finden sich in den südlichen Bündner und Walliser Tälern und im Piemont, diejenigen des nordöstlichen Meeresbeckens entlang des Walliser Haupttals und in Nordbünden. In beiden Becken wurden Bündnerschiefer-Abfolgen abgelagert. Wir müssen also nord/unterpenninische (Walliser Becken) und süd/oberpenninische (Piemont-Ozean) Bündnerschiefer unterscheiden. Das inneralpine Wallis-Tal hat sich nicht zufälligerweise dort gebildet, wo es heute verläuft, sondern hat sich in die leicht erodierbaren nord/unterpenninischen Bündnerschiefer eingetieft. So kam es, dass man dieses Meeresbecken Walliser Becken getauft hat!

Also wurden die grossen Massen der unterpenninischen Bündnerschiefer Graubündens im ehemaligen Walliser Becken abgelagert – vielleicht ist das auch einfach ein freundeidgenössischer Kompromiss? Die Walliser mussten die Bündnerschiefer schlucken und die Bündner sich damit abfinden, dass diese im Walliser Becken abgelagert worden sind. Walliser Ziege gegen Bündner Steinbock steht bei 1:1.

Mehr als nur Schiefer …

Wenn Sie im Gelände an Bündnerschiefer-Aufschlüsse kommen, können Sie ganz unterschiedliche Gesteine und Gesteinsabfolgen antreffen. Immer wird jedoch ein Aspekt klar vorhanden sein: Es sind deutlich gebankte, klar geschichtete Serien, die oft stark verfaltet sind. Die beiden am häufigsten anzutreffenden Gesteine sind Kalksteine und Tonschiefer. Diese kommen jedoch in allen möglichen mengenmässigen Kombinationen vor, von fast reinen Kalksteinserien bis zu fast reinen Tonschieferabfolgen. Dazu gesellt sich manchmal noch Sand als Komponente, welcher den Kalksteinen beigemischt ist, oder als einzelne Sandsteinlage vorliegt. Recht oft sind feine Brekzienstrukturen zu erkennen. Die sedimentologischen Analysen ergaben, dass die Bündnerschieferabfolgen in offenen, mitteltiefen Meeresbecken abgelagert wurden, in welche von den nahen Küstenrändern her in wechselnden Anteilen Ton und Sand eingeschwemmt und manchmal in submarinen Lawinen in das tiefere Becken befördert wurden (im Fachjargon: hemipelagisch-turbiditische Abfolgen). Eine weitere Gemeinsamkeit der Bündnerschieferabfolgen ist deren Armut an Makrofossilien. Vielerorts wurden die Mikrofossilien, die für die Datierung wichtig sind, durch die Metamorphose bei der Alpenbildung zerstört.

… und dazu noch unterschiedlich stark metamorphosiert

Was die Gesteins-Variabilität der Bündnerschiefer noch erhöht, ist ihr unterschiedlicher Metamorphosegrad, je nach Lage und tektonischer Einheit im Alpengebäude. So findet man etwa im Prättigau ganz schwach metamorphe unterpenninische Bündnerschiefer des Walliser Beckens. Hier liegen die Kalksteinlagen noch als normale Kalksteine und die Tonlagen als nur leicht verschieferte Tonschiefer vor. Verfolgt man nordpenninische Bündnerschiefer bis ins Tessin, dann sind aus den Kalksteinlagen schöne graue Marmore (oft mit mehr oder weniger Hellglimmer-Plättchen) und aus den Tonschieferlagen glitzernde Glimmerschiefer geworden, die oft rotbraune Granat-Kügelchen führen. Solche Abfolgen werden auch als «Kalkglimmerschiefer» bezeichnet – auch das wieder ein Beispiel für den lockeren Umgang der Geologen mit der Nomenklatur; denn korrekterweise müsste man von «Marmorglimmerschiefern» sprechen.

Eingelagerte Ozeankruste

In vielen Bündnerschiefer-Serien findet man eingelagert Stücke von Ozeankrusten-Gesteinen (Grünschiefer, Serpentinit), manchmal eindeutig tektonisch eingeschuppt, manchmal als primär eingelagerte Bestandteile. Dies belegt, dass die Bündner-

Abb. 3–10
Viamala-Schlucht, eingetieft während der Eiszeiten durch subglaziale Wässer in die unterpenninischen Bünderschiefer der Nolla-Formation.

schiefer in Meeresbecken abgelagert wurden, in denen zumindest zeit- und zonenweise Ozeankruste gebildet wurde (vg. Essay 10).
Die Bündnerschiefer-Abfolgen wurden zwischen später Jura- und später Kreidezeit abgelagert (ca. 140–90 Mio. Jahre). Viele der Abfolgen gehen dann mehr oder weniger nahtlos in Flyschserien über – über diese erfahren Sie im nächsten Essay mehr.

Deckentrenner und Bergformen

Da die Bündnerschiefer sich ziemlich leicht verformen liessen, bildeten sie oft eine Art Schmiermittel, an denen sich grosse Deckenüberschiebungen abspielen konnten. So sind zwischen den grossen mittelpenninischen Kristallindecken des Mikrokontinents «Iberia-Briançonnais» schmale Züge mit Bündnerschiefern zu finden, die teilweise viele Kilometer weit gegen SE ziehen (und dort immer stärker metamorph vorliegen). Man bezeichnet solche Züge dann auch als «Deckentrenner».
Typisch für die unterpenninischen Bündnerschieferberge Graubündens sind dreieckige Bergformen, die durchaus steil und schroff sein können, aber keine imposanten vertikalen Felswände aufweisen (Abb. 3–10). Ebenfalls typisch sind stark verästelte Bergbach-Systeme. Als zwei besonders typische Gestalten seien der Sassauna (2308 m ü. M.) im Prättigau und der Piz Fess (2880 m ü. M.) 10 km südlich von Flims (GR) genannt.
Als Ausnahme-Berg, welcher grossenteils aus oberpenninischen Bündnerschiefern besteht, sei der Grand Combin (4314 m ü. M.) vorgestellt (Abb. 3–11). Seine 1200 m hohe Ostwand wird gänzlich aus marmorreichen Bündnerschieferserien aufgebaut, in welche im oberen Teil gut sichtbare Serpentinit-Linsen eingelagert sind.
Falls Sie einmal die Gelegenheit haben, die «Ile de Beauté», also Korsika, zu besuchen, dann werden Sie im ganzen Cap-Corse-Gebiet Bündnerschiefer antreffen. Denn Korsika war einmal Teil des Piemont-Ozeans und des Briançonnais-Mikrokontinents, wählte später aber nicht den Weg in die Alpen hinein, sondern liess sich ins Mittelmeer hinausziehen. Aber das ist wieder eine andere Geschichte ….

WO SEHEN UND ERLEBEN?

Unterpenninische Bündnerschiefer können in allen im Text erwähnten Tälern Nordbündens gut studiert werden, oft sogar entlang von Strassenaufschlüssen. Besonders eindrücklich lassen sich Bündnerschieferserien bei einer Wanderung durch die Viamala Schlucht (Abb. 3–10) erleben.
Oberpenninische Bündnerschiefer sind in den südlichen Partien vieler grosser Walliser Südtälern oft hervorragend aufgeschlossen (Mattertal, Täler von Moiry, Hérens, Hérémence, Bagnes); speziell beeindruckend ist die Wanderung entlang des Ostufers des Mauvoisin-Stausees, mit Blick auf die gewaltige Bündnerschiefer-Ostwand des Grand Combin (Abb. 3–11).

Abb. 3–11
Die 1200 m hohe Ostwand des Grand Combin, gänzlich aus metamorphen oberpenninischen Bündnerschieferserien aufgebaut. Im obersten Teil sind grünliche Einlagerungen von Serpentinit zu erkennen.
Der Steinschlag spricht für die Brüchigkeit der Gesteine …

18

Gebirgs-Recycling

Flyschgesteine dokumentieren die alpinen Subduktionsvorgänge

Flysche sind mächtige Abfolgen von gut gebankten Sandsteinen in Wechsellagerung mit Tonschiefern. Wie bei den Bündnerschiefern können die jeweiligen Anteile der beiden Gesteinsarten stark variieren. Die Sandsteinlagen sind meist sehr hart und zäh, die Tonschieferlagen sind sehr weich und erosionsanfällig. Dies hat zur Folge, dass Flyschserien, noch mehr als Bündnerschieferserien, fast nie wirklich markante Bergformen und vertikale Felswände bilden, sondern in der Regel zu offenen, weiten Talformen mit runden Bergrücken führen, wo die Hänge stark zu Rutschungen neigen und sich häufig Feucht- und Moorgebiete bilden. Typisch für solche Landschaften ist etwa das mittlere, weit offene Simmental. Der Begriff «Flysch» wurde dort früher für «schlechtes Gestein» verwendet. Es war der berühmte Berner Alpengeologe Bernhard Studer, welcher den Begriff in der Mitte des 19. Jahrhunderts in die Geologie einführte. Da Flyschserien zu Kollisions- und anderen Gebirgen gehören wie ein Hammer zum Geologen, wird der Begriff heute weltweit verwendet. Flyschserien haben folgende Eigenschaften:

1. Gut gebankte Wechsellagerungen von Sandstein und Tonstein/Tonschiefer (Abb. 3–15); allerdings mit grosser Variationsbreite der jeweiligen Anteile.
2. Die Sandsteinlagen zeigen oft eine Korngrössen-Gradierung von unten gröber zu oben feiner, und an ihrer Basis Strömungs- und Fliessmarken. Dies belegt eine Ablagerung der Sandsteinbänke aus untermeerischen Sandlawinen (= Turbiditströme, Abb. 3–13).
3. Es sind tiefmarine Ablagerungen, die über einer Subduktionszone in einem «unterfüllten» Vorlandbecken abgelagert wurden, in der Regel in Verbindung mit dem Aufbau eines Akkretionskeils (s. weiter unten). «Unterfüllt» bedeutet, dass die Ablagerungsgeschwindgkeit nicht mit der Absenkungsrate Schritt halten kann, das Sedimentbecken also nicht aufgefüllt wird.

Flysche entstehen über Subduktionszonen

Flyschabfolgen dokumentieren also eine Subduktion – im Falle der Alpen die Subduktion unter die anrückende adriatische Platte. Wegen der ständig aktiven Subduktion werden die abgelagerten Flyschsedimente kurz nach ihrer Ablagerung in die Subduktion einbezogen, gegen den anrückenden Kontinent hin abgeschert und in die Tiefe gezogen (Schema Abb. 3–12). Dadurch entsteht eine keilförmige Stapelung von Flyschschuppen, welche als Akkretionskeil oder Akkretionsprisma bezeichnet wird. Damit wird aus dem Abtragungsschutt eines entstehenden Gebirges gleich wieder Material, welches Teil dessen sein wird, was eben dieses Gebirge später wieder mitaufbauen wird – deshalb der Titel «Gebirgs-Recycling».

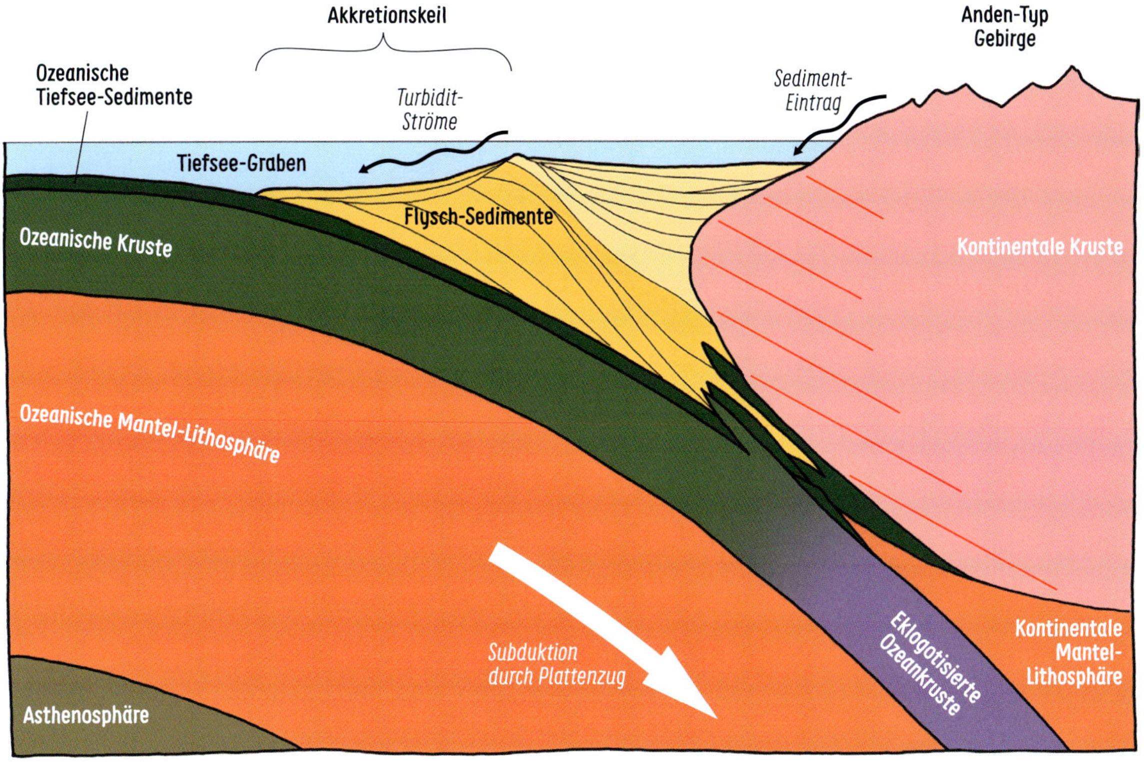

Abb. 3–12
Schematische Darstellung einer Subduktionszone mit einem Akkretionskeil aus Flyschgesteinen – zusammengestellt aus mehreren realen Beispielen.

Die flyschtypische Bouma-Sequenz

Die vom Kontinent her angelieferten Erosionsprodukte Ton und Sand werden über Flüsse in das Meeresbecken über und vor der Subduktionszone geschüttet. Die Tontrübe wird dabei weit in das Ozeanbecken hineintransportiert und dort ganz langsam abgelagert. Die Sande bleiben hingegen eher küstennah auf dem Schelfbereich liegen. Sie können periodisch, meist ausgelöst durch Erdbeben, als submarine Rutschung abgleiten. Daraus entstehen Suspensionen von Sand im Meerwasser, sogenannte Trübeströme, die sehr schnell abgehen und weit in das Tiefseebecken hinausrasen – vergleichbar mit Schnee-Staublawinen. So entstehen die Sandsteinlagen, die infolge dieses Ablagerungsprozesses häufig eine Gradierung von unten grob- nach oben feinkörnig aufweisen. Eine Sequenz von Basissandstein bis zur finalen Tonlage wird nach dem Geologen A.H. Bouma als «Bouma-Sequenz» benannt (Abb. 3–13).

Damit ergibt sich in den Flyschen eine Art Zeitparadox: Eine Tonschicht von einigen cm bis dm Dicke repräsentiert in der Regel einige Tausend Jahre ruhiger Sedimentation, während die darüberfolgende Sandsteinschicht innert Minuten abgelagert wurde! Stellen Sie sich diese gewaltigen Zeit-Diskrepanzen mal anhand des Aufschlussfotos von Abb. 3–15 vor!

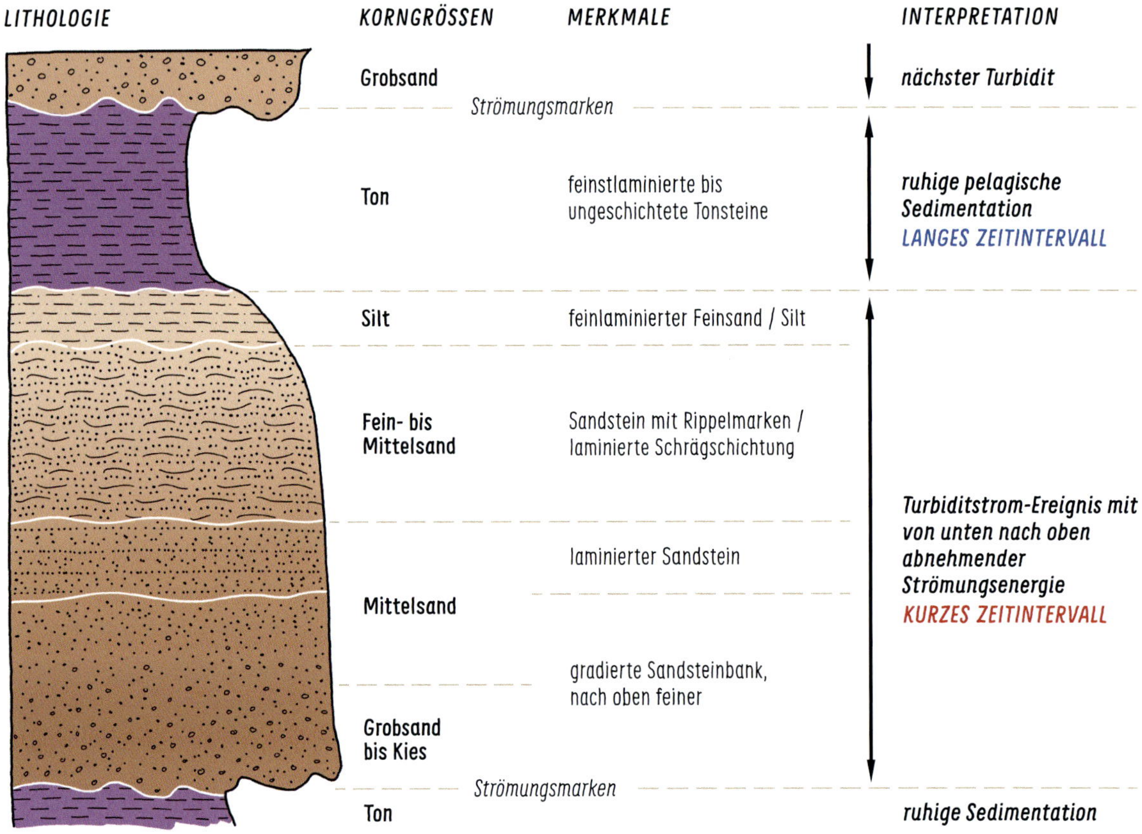

Abb. 3-13
Schema einer klassischen vollständigen Flyschabfolge: Von der ruhigen Tonablagerung über die Turbiditablagerungen bis zur erneuten Tonlage (Bouma-Sequenz).

Sandstein- und Tonsteinserien

Es gibt Flyschabfolgen, die Sandstein-dominiert sind, mit nur sehr wenig Tonlagen dazwischen. Dazu gehören etwa der Grès du Val d'Illiez (VS), der Guber-Sandstein bei Alpnach (OW), der Altdorfer Sandstein (UR), der Matter Sandstein (GL) oder der obere Teil des «Niesen-Flyschs» (Kulmflysch, BE). Wegen ihrer Kompaktheit, Härte und der elastischen Eigenschaften werden der Guber- und Altdorfer Sandstein heute noch abgebaut, einerseits für Eisenbahnschotter, andererseits für Pflastersteine. Es gibt keine Stadt in der Schweiz, wo solche nicht anzutreffen wären.

Demgegenüber gibt es auch Flyschserien, die im Wesentlichen durch Tonschiefer mit ganz wenig Sandsteinlagen geprägt sind. Solche Flysch-Tonschiefer weisen oft eine perfekte Schieferung auf und wurden deshalb gerne als Schieferplatten für Dachplatten, Tische, Schultafeln etc. abgebaut. Zwei der bekanntesten sind der Engi-Schiefer (GL) und der Frutig-Schiefer aus dem unteren Teil des Niesen-Flyschs (BE). Der Abbau der Engi-Schiefer verhalf den Dörfern im glarnerischen Sernftal zu einem gewissen Wohlstand, aber auch zu einer Katastrophe, als 1881 aufgrund des gierig-unsachgemässen Abbaus am Plattenberg ob Elm ein gewaltiger Bergsturz losbrach und das halbe Dorf

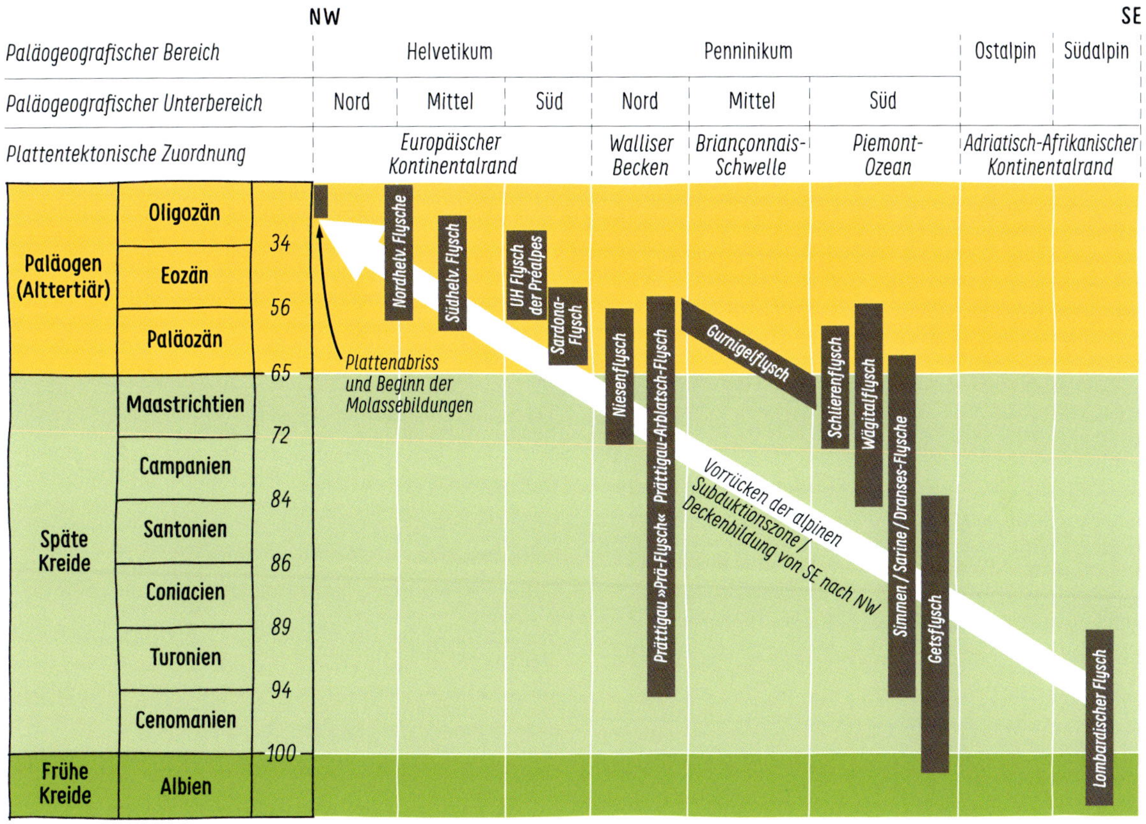

mit seinen Bewohnern unter sich begrub. Weiter unten im Tal wurde der Schiefer im «Landesplattenberg» bergmännisch abgebaut – heute ist das ein eindrückliches Besucherbergwerk (www.landesplattenberg.ch).

Diese Unterschiede widerspiegeln das Zusammenspiel von Küstenentfernung und Sedimenteintrag. Generell gilt: Je näher bei der Küste, desto sandreicher die Abfolge.

Die Flyschserien der Alpen – im Süden älter, im Norden jünger

Die Alpenbildung erfolgte durch fortschreitende Subduktion von Südost gegen Nordwest, erfasste also zuerst das Piemont-Ozeanbecken (Süd/Unterpenninikum), dann den iberischen Mikrokontinent (Briançonnais/Mittelpenninikum), das Walliser Becken (Nord/Unterpenninikum) und schliesslich den europäischen Kontinentalrand (Helvetikum). Dabei wurden über der jeweils gerade aktiven Subduktionszone immer Flysche abgelagert. Deshalb unterscheiden sich die alpinen Flyscheinheiten altersmässig systematisch (Abb. 3–14). Die ältesten, oberpenninischen Flysche haben Spätkreide-Alter (ab etwa 75 Mio. Jahren), die jüngsten, helvetischen Flysche des europäischen Kontinentalrandes können ein Alter von bis zu 30 Mio. Jahre (Oligozän) aufweisen – bis der Plattenabriss erfolgte und die Molassesedimentation begann (s. Essay 8).

Abb. 3–14
Zeit-Raum-Diagramm für die zentralalpinen Flysche – Besprechung im Text.

Die einzelnen Flyschserien im Gelände voneinander zu unterscheiden, ist für den Laien praktisch unmöglich. Denn trotz unterschiedlichen Alters und verschiedener Herkunft sehen Flyschgesteine und –serien immer sehr ähnlich aus. Die Flysche der Alpen gehen manchmal fast kontinuierlich aus den darunterliegenden älteren Bündnerschieferserien hervor.

Auch Flysche wurden ein wenig metamorphosiert

Flysche der Alpen können fast unmetamorph bis zu mittelgradig metamorph sein. Die Tonlagen liegen auch in den am wenigsten überprägten Serien als Tonschiefer vor. Grössere Flyschgebiete zeichnen sich meist durch sanftere, wiesen- und waldreiche Landschaftsformen mit zahlreichen Feuchtgebieten aus. Die grössten finden sich im Prättigau, in den Glarner Alpen, im Gebiet Glaubenberg, im Entlebuch und vor allem im ganzen Gebiet der Klippendecken zwischen Thunersee und Bex im Unterwallis (Zone des Cols). Eine gewisse Ausnahme in Bezug auf die Landschaftsformen bildet der unterpenninische Niesen-Flysch. Dieser ist teilweise gekennzeichnet durch mächtige und harte Sandstein- und Brekzienlagen mit sehr wenig Tonschieferschichten dazwischen. Er wurde als eigene Decke abgeschert und liegt heute in der bananenförmigen Niesen-Decke zwischen Spiez und dem Col des Mosses. Er baut den markanten, fast wie ein Vulkan aussehenden Niesen auf, dahinter die ganze Niesenkette über die Männlifluh bis zum Albristhorn und weiter bis zum Col des Mosses.

Manche Flyscheinheiten enthalten «wilde» Serien, in denen Fremdgesteinskörper höchstunterschiedlicher Größe – bis zu mehrere 100 m grosse Brocken – ungeschichtet und oft in Kombination mit Brekzien in einer tonigen Matrix liegen. Solche Flysche werden als «Wildflysch» oder mit dem allgemeineren Begriff «Mélange» bezeichnet. Ihre Entstehung war – und ist immer noch – umstritten; die einen bringen sie mit den alpinen Deckenüberschiebungen in Zusammenhang, die anderen sehen sie als Produkte von Bruch- und Rutschungsvorgängen am Akkretionskeil und im Ablagerungsraum selbst. Paradebeispiele solcher Mélanges sind die oberpenninische Aroser Schuppenzone und der ultrahelvetische Flysch bei Habkern, der die berühmten Blöcke des enigmatischen Habkern-Granits enthält.

WO SEHEN UND ERLEBEN?

Flyschgesteine sind vor allem in den Bereichen der nördlichen Voralpen verbreitet anzutreffen. Informationen dazu finden Sie auf den Karten der Landestopografie (s. Seite 249). Als Beispiel soll hier auf die Flysche der Welterberegion TAS hingewiesen werden.

- Flysche spielen eine grosse Rolle in der Welterbe-Region. Im zentralen Teil ist das der unterhelvetische Flysch, der in einer sandsteinreichen Serie (Matter Sandstein) und einer tonschieferreichen Serie (Engi Dachschiefer) vorliegt. In letzterer wurden fantastische Fischfossilien und einige bestens erhaltene Meeresschildkröten-Skelette gefunden. Es ist ein Jammer, dass diese für Interessierte (noch) kaum zugänglich sind.
- Im Sernftal wurden die Tonschiefer der Engi-Formation früher abgebaut. Das Besucher-Bergwerk «Landesplattenberg» und die Schiefertafelfabrik in Elm erlauben tolle Einblicke in diese alte Welt (www.landesplattenberg.ch).
- In den südlich anschliessenden Zonen, rund um den Piz Sardona und Pizol, liegen grosse Vorkommen des unterpenninischen Sardona-Flyschs. Dieser kann im oberen Calfeisental oberhalb der Sardona-Hütte hervorragend bestaunt werden. Man findet dort einen grossen Reichtum an schönen Flysch-Strukturen.

Abb. 3–15
Flyschaufschluss am Bergweg oberhalb der Sardonahütte im Welterbegebiet TAS. In der unteren Sandsteinschicht sind Verwirbelungen, in der oberen Gradierungen sichtbar. Die Schieferung in der dunklen Tonschieferlage läuft schräg zur Schichtung. Bildbreite ca. 0,5 m.

Hauptsache
Landschaften und Natur
der Schweiz

19

Die Entsorgungshöfe der Alpen

Neues aus den Molassebecken

Den Begriff «Molasse» kennen wohl alle Leser*innen dieses Buches. Als Assoziation dazu dürfte bei den meisten «Abtragungsschutt der sich bildenden Alpen» aufkommen- und das ist nach wie vor in Ordnung. Doch in den letzten Jahren haben die Alpengeologen die Molasse förmlich wie eine Zitrone ausgepresst und dank sorgfältiger Feldarbeiten, kombiniert mit modernsten Methoden, ganz viele zusätzliche und neue Resultate gewonnen. Die Molasseablagerungen «speichern» sozusagen die Hebungsgeschichte der Alpen. Diese wiederum hat viel mit plattentektonischen Vorgängen in der Tiefe zu tun (siehe z.B. Essay 8). Deshalb hat man auch begonnen, die in den Molassegesteinen beobachteten Veränderungen mit plattentektonischen Vorgängen zu verbinden. Dies wurde ermöglicht durch Analysen der an sich bekannten Molasse-Aufschlüsse mit modernen Methoden, etwa der Magnetostratigrafie, Schwermineral-Analysen, präzisen Altersbestimmungen oder Auswertungen von Sedimentstrukturen.

Molasse = Mittelland? Falsch!

Was für die meisten Leser wahrscheinlich beim Begriff «Molasse» ebenso reflexartig erfolgt, ist die Verbindung mit «Molassebecken» und «Mittelland». Da rufen wir Ihnen zu: «Halt, das müssen Sie vergessen!». Weil wir nämlich unterdessen wissen, dass es auch südlich der Alpen, unter der Po-Ebene, ebenso gewaltige Molasseablagerungen gibt. In der weiteren Umgebung der Alpen gibt es zudem noch weitere Beckenstrukturen, in welchen während der Tertiärzeit teilweise molasseähnliche Sedimente abgelagert wurden (Abb. 3–16).

Ob der Begriff «Molasse» auf das Französische «mou, molle» (lat. mollis) für «weich» oder auf Lateinisch «mola» für «Mühlsteine» zurückgeht, ist nicht ganz klar. Auf jeden Fall wird der Begriff heute weltweit verwendet für Ablagerungen von Abtragungsschutt sich bildender Gebirge, unabhängig von deren Alter. So finden wir etwa im Unterwallis molasseartige Sandsteine und Konglomerate aus der Karbonzeit («Vallorcine-Konglomerat»), oder den berühmten, für Hindus und Buddhisten hochheiligen Berg Kailash in Südtibet (6638 m), der aus jungen Molassegesteinen des Himalaya-Gebirges besteht – angehoben auf fast 7000 Meter Höhe!

Die Ablagerungen der Molasse nördlich der Alpen bilden den Untergrund des Mittellandes in einem gegen Osten hin immer breiter werdenden Streifen, bei Genf etwa 20 km, beim Bodensee über 70 km und östlich von München bis

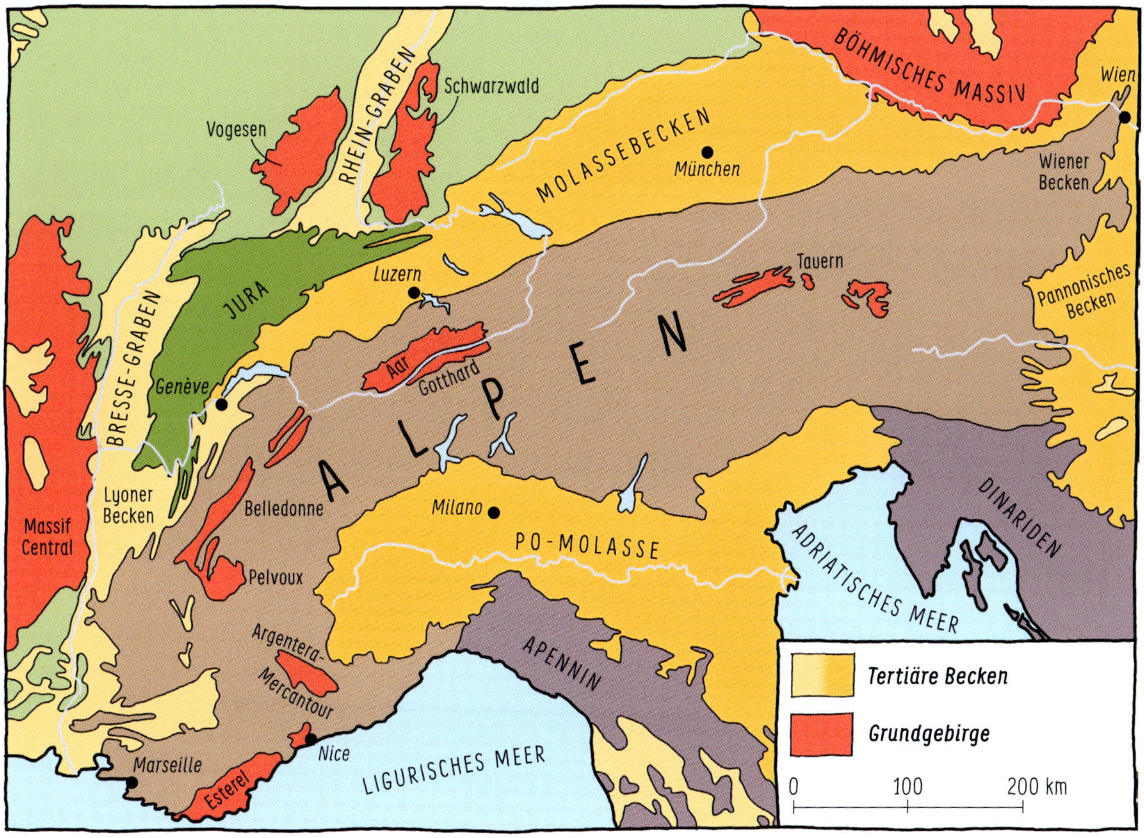

120 km (s. Abb. 3–16). Vom Alpenrand zum Jura hin nimmt die Mächtigkeit der Molasseablagerungen von etwa 6 km bis auf wenige hundert Meter ab. Zugleich werden die Ablagerungen in gleicher Richtung immer feinkörniger – logisch, da ja das Material von den sich bildenden Alpen her geliefert wurde (Abb. 3–17).

Sand und Kies, versteinert

Die beiden bei weitem wichtigsten Gesteine der Molasseablagerungen sind einerseits Sandsteine, die sowohl von Flüssen auf Land oder in Deltas im Meer abgelagert wurden, andererseits Konglomerate, also sozusagen versteinerte Fluss-Kiesbänke, die in der Schweiz auch als «Nagelfluh» bezeichnet werden. An Felswänden sehen diese aus wie vertikale Kartoffeläcker. Weiter kommen auch Mergel und in den Meeresmolassen Muschelsandsteine vor, die zu einem grossen Teil aus Muschelbruchstücken bestehen – beliebte Gesteine für Gebäudesockel und Brunnentröge. In den marinen Sandsteinen können immer wieder kleinere oder grössere fossile Haifischzähne gefunden werden.

Was auf der Abb. 3–17 ebenfalls sofort ersichtlich wird: Am Alpenrand haben die alpinen Decken ihren eigenen Abtragungsschutt im Verlaufe der Zeit noch überfahren. Dabei wurden die älteren Molasseablagerungen in mächtigen, deckenartigen Schubmassen bis über 30 km (!) weit übereinander geschoben und dabei auch schräg gestellt. Das führt dazu, dass heute im tieferen Untergrund der Nordalpen noch Molassegesteine angetroffen werden, etwa tief unter Zweisimmen, Grindelwald, Erstfeld oder Glarus. Diese von der Alpenbildung erfasste Molasse wird als «subalpine

Abb. 3–16
Die Molassebecken und andere tertiärzeitliche Becken rund um die Alpen.

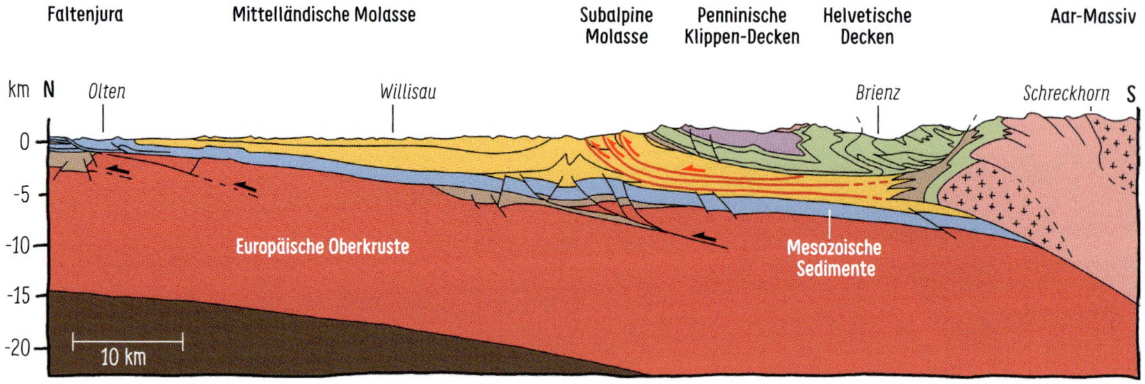

Abb. 3–17
Profil durch das schweizerische Molassebecken vom Jura (Olten) bis zu den Berner Hochalpen; die südlichsten Teile der subalpinen Molasse liegen etwa unter Grindelwald!

Molasse» bezeichnet, im Gegensatz zur undeformierten «mittelländischen Molasse». Die schräg gestellten Schichten der subalpinen Molasse sind beispielsweise schön am Mont Pèlerin, an der Rigi oder am Speer oberhalb von Weesen am Walensee in der Landschaft zu erkennen (Abb. 3–19).

Vier Teile, zwei Zyklen

Schon sehr früh stellten die Geologen fest, dass in den Molasseablagerungen eine markante Vierteilung zu beobachten ist, die man in erster Linie an den darin gefundenen Fossilien festmachen kann – ob diese Meeres- oder Landbewohner waren. Von unten nach oben und damit von älter zu jünger unterscheidet man Untere Meeres-, Untere Süsswasser-, Obere Meeres- und Obere Süsswassermolasse (abgekürzt UMM – USM – OMM – OSM). Heute sieht man diese Unterteilung als zwei grosse Megazyklen von marinen zu festländischen Bedingungen an.

Stellen Sie sich vor, wie Bauarbeiter einen geschichteten Haufen von oben nach unten abtragen, und das Material daneben wieder aufschichten. Damit ergibt sich dort die umgekehrte Schichtfolge. So ist es auch in den Molassegesteinen, die ja durch den Abbau des sich hebenden Deckengebäudes entstanden sind: In den untersten Molasseschichten liegen Gerölle aus den obersten, in den obersten Molasseschichten dann diejenigen aus den untersten Decken. Weil im alpinen Deckenbau zuoberst die ostalpinen Decken liegen, dann die penninischen und zuunterst die helvetischen, finden wir in der Molasse die umgekehrte Abfolge.

Wie im Essay 8 dargelegt, veränderte der Plattenabriss vor 35–30 Mio. Jahren unter den Zentralalpen die Dinge bei der Alpenbildung tiefgreifend. Die Alpen begannen sich ab dieser Zeit stark zu heben und gleichzeitig bogen sich nördlich und südlich davon, infolge der Verdickung der Kruste an der Alpen-Hauptachse, die Platten etwas ein – die Molassebecken entstanden. Weil nun auch die Erosionsraten stark zunahmen, wurde im Gegensatz zur vorangegangenen Flysch-Periode viel mehr Material in die Vorlandbecken transportiert, sodass diese vom Flyschzustand unterfüllter zum Molassezustand überfüllter Becken wechselten. Dies hatte zur Folge, dass das Flyschmeer flacher wurde und die ersten Molasseablagerungen der UMM noch marin waren. Mit dem Übergang zur USM wurden die Bedingungen festländisch und blieben dies bis vor rund 20 Mio. Jahren. Die sich heraushebenden Alpen schufen sich ihre Auffangbecken für ihren Abtragungsschutt sozusagen selbst. Die Flusssysteme der USM entwässerten gegen Osten in das Pannonische Meer hinein.

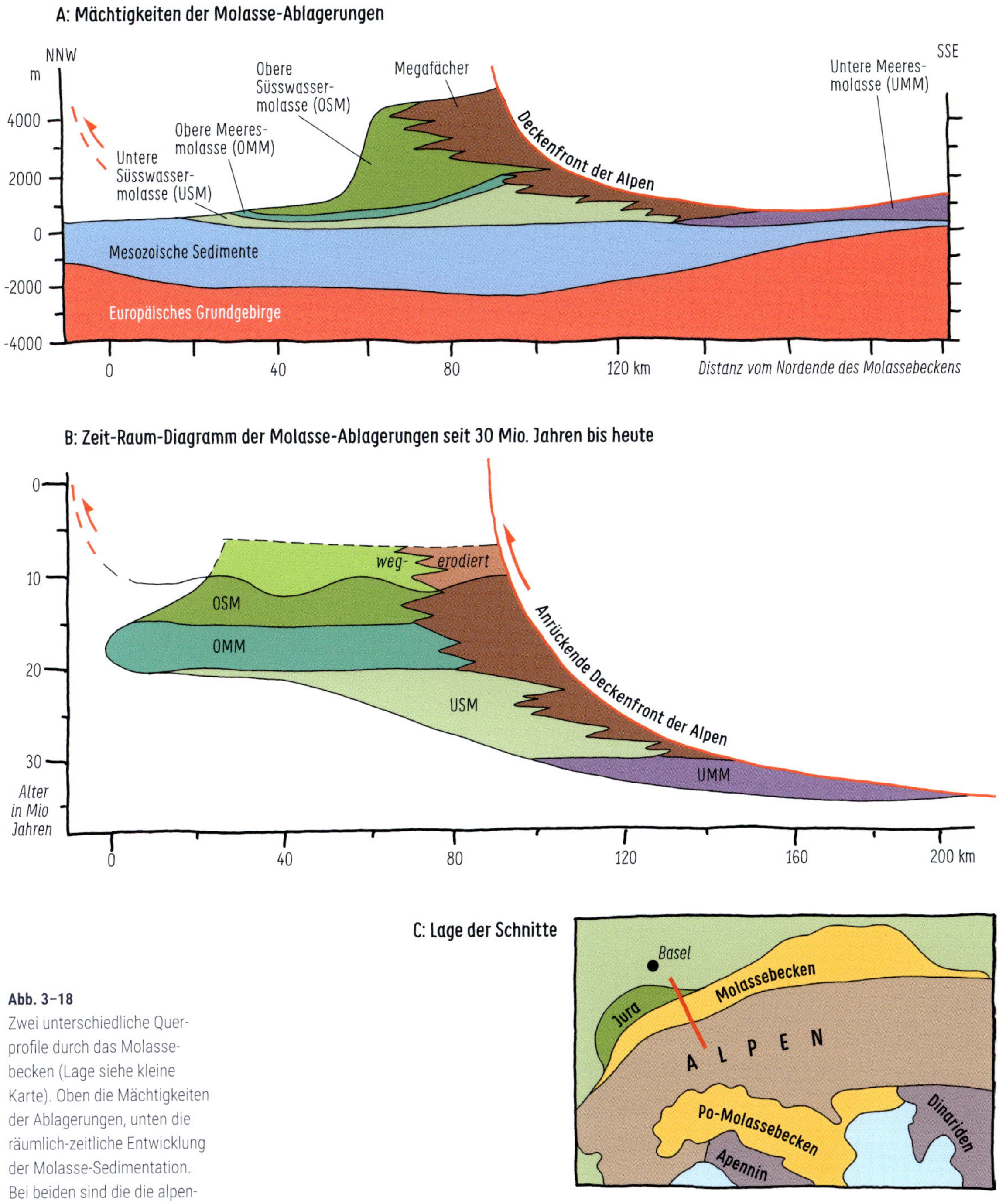

Abb. 3–18
Zwei unterschiedliche Querprofile durch das Molassebecken (Lage siehe kleine Karte). Oben die Mächtigkeiten der Ablagerungen, unten die räumlich-zeitliche Entwicklung der Molasse-Sedimentation. Bei beiden sind die die alpenrandnahen, mächtigen und langlebigen Mega-Schuttfächer zu erkennen.

Ab ca. 20 Mio. Jahren erfolgte dann wieder ein recht dramatischer Wechsel, durch ein erneutes Absinken des nördlichen Molassebeckens unter den Meeresspiegel und damit der Ablagerung mariner Sandsteine der OMM. Dies läutete den zweiten Megazyklus ein. Gleichzeitig wurde ein Wechsel der Entwässerungsrichtung eingeleitet – die Flüsse der OSM transportierten ihren Schutt nun nicht mehr nach Osten ins Pannonische Becken, sondern nach WSW ins Mittelmeer. Gleichzeitig hob sich das Pannonische Becken an. Die Alpenforscher bringen diese Veränderungen mit plattentektonischen Vorgängen in der Tiefe in Verbindung.
Das Ende der Molassesedimentation wurde vor rund 10 Mio. Jahren erreicht, als eine erneute stärkere Anhebung der ganzen Alpenregion zu einem Ende der Ablagerungen, ja sogar zu einer gewissen Erosion der jüngsten Molasseschichten führte.

Megafans – kein Ausdruck aus der Pop- oder Sportwelt …

Ein ganz besonderes Augenmerk wurde in den vergangenen Jahren auf die riesigen Konglomeratablagerungen der alpennahen Molasse gerichtet, wie sie etwa die Bergmassive des Mont Pèlerin, Napf, Rigi, Hörnli und Speer aufbauen. So konnten beispielsweise die Nagelfluhschichten der Rigi zeitlich sehr genau bestimmt werden (Abb. 3–19). Man erkannte, dass es sich um sogenannte «Megaschuttfächer» (engl. Megafans) handelt, die über sehr lange Zeit Bestand hatten. Sie konnten sich verbreitern oder gegen das weitere Vorland hinaus entwickeln. Mit modernen Rekonstruktionen aus all den bisherigen Feldforschungen hat man Raum-Zeit-Diagramme der Molasse erstellt (Abb. 3–18 a und b). Der Schnitt quer zu den Alpen zeigt, dass sich die Molasseablagerungen von den untersten Schichten der USM immer weiter nach NW verlagerten, und dass die alpennahen Megaschuttfächer diese Entwicklung mitmachten. Das Alpen-Längsprofil zeigt die Entwicklung der wichtigsten Megaschuttfächer, mit Breiten von bis zu 70 km. Was die beiden Diagramme auch gut zeigen: Dass gleich alte Ablagerungen der Molasse nicht überall aus den gleichen Gesteinen bestehen müssen. Der Wechsel von einem Megaschuttfächer in ein schuttarmes Becken äussert sich beispielsweise in einem seitlichen, zeitgleichen Übergang von einem Konglomerat zu einem sandigen Mergel.

Die Po-Molasse

Noch ein paar wenige Worte zu den Molasseablagerungen im Po-Becken: Unter der Po-Ebene liegen viele km mächtige Sedimentabfolgen, die man nur aus Bohrungen und geophysikalischen Untersuchungen kennt. Lediglich an den Rändern der Alpen und des Apennins kann ein Teil der Ablagerungen auch an der Oberfläche untersucht werden. Die Ablagerungen sind wie in der mittelländischen Molasse zuerst marin. Erst nach einigen Millionen Jahren folgen am Alpenrand schlagartig bis über 3 km mächtige Konglomeratabfolgen der «Gonfolite Lombarda», die in der Gegend von Chiasso aufgeschlossen sind. Die darin enthaltenen grossen Mengen von Geröllen aus Bergeller Granit belegen, dass dieser vor 30 Mio. Jahren in mindestens 8 km Tiefe gebildete Pluton sich sehr rasch mit über 1 mm/Jahr angehoben hat.

WO SEHEN UND ERLEBEN?

Na ja, Molassegesteine treffen Sie im ganzen Mittelland bis in die Voralpenhügel hinein an. Besonders eindrücklich sind Wanderungen in den Gebieten der Megaschuttfächer, etwa am Mont Pèlerin, auf dem Napf, der Rigi und am Speer.
Sie können aber auch Stadtspaziergänge in den meisten der grossen Mittellandstädte machen und die Molassegesteine an den Gebäuden bewundern: Die grünlichgrauen Molassesandsteine gehörten zu den beliebtesten Bausteinen der Schweiz. DIE Molassestein-Stadt ist natürlich Bern.

Abb. 3–19
Die Rigi von Nordosten her in einer Satellitenfoto-Schrägsicht aus Google Earth (die schwarzen Schlitze sind Fehlstellen). Die ganze, hier sichtbare Rigi-Abfolge lagerte sich über eine Dauer von ca. 4 Mio. Jahren ab.

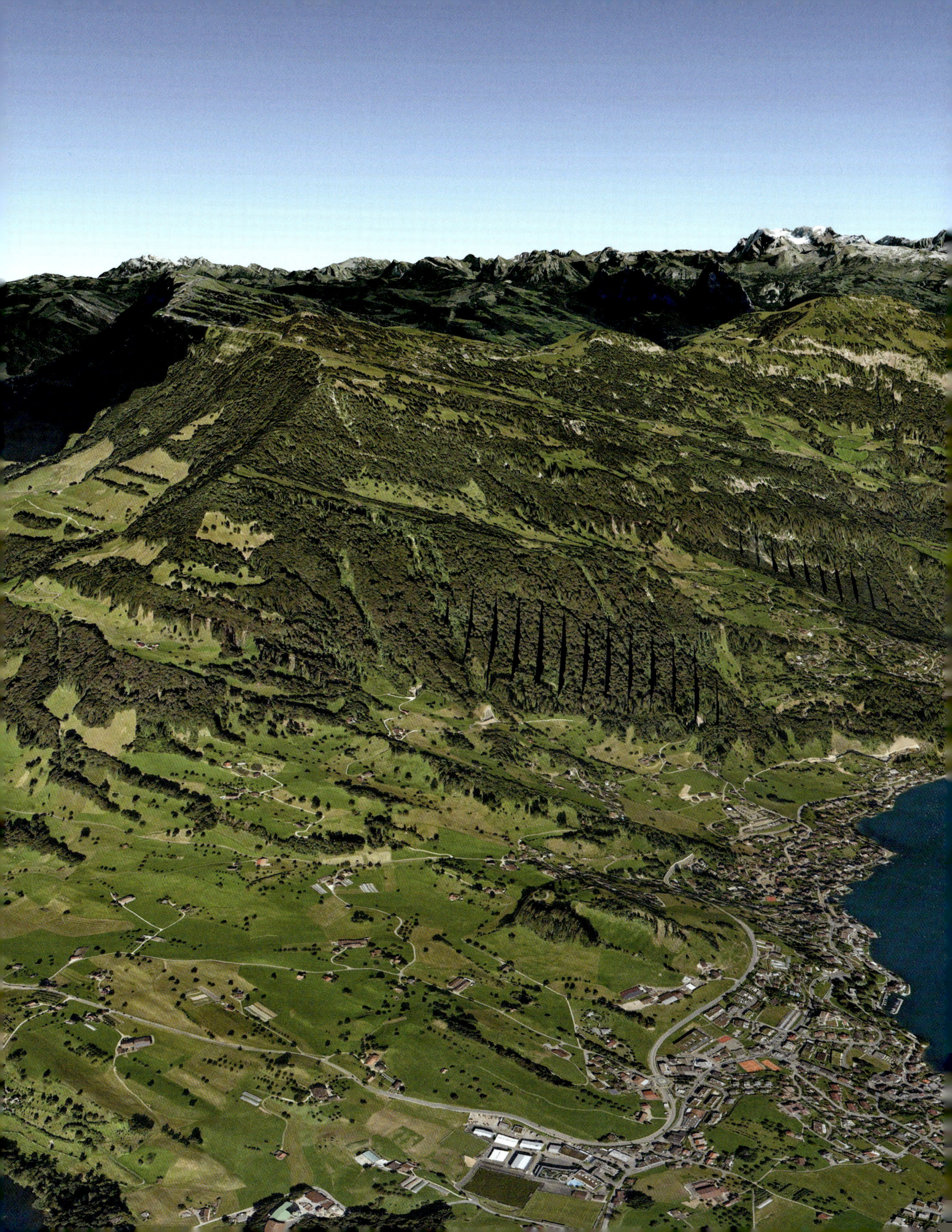

Höhen und Tiefen – Vertikalbewegungen und Horizontalverschiebungen im Alpengebäude

Wie, wann und wie rasch erfolgte die Heraushebung der Alpen zu einem Gebirge? Waren sie schon einmal höher als heute, werden sie noch höher werden? Könnte es einmal Gipfel von mehr als 10000 m Höhe gegeben haben? Wie verläuft das Zusammenspiel von Erosion und Hebung, von Talbildung und Gipfelhöhen? War und ist die Hebungsgeschichte in den ganzen Alpen gleich? Welche Faktoren spielten wann welche Rolle bei den Hebungsvorgängen? Welche Rolle spielen Seitenverschiebungen und Dehnungsvorgänge bei der Alpenbildung?

Das alles sind Fragen, welche die Geologen seit Langem beschäftigen und es sind häufig Fragen, welche alpeninteressierte Menschen an die Fachleute richten. Zu vielen davon begannen die Geologen erst in den letzten Jahren befriedigende Antworten zu finden, vieles ist noch im Fluss und wird durchaus noch kontrovers diskutiert. Davon handeln die folgenden Kapitel.

Abb. 4–1
Blick in das oberste Gasterntal. Gewaltige Höhenunterschiede, Sturz- und Fliessablagerungen, Gletscher – alles Zutaten der Vertikalbewegungen in den Alpen.

20

Mount Everest in den Alpen?

Wie hoch waren die Alpen einmal? Wie hoch könnten sie noch werden? Die Hebungsgeschichte der Alpen

Dies sind zwei Fragen, die Geologen, ganz besonders aber auch Laien interessieren. Die erste Frage wird von Laien oft mit der Bemerkung eingeleitet: «Das ist wohl jetzt eine dumme Frage, aber waren die Alpen einmal …?», und ist damit ein besonders gutes Beispiel dafür, dass es erstens «dumme Fragen» nicht gibt, und zweitens solche grundsätzlichen Fragen beim Experten oft Verlegenheit auslösen – weil sie nämlich schwierig zu beantworten sind. Also: Gute Fragen – keine einfachen Antworten!

Die Kuhfladen-Physik

Lassen Sie mich zuerst etwas ausholen. Wie hoch können denn Berge überhaupt werden? Gibt es Grenzen? Wir wissen, dass der höchste Berg der Erde der Mount Everest mit seinen 8849 Metern über Meer ist (die Höhenmessungen am Everest wären eine eigene Geschichte wert …). Doch Sie wissen wahrscheinlich, dass Sie auf dem Mount Everest den Sternen nicht am nächsten sind, sondern dass Sie dafür auf den Chimborazo (6268 m ü. M.) in Ecuador steigen müssen, weil er praktisch am Äquator liegt, wo der Erdradius ein klein wenig grösser ist als am Everest. Das reicht, damit sein Gipfel weiter in das Weltall hinausragt. Aber der wirklich höchste Berg der Erde ist eigentlich der Mauna Kea auf Hawaii, der zwar nur 4207 m ü. M. erreicht, aber unter dem Meeresspiegel weiter geht bis zum flachen Ozeanboden in rund 5000 m Tiefe – der Vulkanberg also über 9000 m hoch ist und damit den Mount Everest schlägt (Abb. 4–5). Wie auch immer, wir können feststellen, dass es heute auf der Erde keine Berge über 10 km Höhe gibt. Mit einer kleinen geophysikalischen Modellrechnung können Könner (ich gehöre nicht dazu …) ziemlich leicht berechnen, dass dies kein Zufall ist. Diese führt nämlich zum Resultat, dass bei einem höheren Berg die Gesteine an dessen Basis, aufgrund des Überlastungsdrucks durch die Schwerkraft der darüberliegenden Gesteinsschicht, sich plastisch zu verformen begännen. Damit würde der Berg, salopp gesagt, auseinanderzufliessen beginnen wie ein Kuhfladen. Der geologische Fachbegriff dazu lautet «gravitativer oder orogener Kollaps»–mehr dazu in Essay 23. Ein weiterer Grund ist darin zu suchen, dass Gebirge, je höher sie sind, umso tiefer in den zunehmend heissen Erdmantel einsinken, wo die Gesteine dann auch einmal aufzuschmelzen beginnen. Wir geben Ihnen noch eine kleine Denksportaufgabe mit: Warum kann es auf dem Mars mit dem

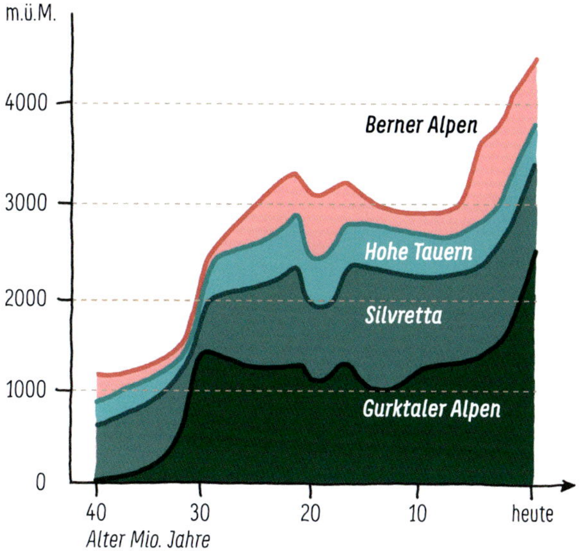

«Olympus Mons» einen Berg mit einer Höhe von 25 km über der flachen Marsoberfläche geben?
Wenn wir schon bei der Höhe der Berge und Gebirge sind, hier noch eine verblüffende Tatsache. Wissen Sie, wie hoch die mittlere Höhe der ganzen Alpen mit ihren vielen Vier-, ihren noch zahlreicheren Drei- und ihren schier unzähligen Zweitausendern ist? Schliessen Sie doch kurz die Augen, visualisieren Sie den Alpenbogen von Nizza bis Wien, dieses Durcheinander von hohen Bergen. Legen Sie sich eine Zahl zurecht. Haben Sie diese notiert? Die Lösung finden Sie am Schluss des Essays (*). Wie viel schätzten Sie daneben? Also: So hoch sind ja diese Alpen gar nicht! Das ist ein Ausblick auf Essay 21: Es gibt nur so hohe Berge, weil die Flüsse so tiefe Täler in den ganzen Kuchen geschnitten haben.

Was meint man heute zu wissen?

Jetzt aber endlich zur Frage der früheren Höhe der Alpen! In den letzten rund 20 Jahren wurden verschiedene moderne Methoden miteinander kombiniert, um Antworten zu erhalten. Die wichtigste besteht darin, aus der detaillierten Analyse der Molasseablagerungen Rückschlüsse auf Liefermengen, Liefergebiete, Relief und Erosionsraten im Hinterland etc. zu ziehen. Die Molasseablagerungen als zentrale Zeugen der Alpenbildung wurden in Essay 18 schon vorgestellt. Kombinieren kann man das mit Messungen von sogenannten Abkühlaltern bestimmter Minerale (z. B. Apatit, Titanit, Zirkon), bei denen man das Unterschreiten einer bestimmten Temperatur datieren kann. Dazu kommen strukturgeologische Detailuntersuchungen über die hebungsbedingten Verformungen von Gesteinen, wie sie in den letzten Jahren etwa im kristallinen Grundgebirge des Aar-Massivs ausgeführt wurden und zu neuen Resultaten geführt haben. Wichtige Erkenntnisse wurden in den letzten Jahren auch aus der seismischen Tomografie gewonnen, die es, ähnlich wie die Computertomografie in der Medizin, erlaubt 3D-Strukturen des Untergrunds bis in viele Kilometer Tiefe zu erkennen (s. Geo-Wissen 6). Last but not least können Computer-Modellsimulationen über die Auswirkungen von Subduktion, Krustenverdickungen, Plattenabrissen etc. viel zur Klärung der gebirgsbildenden Prozesse beitragen.

Abb. 4-2
Die aus verschiedensten Daten und Herleitungen ermittelten Höhen-Entwicklungskurven für verschiedene Alpengebiete. Alle ähnlich, aber in den erreichten Höhen unterschiedlich. Und: Die Alpen waren nie höher als heute.

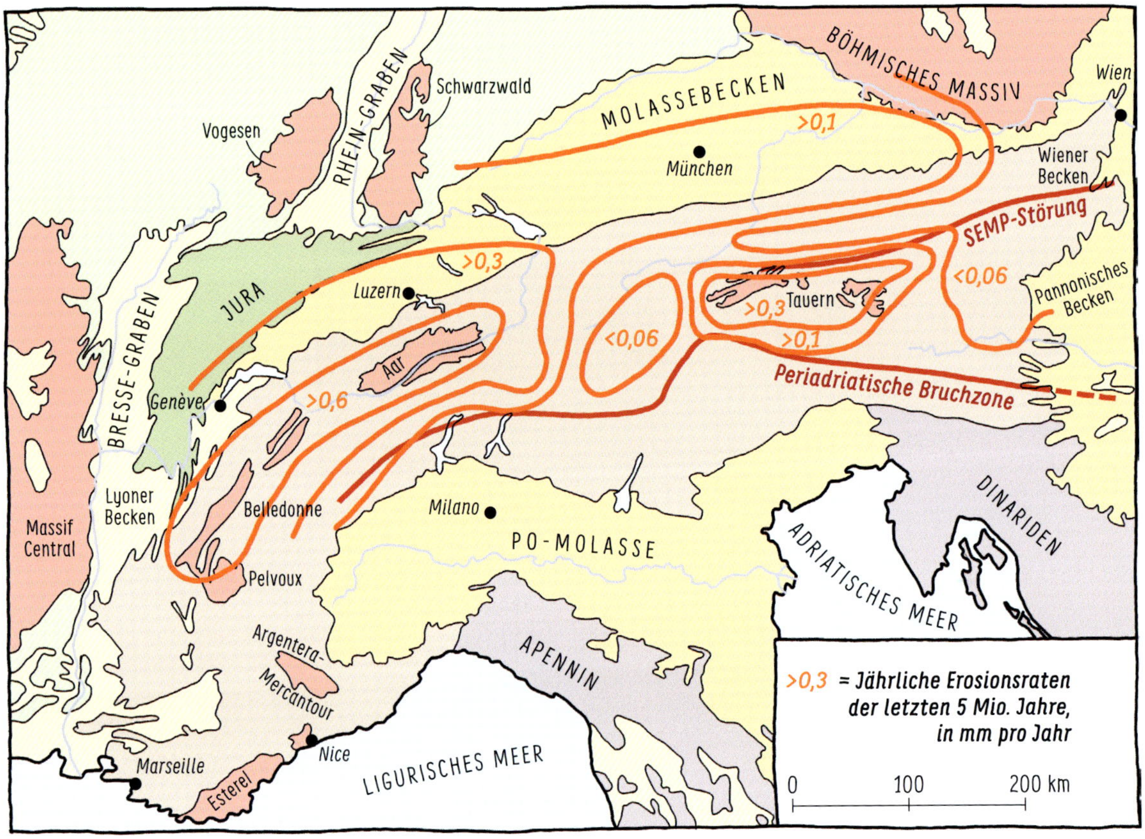

Aus der Kombination all dieser Methoden kann heute Folgendes ausgesagt werden: Ab rund 30 Mio. Jahre vor heute, als der Plattenabriss unter den Zentralalpen in der Tiefe vollzogen war (s. Essay 8), begannen sich diese als Gebirge zu manifestieren. Vorher muss man sich das Gebiet eher als hügeliges Gelände vorstellen. Ab dann und bis heute spielten verschiedene Prozesse in der Tiefe und an der Oberfläche eine Rolle, die auf eine komplexe Art und Weise mit- und gegeneinander wirkten; etwa die isostatische Hebung (s. Essay 25), der Slab-Roll-Back (s. Essay 7), Überschiebungen, seitliche Zerdehnungen und das Zerfliessen des Gebirgskörpers, Erosion und Abtragung, Tal- und Gipfelbildung (s. Essays 21, 23). Ab rund 2.5 Mio. Jahren, in der Quartärzeit, kamen dann noch die Auswirkungen der grossen Vergletscherungen dazu (s. Essay 24). Die Geologen der verschiedenen Disziplinen kommen heute zu ähnlichen Schlüssen (Abb. 4–2): Die Alpen waren nie höher als heute. Im Gegenteil, heute sind sie höchstwahrscheinlich so hoch wie noch nie – mit ihrem höchsten Gipfel

Abb. 4–3
Aus der Analyse von Molasseablagerungen ermittelte Erosionsraten in den Alpen während der letzten 5 Mio. Jahre.

Abb. 4–4
Der Mont Blanc (4809 m) von Süden – eine Ansicht, die man wenig kennt, und die schon fast Himalaya-artige Dimensionen zeigt: Bis heute der höchste Alpengipfel.

des Mont Blanc (4809 m, Abb. 4–4). Zudem gibt es deutliche Unterschiede zwischen den West-/Zentral- und den Ostalpen. In letzteren waren die Erosions- und damit auch die Hebungsraten deutlich geringer (Abb. 4–3). Die Hebungsgeschichte seit 30 Mio. Jahren verlief zudem nicht regelmässig. Vor dem Plattenabriss dürften die Gipfelhöhen in den Zentralalpen um etwa 1000 m gelegen haben, um dann rasch auf 2500–3000 m anzusteigen. Bei rund 22–20 Mio. Jahren begannen stärkere «Zerfliessbewegungen» entlang der Alpenachsen, die nachfolgend zum Aufsteigen der linsenförmigen Massive («Dome») wie Mont Blanc, Aar-Lepontin und Tauern führten (s. Essay 22). Daraus resultierte bei der Rekonstruktion der Abb. 4–2 ein Knick in der Höhenkurve. Ebenfalls in dieser Rekonstruktion wird eine nochmals verstärkte Hebung in den letzten 5 Mio. Jahren postuliert, die möglicherweise mit einem zweiten Plattenabriss unter den Westalpen und auch mit dem Wirken der Eiszeiten in Verbindung gebracht wird.

Verschiedene Messdaten lassen heute die Schlussfolgerung zu, dass die Anhebung und gleichzeitige Erosion des Alpengebirges seit rund 30 Mio. Jahren mit Geschwindigkeiten von 0,5–1 mm pro Jahr erfolgten, was mit den Messungen der heutigen Vertikalbewegungen übereinstimmt (Essay 25). So wenig, so langsam?! – ist man geneigt zu sagen. Doch rechnen Sie nach, vielleicht mit einem mittleren Wert von 0,75 mm/Jahr. Das macht in tausend Jahren 75 cm, in einer Million Jahren 750 m, in 30 Millionen Jahren 22,5 km. Das ist die Grössenordnung des abgetragenen Materials, das in die Molassebecken transportiert und abgelagert wurde! Steter Tropfen höhlt den Stein. Steter Tropfen macht Gebirge.

Blick in die Zukunft

Und die Zukunft? Die heutige Situation wird dadurch gekennzeichnet, dass die rund 160 Kilometer tief subduzierte europäische Platte unter den Zentralalpen (s. Abb. 1–4, 2–4) durch ihre Zuglast die Alpen weniger hoch hält, als sie es gemäss dem archimedischen Auftrieb infolge der verdickten Kollisionszone eigentlich sein sollten – nämlich fast doppelt so hoch. Die heutigen Erosions- und Hebungsraten liegen im Bereich bis zu 1 mm/Jahr und sind nicht regelmässig über die Alpen verteilt. Eine bananenförmige Zone höchster Erosionsraten liegt in den West-/Zentralalpen über den Kristallin-Domen Pelvoux–Mont Blanc–Aar (s. Essay 22).

Viele Geologen gehen davon aus, dass die Alpen in den nächsten Millionen Jahren eher noch höher und breiter werden. Genaueres lässt sich aus dem gegenwärtigen Stand der Forschung nicht aussagen. Gemäss dem natürlichen Rhythmus der letzten Millionen Jahre würde in wenigen zehntausend Jahren wieder eine Eiszeit anstehen, welche die Gestalt der Alpen erneut verändern würde – aber derzeit sind wir ja derart kräftig am Eingreifen in das Klimasystem, dass wir wohl diesen natürlichen Gang der Dinge aushebeln werden.

Doch in der ganz langfristigen Perspektive ist es klar, was mit den Alpen einmal geschehen wird: Sie werden komplett abgetragen und eingeebnet werden. Dazu mehr in Essay Nr. 28.

* *Die mittlere Höhe der Alpen beträgt rund 1400 m!*

WO SEHEN UND ERLEBEN?

Das soeben Berichtete lässt sich nicht konkret anschauen oder erleben – wir müssten schon mehrere zehntausend Jahre alt werden, was trotz medizinischer Fortschritte wohl kaum je der Fall sein dürfte. Also: Wann immer Sie in Ruhe und Stille ein wenig Ihren Blick über eine alpine Berglandschaft schweifen lassen können, lassen Sie sich von der Vorstellung der ungeheuren Langsamkeit, aber auch der Stetigkeit vom Werden und Vergehen von Gebirgen hinwegtragen.

Abb. 4–5
Die drei im Text diskutierten höchsten Berge der Welt: Chimborazo (6268 m ü. M.), Mauna Kea (4207 m ü. M.) und Mount Everest (Sagarmatha bzw. Chomolungma, 8849 m ü. M.)

21

Je tiefer die Täler, desto höher die Berge

Ein erst seit Kurzem diskutiertes Paradox. Oder: Regen macht Berge

Mit gesundem Menschenverstand wird man der Aussage «Je höher die Berge, desto tiefer die Täler» ohne Weiteres zustimmen (Abb. 4–10, 4–11). Die Berge werden ja bei einer Gebirgsbildung angehoben (s.a. Essay 25), und es ist nur logisch, dass in höher angehobenen Gebirgsteilen auch die Täler tiefer werden.

Erst in letzter Zeit begannen die Geologen vermehrt darüber nachzudenken, wie denn die Zusammenhänge zwischen Hebung und Erosion, Berghöhen und Taltiefen im Detail funktionieren. Das Hauptergebnis dieser Forschungen lässt sich mit der knappen Aussage des Alpengeologen Adrian Pfiffner zusammenfassen: «Täler machen Berge»

«Hä?» Werden Sie sich, am Kopf kratzend, fragen. Wie soll das denn gehen und jemand verstehen? Wir müssen den genialen Griechen Archimedes zu Hilfe rufen, er wird es uns erklären. Er als Entdecker des Auftriebsprinzips und wir möchten Sie anhand der Abb. 4–6 und 4–7 auf zwei kleine Gedankenexperimente mitnehmen – sind Sie bereit?

Das Holzklotz-Archimedes-Experiment

Stellen Sie sich ein dickes, im Wasser schwimmendes Holzstück vor (Abb. 4–6). Ein Teil liegt unter und ein Teil über Wasser – die jeweiligen Anteile hängen von der Dichte des Holzes ab. Nun legen Sie ein gleich dickes Holzstück gleicher Holzart darauf und beobachten, dass der doppelt so dicke Holzklotz tiefer ins Wasser reicht, aber auch etwas höher herausragt. Sie können dieses kleine Experiment bei Ihnen zu Hause leicht nachmachen. So kennen Sie das archimedische Auftriebsprinzip. Wenn Sie es sich noch etwas konkreter vorstellen möchten, denken Sie an ein Containerschiff mit und ohne Ladung. Das war leicht, dieses Gedankenexperiment, nicht wahr? Sehr gut wird übrigens dieses Prinzip auch bei Eisbergen sichtbar: je dicker das Eis, desto tiefer liegt die Basis im Wasser, und desto höher ragt der Eisberg über die Wasserfläche.

Das Gebirgs-Erdmantel-Experiment der Abb. 4–7

Sie haben in Essay 11 erfahren, dass Gebirgsbildung primär in der Tiefe stattfindet – «abtürmen» statt auftürmen! Stellen wir uns nun ein ein Stück kontinentaler Erdplatte vor, welche aus 30 km spezifisch relativ leichter Kruste (Dichte 2,8 g/cm^3) und 70 km festem und spezifisch schwererem Mantelgestein (Mantel-Lithosphäre, Dichte 3,3 g/cm^3) besteht. Dies alles schwimmt im Gleichgewicht auf der zähplastischen «Schwimmschicht» der Asthenosphäre (Dichte 3,25 g/cm^3); die Erdoberfläche liegt ungefähr auf Meereshöhe bei 0 m (Abb. 4–7 A). Nun stellen Sie sich vor, dieses Krustenstück geriete in eine Kontinentalkollision, bei welcher die Kruste durch die Verkeilung der beiden Erdplatten und die Deckenbildungen auf das Doppelte, auf 60 km,

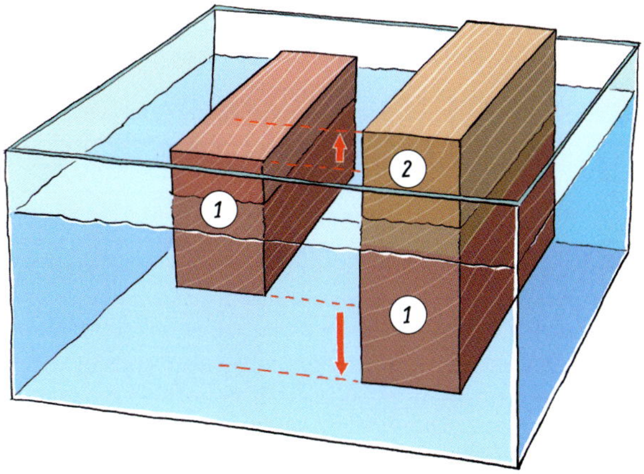

verdickt wird. Dadurch sinkt – wie beim Holzklotz – das ganze verdickte Lithosphärenstück tiefer in die Asthenosphäre ein, wird aber gleichzeitig auch etwas über das Meeresniveau angehoben.

Sie sehen in der Abb. 4–7B, dass das verdickte Plattenstück zwar tiefer in die Asthenosphäre eingesunken ist, und gleichzeitig aber auch um +4154 m über den Meeresspiegel angehoben wurde. Das kann man aufgrund der Dicken und Dichten der Krustenstücke relativ einfach berechnen (wagen Sie es?). Aus dem Flachland auf Meereshöhe ist ein über 4000 m hohes Plateau geworden! Das ist das Grundprinzip der vertikalen Krustenbewegungen der Erde, die dem archimedischen Auftriebsprinzip folgen. Die Geologen nennen dies «Isostasie» oder «isostatischer Ausgleich». Ein geologisches Beispiel dazu: Während der letzten grossen Eiszeit mit ihrem Maximum vor 22000 Jahren war Skandinavien von einem riesigen Eisschild von 2–3 km Dicke bedeckt. Diese zusätzliche, eisige «Gesteinsschicht» bewirkte ein tieferes Einsinken der ganzen Lithosphäre in den Mantel. Nach dem Wegschmelzen des Eises begann sich die Lithosphäre wieder anzuheben. Bisher hob sich Zentralskandinavien deswegen um 300 m an, und die Hebung dauert mit 9 mm pro Jahr heute noch an. Das lehrt Sie auch den Unterschied zum Holzklotz-Experiment: Reagiert dieser bei veränderter Auflast sofort, innert Sekundenbruchteilen, brauchen solche Ausgleichsbewegungen in der Geologie viel, viel, viel länger – oft viele Millionen Jahre.

Abb. 4–6
Das Holzblock-Auftriebs-Experiment.

Kaffepause?

Brauchen Sie eine kleine Pause? Machen Sie nochmals das Holzbrett-Experiment und gönnen Sie sich einen Kaffee dazu – dann sind Sie bereit für den zweiten, viel verblüffenderen Teil des Gedankenexperiments!

In Abb. 4–7C sehen Sie von der neuen Ausgangssituation in Abb. 4–7B nur den obersten Teil, stark vergrössert: Ein Stück der Erdplatte mit Oberkante auf 4154 m ü. M. Sie wissen ja: Sofort, wenn ein Stück Erdkruste über den Meeresspiegel angehoben wird, setzt auch die Erosion ein, um Gestein abzutragen. Also nehmen wir an, an unserem Hochplateau werden 1000 m an Gestein wegerodiert. Mit gleicher Rechnerei wie vorher kann berechnet werden, dass dadurch die ganze Platte infolge des isostatischen Ausgleichs um 862 m aufsteigt, und dass die Oberfläche nach der Erosion von 1000 m Gestein lediglich 138 m tiefer auf immer noch 4016 m ü. M. liegt (Abb. 4–7D). So können offenbar Gesteine aus beträchtlicher Tiefe an die Oberfläche gelangen, während das Gipfelniveau nur um einen geringen Betrag sinkt. Schon das ist bemerkenswert, aber jetzt kommt der Clou!

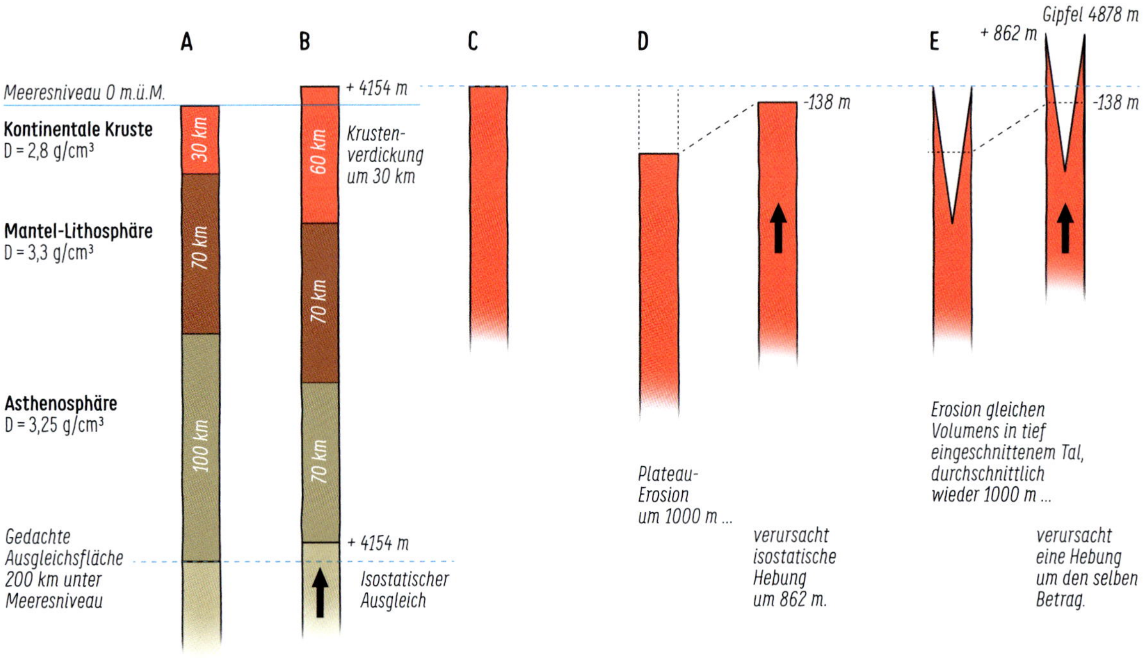

Wir lassen nun das gleiche Volumen erodieren wie vorher, aber nicht regelmässig flach verteilt über das ganze Gebirgsstück hinweg wie in Abb. 4–7 D, sondern in Form eines tief eingeschnittenen V-Tals wie in Abb. 4–7 E. Das mittlere Krustenniveau sinkt gleich wie vorher um 138 m ab, aber wegen des V-Einschnittes wird der Taleinschnitt wesentlich tiefer liegen – und die seitlichen Bergspitzen haben sich massiv angehoben – auf 4878 m ü. M! Das bedeutet also:

Je tiefer die Täler, desto höher die Berge! Täler machen Berge!

Aus dieser verblüffenden, eigentlich verblüffend einfachen und trotzdem ziemlich neuen Erkenntnis folgt auch gleich, dass das Klima bei der Gebirgsbildung mitspielt. Denn die Erosion hängt ja unter anderem vom Klima ab, etwa von der Intensität der Niederschläge. Dieser Zusammenhang zwischen Klima, Erosion, Talbildung und Gipfelhöhen ist eine der vielen jüngeren Erkenntnisse zur Gebirgs- und Alpenbildung, welche bisher noch kaum in die Schulbücher und in die Vorstellungen von geologieinteressierten Laien gelangt sind. Es war diese Erkenntnis, die eine Hauptmotivation für das Verfassen dieses Buches war.

Beispiel Himalaya-Gebirge

Schauen Sie sich einmal auf «Google Earth» Schrägansichten der Himalaya-Kette von Süden her an, wie sie den südlichen Rand des gewaltigen tibetischen Hochplateaus schön regelmässig begrenzt (Abb. 4–9). Die saisonalen intensiven Monsunregenwolken branden von Südosten her an den Himalaya heran und bescheren dessen Südabdachung riesige Niederschlagsmengen, und damit verbunden starke Erosion – wer je einen der nach Süden entwässernden Himalayaflüsse zur Monsunzeit gesehen hat, kann erahnen, welch gigantische Mengen an Erosionsmaterial da mitgeführt werden. Man geht heute davon aus, dass der indische Monsun mitverantwortlich dafür

Abb. 4–7
Illustration des im Text erklärten Gedankenexperiments zur Frage Täler – Berge.

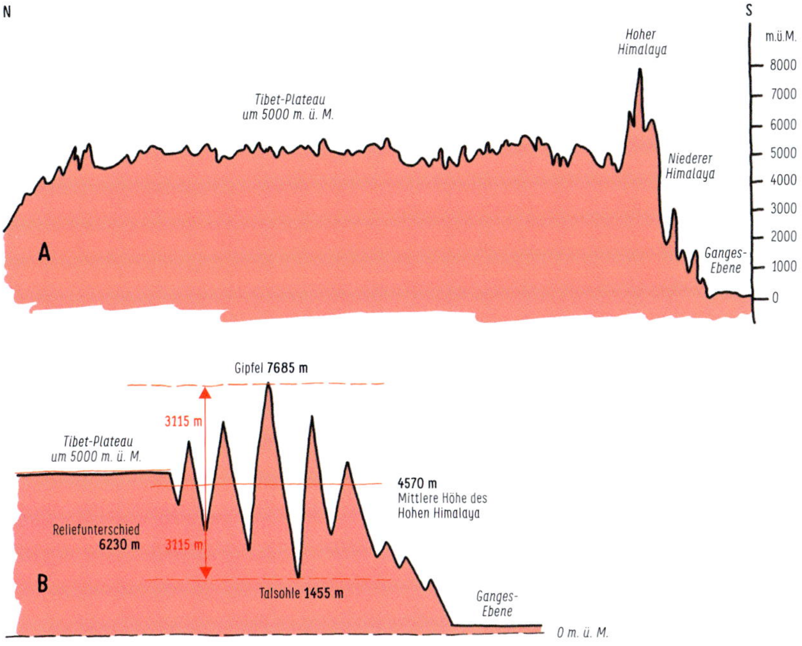

Abb. 4-9
Satelliten-Foto von Google Earth von Süden her, mit der Spur des Profils von Abb. 4-8

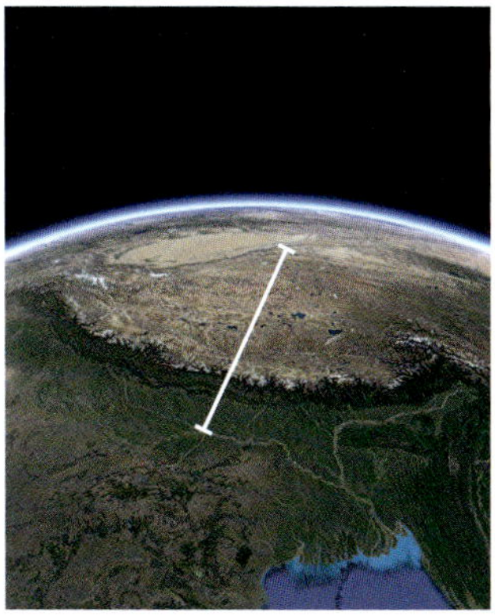

Abb. 4-8
Höhenprofil durch das tibetische Hochplateau und das Himalayagebirge, mit den jeweiligen mittleren Gipfelhöhen.

ist, dass sich die Berge des Hochhimalaya am Südrand des tibetischen Hochplateaus so unmittelbar aus der indischen Tiefebene zu höchsten Höhen von über 8000 m erheben (Abb. 4–11). Denn trotz der vielen 8000er liegt wegen der tief eingeschnittenen Täler die mittlere Höhe des Himalayas mit rund 4100 m tiefer als diejenige des im Mittel 5000 m hohen Tibetplateaus (Abb. 4–8 A und B)! Von wegen «erhabene Berge»! «Erhabene Täler» müsste es heissen …

WO SEHEN UND ERLEBEN?

Werfen Sie bei Ihrer nächsten Anreise in die Alpen von folgenden Stellen aus einen Blick in die tief eingeschnittenen Alpentäler:

- … von Zürich nach Sargans bei Ziegelbrücke in den «Zigerschlitz» des Glarner Haupttals,
- … gegen den Gotthard von Flüelen aus Richtung Bristenstock,
- … in Interlaken-Ost Richtung Süden in den Taleinschnitt mit der Jungfrau dahinter,
- … von Lauterbrunnen nach Wengen hinein ins Lauterbrunner Tal und die Gipfelflur dahinter,
- … vom Genfer See gegen Martigny zu in den Unterwalliser Taleinschnitt,

… und werden Sie sich bewusst, dass die hohen Bergmassive links und rechts dieser markanten Täler nur so hoch sind, weil diese Täler so tief eingeschnitten wurden (Abb. 4–10, 4–11)!

Abb. 4–10
Tiefe Täler – hohe Berge. Stimmungsbild im Gasterntal BE.

Abb. 4–11
Das Kali Gandaki Tal in Nepal ist eines der gewaltigsten Durchbruchstäler, die tiefste Schlucht der Welt. Talboden bei Tatopani auf 1200 m, dahinter der 6839 m hohe Nilgiri Süd.

22

Die Alpenwellen

Die Kristallindome der Alpen geben Einblick in den Deckenbau

Schauen Sie sich die tektonische Übersichtskarte der Alpen auf dem Innenumschlag vorne, das Blockbild der Alpen von Abb. 0–9 und die Abb. 3–16 an. Sie können erkennen, dass entlang des ganzen Alpenbogens, vom Ligurischen Meer bis zu den Hohen Tauern hin, Zonen von helvetischem Grundgebirge erscheinen und wieder verschwinden. Dort bilden also Grundgebirgsgesteine die Gipfelflur, während die darüber geschobenen Decken wie ein Rahmen darum liegen. Man nennt diese Phänome «tektonische Fenster», weil man wie durch einen Rahmen von überschobenen Baueinheiten in die darunterliegenden schauen kann.

Eine Perlenschnur von Kristallinaufbrüchen

Diese Fenster sind entlang der Alpenachse wie auf einer Perlenschnur angeordnet. Man schaut bei ihnen aus einem Rahmen von penninischen oder helvetischen Sedimentgesteinsdecken quasi hinab in das Grundgebirge. Im ostalpinen Tauernfenster bilden sogar die ostalpinen Decken den Rahmen. Wenn man durch diese Fenster in tiefere Einheiten hinuntersehen kann, würde man intuitiv erwarten, dass sich dort die Erosion durch die Rahmengesteine hindurch eingefressen hat, und dass im Fensterinnern also topografisch tiefe Gebiete liegen. Solche erosiven Fenster gibt es durchaus, doch im Falle dieser grossen Alpenfenster sind die Verhältnisse paradoxerweise gerade umgekehrt: Die Grundgebirgsfenster sind nicht topografische Tiefzonen, sondern bilden im Gegenteil hohe bis höchste Bergmassive: Argentera-Mercantour (bis 3297 m) – Pelvoux-Ecrins (bis 4102 m) – Belledonne (bis 2977 m) – Mont Blanc (höchster Alpenberg, 4809 m) – Aar-Massiv (Finsteraarhorn 4274 m) – Tauern (Grossglockner, 3798 m). Nur das ganz im Osten befindliche Rechnitz-Fenster ist topografisch nicht besonders markant. Daraus kann man folgern, dass diese Zonen viel stärker angehoben wurden als die dazwischenliegenden Gebiete. Deshalb wurden die ehemals darüberliegenden Gebiete viele Kilometer weit von Decken wegerodiert. Die Produkte davon findet man in Molassesedimenten. Man spricht in der Alpengeologie deshalb auch von «Kristallinaufbrüchen» oder von «Domstrukturen».
Um es nochmals zu betonen: Offensichtlich erfolgte die Anhebung des Alpenkörpers entlang seiner Längsachse nicht regelmässig. Es gab in einer wellenartigen Anordnung Zonen von stärkerer und schwächerer Anhebung. Das ist mit dem Titel «Alpenwellen» gemeint. Die Abb. 4–12 zeigt diese «Alpenwellen» in einem Längsprofil durch den zentralen und östlichen Teil der Alpen, vom Mont-Blanc- über den Lepontinischen und Tauern- bis zum Rechnitz-Dom. Die Zonen zwischen den Domen werden «Depressionen» genannt.

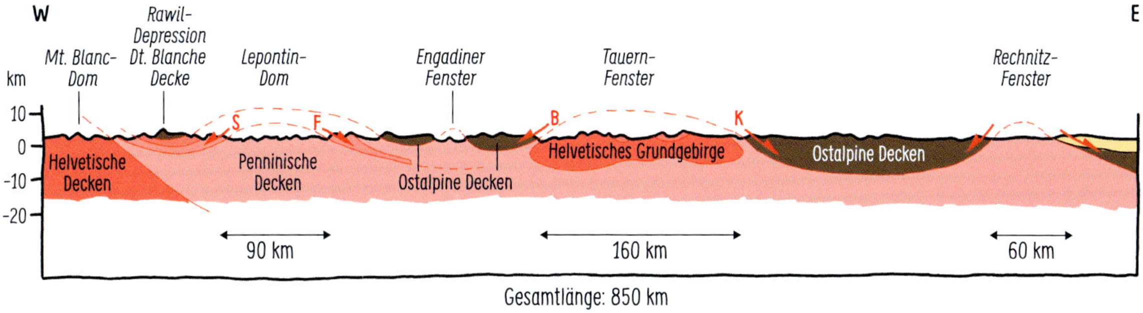

Rawil-Depression und Lepontinischer Dom

Besonders eindrücklich ist diese Folge unterschiedlicher Hebungen im schweizerischen Teil des Alpen-Hauptkammes ausgeprägt. Im SW liegt mit dem Mont-Blanc-Massiv ein ausgeprägter Dom – immerhin mit dem höchsten Alpengipfel auf fast 5000 m ü. M. Das kristalline Grundgebirge des Mont-Blanc-Massivs taucht dann bei Martigny mit rund 30 Grad gegen ENE ab, und erscheint dann wieder, nach rund 50 km «Untertauchen», in der Gegend zwischen Leukerbad und Lötschental mit etwa gleicher Neigung wieder und wird dort Aar-Massiv genannt. Dazwischen liegt die sogenannte Rawil-Depression, weil der gleichnamige Pass etwa an der tiefsten Stelle der Depression liegt (Abb. 4–16). Auf der tektonischen Karte der Abb. 4–13 können Sie erkennen, wie von Martigny her darübergeschoben zuerst die Morcles-Decke erscheint, dann die Diablerets-Decke, die Wildhorn-Decke – und wie man dann gegen das Lötschental hin wiederum in die tieferen Decken kommt. Nur dass sie hier nicht mehr Diablerets- und Morcles-, sondern Gellihorn- und Doldenhorn-Decke heissen (seufz, die geologische Nomenklatur ...). Ein Längsprofil durch die Rawil-Depression ist in Abb. 4–14 und 4–15 vereinfacht dargestellt. Der Hebungsunterschied zwischen den Domen Mont Blanc und Aar beträgt rund 10 km – die Alpenwellen haben also beträchtliche Amplituden! Und nun mute ich ihnen nochmals eine nomenklatorische Verrenkung zu: Der Aar-Massiv-Dom wurde nicht Aare-Dom getauft, sondern ist als «Lepontinischer Dom» in die Literatur eingegangen. Dies, weil südlich des Aar-Massivs, in den Lepontischen Alpen, durch die verstärkte Anhebung die tiefsten Decken vom penninischen bis in das helvetische Grundgebirge zum Vorschein kamen. Gleichermassen hätte die Rawil-Depression auch «Dent-Blanche-Depression» genannt werden können, weil südlich vom Rawilgebiet eben das Erosionsrelikt der höchsten, schon ostalpinen Decke, der Dent-Blanche-Decke, erhalten geblieben ist (vgl. Karte Abb. 4–13). Logisch ist anders, leider.

Abb. 4–12
Schematische Profilskizze entlang der Alpenachse vom Mont-Blanc-Dom bis an das Ostende der Alpen.

Ein Glücksfall für die frühen Alpengeologen

Die tektonischen Depressionen brachten den Alpengeologen Glücksgefühle, keine Depressionen. Warum? Stellen Sie sich vor, Sie seien ein Alpengeologe, sagen wir mal, vor hundert Jahren, und Sie möchten gerne ein tektonisches Profil von N nach S quer durch die Rawil-Depression zeichnen. Sie sehen aber an der Oberfläche entlang der Profilspur nicht in die Tiefe hinein. Seismik, Bohrungen und

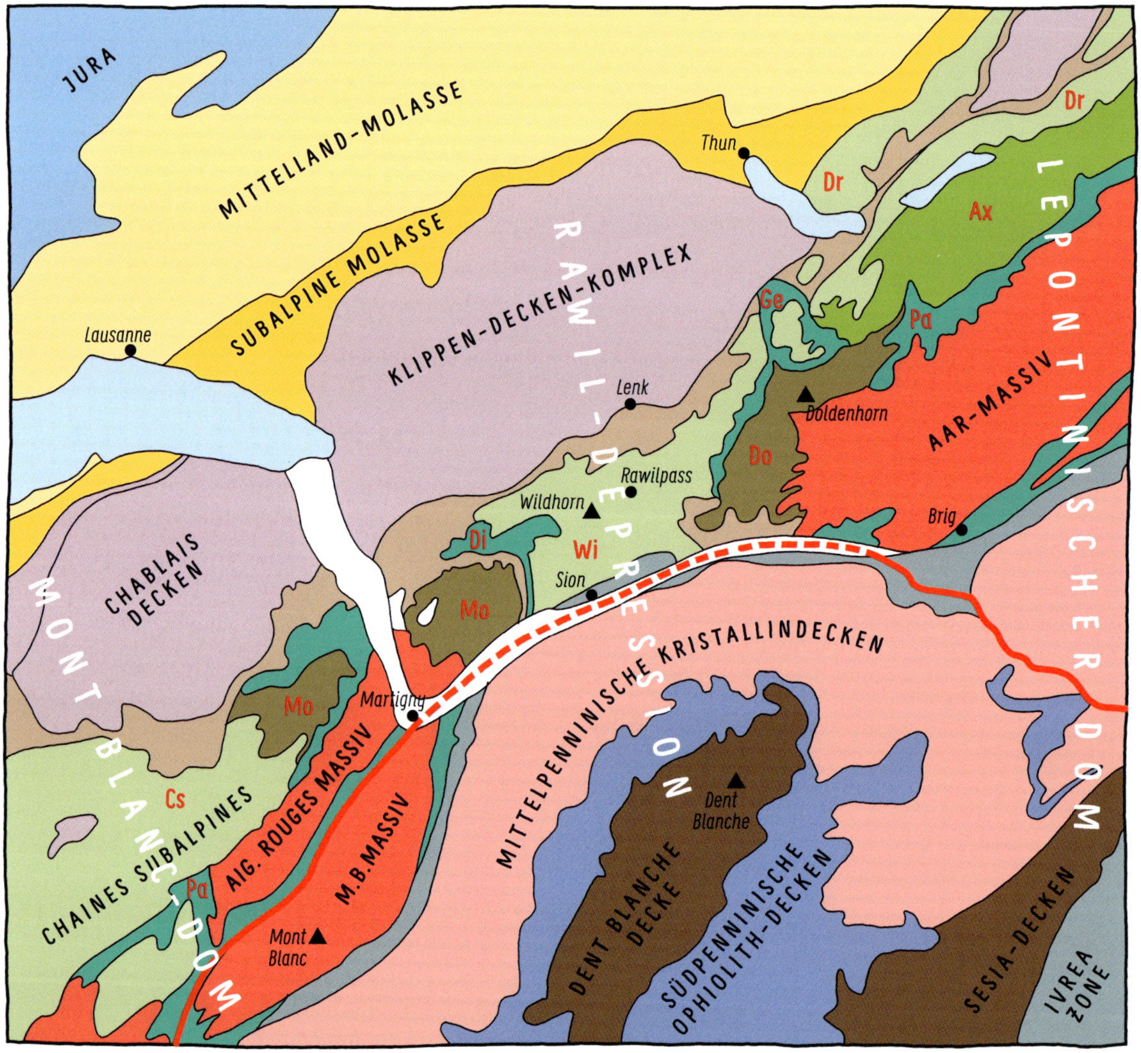

Abb. 4–13

Dieser Ausschnitt aus der tektonischen Karte der Zentralalpen zeigt die Deckenstrukturen zwischen den Mont-Blanc- und Aar-Lepontin-Domen.

Pa = Parautochthon
Mo = Morcles-Decke
Do = Doldenhorn-Decke
Di = Diablerets-Decke
Ge = Gellihorn-Decke
Ax = Axen-Decke
Dr = Drusberg-Decke
Wi = Wildhorn-Decke
Cs = Chaînes subalpines
Uh = Ultrahelvetikum

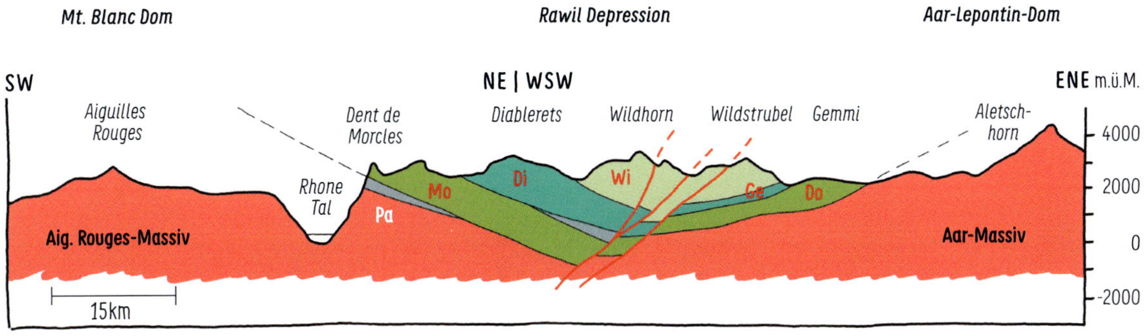

andere Tiefenuntersuchungsmethoden gibt es noch nicht. Sie können sich nun aufgrund der Profilskizze von Abb. 3 leicht vorstellen, dass Sie die Informationen seitlich des Profilschnitts in die Profilebene hineinprojizieren können, da Sie ja den Eintauchwinkel von den beiden Domen her aus dem Gelände abschätzen können. So können Sie ein Profil von immerhin einigen Kilometern Tiefe mit einer recht guten Verlässlichkeit zeichnen – unter der Annahme, dass die Grundgebirgsoberfläche ohne grössere Sprünge ab- und auftaucht – wofür es keine Anzeichen gibt.

Dieser sozusagen dreidimensionale Einblick in den Deckenbau hat es den Geologen erlaubt, schon recht tiefreichende tektonische Profile zu zeichnen, lange bevor man, wie heute, den Untergrund ohne direkten Zugang untersuchen kann. Heute wissen wir über die Struktur der Alpen bis in rund 250 km Tiefe aufgrund solch indirekter Untersuchungen recht gut Bescheid (Abb. 1–4, 2–21, 2–25).

Warum diese Dome?

Ich gehe davon aus, dass Sie jetzt sagen werden: Ok, soweit kann ich folgen, die «Alpenwellen» bezeugen, dass die Anhebung der Alpen entlang der Längsachse höchst unregelmässig stattfand. Doch warum war bzw. ist das so? Die tektonischen Einheiten, wie etwa die helvetischen Decken, sind ja entlang der Alpenachse weit verfolgbar und ähnlich. Warum war die Anhebung dann nicht zylindrisch-regelmässig? Oder allenfalls einfach an einem Ende der Alpen stärker als am anderen? Warum so stark wellenförmig variierend? Die Gründe dafür sind vielfältig. Ein Hauptgrund dürfte in den unterschiedlichen Tiefenstrukturen von West-, Zentral- und Ostalpen liegen, wie sie in Essay 13 beschrieben wurden. Was auffällt: Dass etwa östlich und westlich des Lepontinischen und des Tauern-Doms grosse Abschiebungsbrüche zu finden sind, an denen die seitlichen Teile abgesunken und die Dome aufgestiegen sind. Beim Lepontinischen Dom ist das die Simplon-Störung im Westen und die Forcola-Störung im Osten. Das Tauernfenster wird im Westen durch die gewaltige und in der Landschaftstopografie gut sichtbare Brenner-Abschiebung, im Osten durch die Katschberg-Störung begrenzt (in Abb. 4–12 als S, F, B und K angegeben). Abschiebungen sind immer eine Folge von Dehnungstektonik. Also wurden die Alpen entlang ihrer Längsachse zerdehnt – eine seltsame Vorstellung für ein kompressives Kollisionsgebirge. In Essay 23 wird darauf etwas mehr eingegangen.

Nehmen Sie aus diesem Essay einfach die Tatsache mit, dass es in der Längsache der Alpen Hebungsdome, sogenannte «Kristallinaufbrüche» und dazwischen Depressionen gibt, und dass diese Tatsache wunderbare Einblicke in die Deckenstruktur der Alpen erlaubt.

Abb. 4–14
Vereinfachte Profilskizze WSW-ENE durch die Rawil-Depression mit der Lage der helvetischen Decken. Abkürzungen siehe Abb. 4–13.

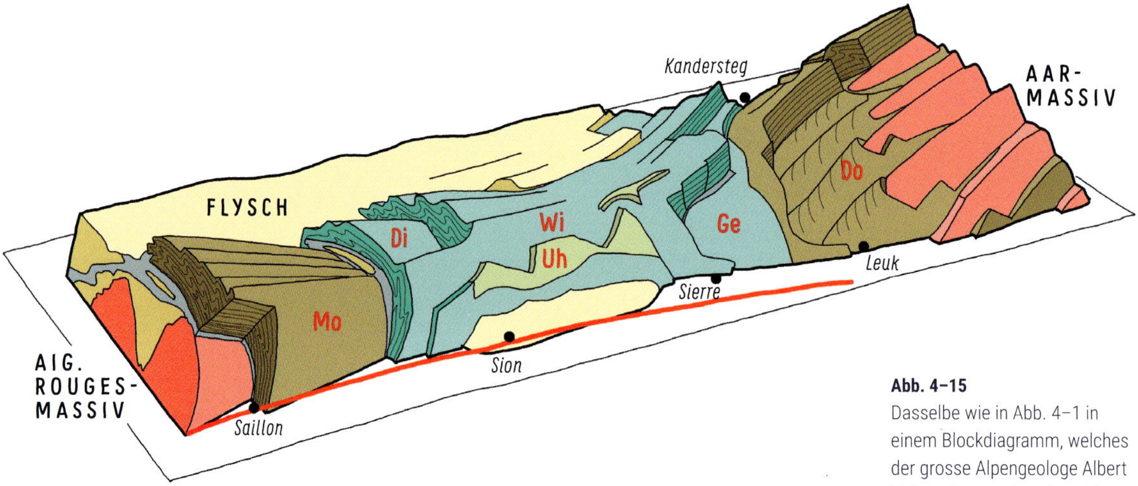

Abb. 4–15
Dasselbe wie in Abb. 4–1 in einem Blockdiagramm, welches der grosse Alpengeologe Albert Heim schon vor hundert Jahren angefertigt hatte. Abkürzungen siehe Abb. 4–13.

WO SEHEN UND ERLEBEN?

In den helvetischen Decken des Unterwallis ist deren seitliches Eintauchen schulbuchmässig zu erkennen.
Besonders eindrucksvoll kann das Eintauchen der Decken gegen WSW am Westrand des Lepontinischen Doms in der Landschaft anhand der Morphologie der Berge erkannt werden, etwa im Mattertal oder in der Wildstrubel-Wildhorn-Gegend. Das Abtauchen der Decken am Ostrand lässt sich im Oberengadin hervorragend in der Landschaft erkennen.

Abb. 4–16
Blick vom Rawilpass gegen WSE zum Wildhorn. Das Ansteigen der Schrattenkalk-Platte in Richtung des Mont-Blanc-Doms ist gut zu erkennen.

23

Zerdehnen und verschieben

Die jüngere Geschichte der Alpenbildung ist geprägt von Zerdehnungen und Seitenverschiebungen!

Dieser Essay nimmt den Faden dort wieder auf, wo der letzte endete – bei der Frage nach dem «Warum?» des Auf und Ab von Domstrukturen und Depressionen entlang der Längsachse der Alpen. Sie haben dort noch erfahren, dass westlich und östlich des Lepontinischen und des Tauern-Doms grosse Abschiebungen zu beobachten sind. Abschiebungen sind immer eine Folge von Dehnungsvorgängen (Abb. 4–18).

Sie werden bisher die Alpen als ein Produkt von kompressiven (zusammendrückenden) Bewegungen und Verformungen verstanden haben: Deckenbildungen und Verfaltungen aufgrund der Annäherung des Mikrokontinents Adria und schliesslich der Kollision mit dem europäischen Kontinentalrand (und dem dazwischen eingeklemmten Mikrokontinent Briançonnais-Iberia). Zusammenschieben, überschieben, stauchen, verkürzen – das sind die damit assoziierten Vorgänge. So wird das auch in allen Schul- und Lehrbüchern und in vielen der mehr oder weniger guten Videoclips über die Alpenbildung dargestellt.

Doch bei vielen Gebirgen, gerade bei Kollisionsgebirgen, spielen auch Dehnungsvorgänge und seitliche Verschiebungen eine grosse Rolle. Drei relativ neue geologische Fachbegriffe stehen dafür.

Orogener Kollaps, metamorphe Dome und seitliche Extrusion

Wird aufgrund einer Kontinentalkollision mit Subduktion und Deckenbildungen ein Stück kontinentale Kruste stark verdickt, so wird dieses in den tieferen Lagen auch aufgeheizt (und die Gesteine werden metamorph). Quarzreiche Krustengesteine werden schon ab rund 300 °C zunehmend plastisch verformbar. So wird ein verdickter Krustenstapel infolge dieser thermischen Schwächung an seiner Basis irgendwann auseinanderzufliessen beginnen – sprich: sich zu zerdehnen. Der Alpengeologe Adrian Pfiffner spricht dabei auch schon mal ganz salopp vom «Kuhfladen-Effekt». Dadurch wird gleichzeitig eine Anhebung ausgelöst, wodurch die tieferen, metamorphosierten Einheiten an die Oberfläche geraten können, indem die darüberliegenden Einheiten wegerodiert werden. Man spricht dann von metamorphen Domen. Nun sind Kollisionsgebirge keine runden, hingepflanzten Kuhfladen, sondern sie sind Teil einer plattentektonischen Einengungs-/Kollisionszone. Das bedeutet,

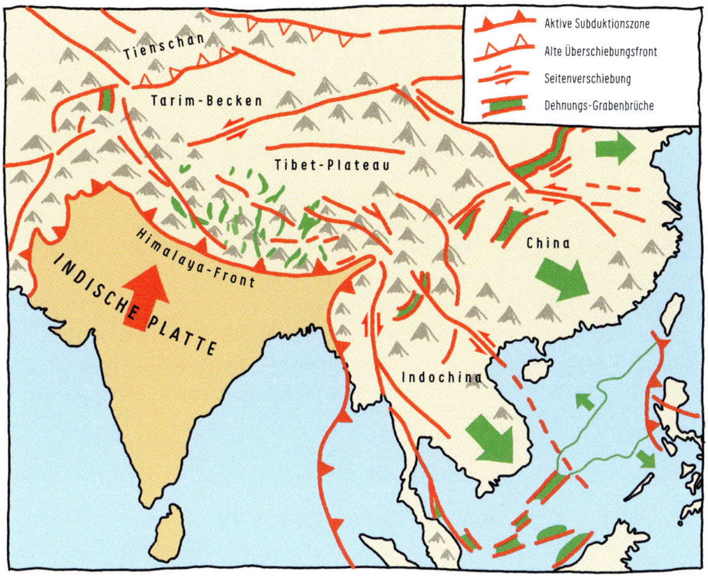

Abb. 4–17
Die seitliche Extrusion des Tibetplateaus gegen Osten, infolge des Eindringens des «indischen Stempels».

dass das Zerdehnen und Auseinanderfliessen nur seitlich erfolgen kann, oft sogar nur in eine Richtung. Die Ostalpen sind ein Paradebeispiel dafür – weiter unten wird darauf eingegangen. Ein Anderes findet sich in Ostasien (Abb. 4–17). Durch das Eindringen von Indien wie ein Stempel in den asiatischen Kontinent wurde das gewaltige Tibetplateau angehoben und an seinem Südrand durch die Monsun-Erosion das Himalaya-Gebirge gebildet (s. Essay 21). Auf der ganzen Ostseite wich die Kruste Asiens gegen den Pazifik hin in einen gigantischen Dehnungsfächer aus.

Die Zerdehnungsdome Lepontin und Tauern und die «adriatischen Eindringlinge»

Die «Dome» des Lepontin und des Tauernfensters wurden schon in Essay 22 vorgestellt. Heute geht man davon aus, dass die Anhebung dieser Dome Folge einer Einengung quer zu den Alpen sind. Daraus resultierte einerseits eine vertikale Herauspressung und andererseits eine seitliche Zerdehnung und damit Verlängerung der Alpen. Dies wurde für die Ostalpen schon in Essay 13 erläutert und in Abb. 2–26 illustriert. All dies wird als Folge davon gesehen, dass der Mikrokontinent Adria eine komplexe nördliche Begrenzung hatte und im Bereich der Zentral- und Ostalpen in Form von zwei dreiecksförmigen, in der Literatur sogenannten «Indentern» («Eindringlingen») gegen die alpine Kollisionszone hineinstiess. Der westliche wird als «insubrischer Indenter», der östliche als «Dolomiten-Indenter» bezeichnet. Diese «Eindringlinge» hatten gewaltige Folgen für die Alpenbildung: Die Bewegung von Adria erfolgte von SE gegen NW in die Kollisionszone hinein, also schräg zu dieser. Daraus ergab sich eine Kombination von Einengung und Seitenverschiebung (Abb. 4–19). Die Geologen sprechen von «transpressiver Bewegung». Die Einengungen durch die beiden Indenter führten zur SE-NW-Verkürzung und Herauspressung der beiden Dome und gleichzeitig zur Zerdehnung der Alpen in ihrer Längsachse, wobei die Ostalpen in das östlich davon liegende Pannonische Becken auswichen. Der Fachbegriff dafür lautet «lateral escape», soviel wie «seitliches Entweichen». Die Seitenverschiebungen spielten sich also hauptsächlich entlang der Grenze zwischen adriatischer Mikroplatte und der alpinen Kollisionszone ab. Sie sind insgesamt unter dem Namen «periadriatische Bruchzone» in die Literatur eingegangen. Die Verschiebungsrichtung ist so, dass der adriatische Block

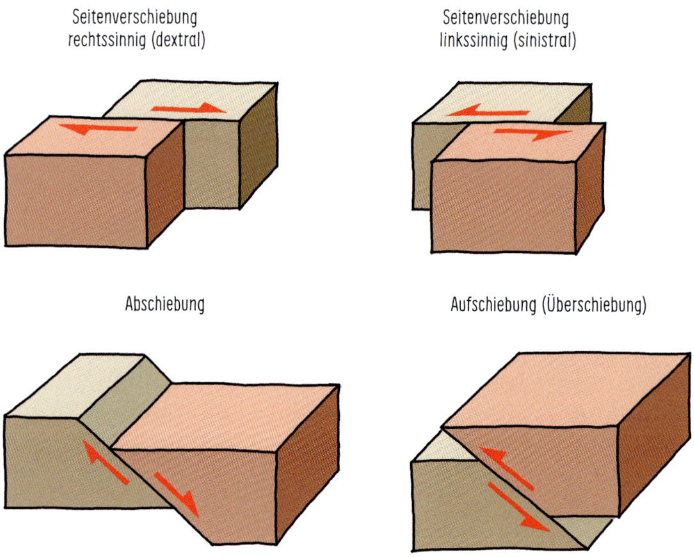

Abb. 4–18 a–d
Prinzipskizzen für die im Text verwendeten strukturgeologischen Begriffe.

nach Westen (links), die alpine Kollisionszone nach Osten (rechts) verschoben wurde. Man spricht von einer rechtssinnigen oder dextralen Verschiebung (Abb. 4–18, 4–19). Die lateralen Dehnungen infolge der Dombildung erfolgten (wie schon in Essay 22 erwähnt) an grossen flachen Abschiebungen (Abb. 4–19):

Lepontinischer Dom	**Westseite: Simplon-Rhone-Störung**	**Ostseite: Forcola-Störung**
Tauern-Dom	**Westseite: Brenner-Störung**	**Ostseite: Katschberg-Störung**

Abb. 4–20 zeigt, wie markant die seit langem bekannte Brenner-Störung in der Landschaft zutage tritt. Andere dieser Störungszonen sind weniger landschaftsprägend. Die gesamten Zerdehnungen schätzt man heute auf rund 300 km – also eine starke, deutliche Verlängerung des Alpengebirges! Alle diese Vorgänge ereigneten sich ab rund 30 Mio. Jahre, also nach dem Plattenabriss unter den Zentralalpen (Essay 8). Sie gehören damit zur jüngeren Geschichte der Alpenbildung. Sie wurden auch erst in jüngerer Zeit intensiver erforscht und entschlüsselt. Wichtige Hilfsmittel dazu waren die systematische Kartierung und Interpretation junger Brüche und Störungen in den gesamten Alpen sowie die stark verbesserten Methoden der absoluten Altersbestimmung.

Das periadriatische Bruchsystem

Auf Abb. 4–19 ist ersichtlich, dass im südlichen, internen Teil der Alpen eine gewaltige, rund 700 km lange Störungs- oder Bruchzone verläuft. Sie beginnt östlich von Turin und endet in Slowenien. Sie wird in der Literatur als «periadriatische Naht», «Linie», «Lineament», «Störung» oder «Bruchzone» bezeichnet – soviel zum Tohuwabohu der geologischen Nomenklatur! (s. Geo-Wissen 4). Die Begriffe «Naht», «Linie» oder «Lineament» werden recht oft in der Geologie für Störungszonen verwendet, die von Seitenverschiebungen dominiert werden – ganz einfach, weil sie im Kartenbild als Linien erscheinen. Wir folgen dem Alpengeologen Adrian Pfiffner und bevorzugen den Begriff Bruch-

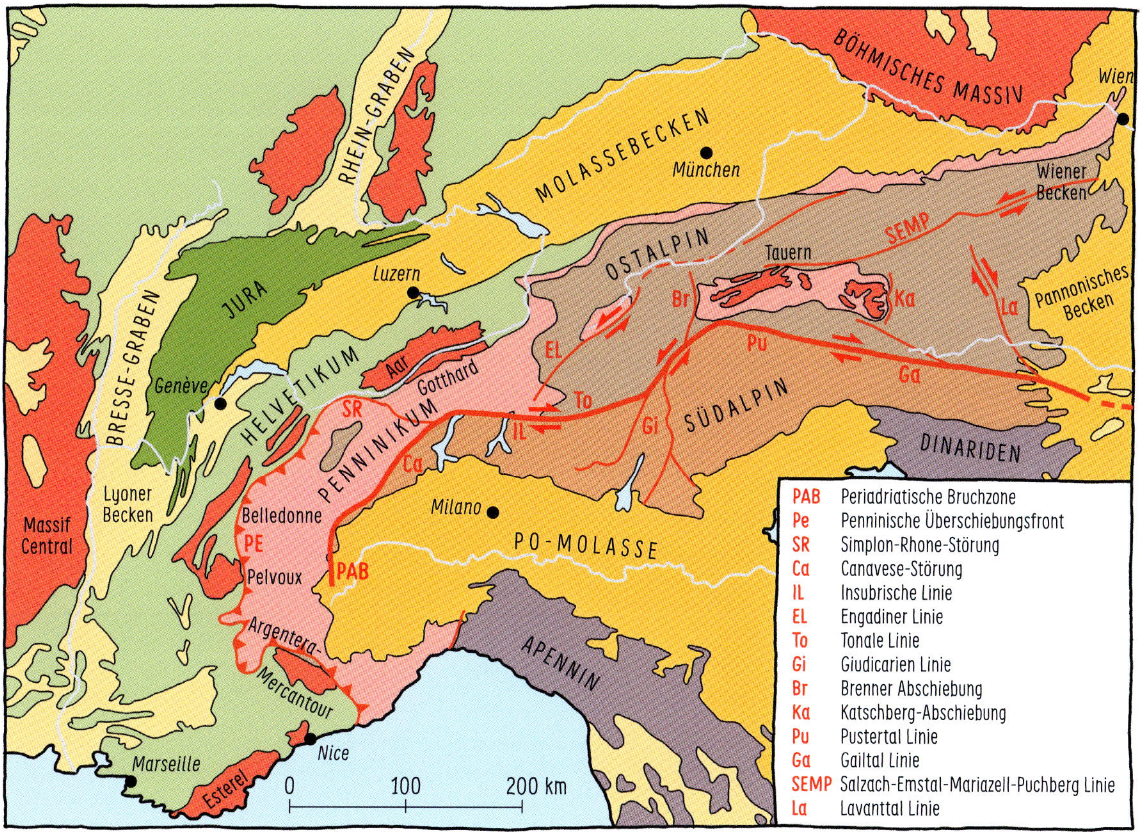

zone oder Bruchsystem. Damit wird erstens klar, dass es sich um Bruchtektonik handelt, zweitens, dass es sich nicht um eine einfache Bruchlinie, sondern um ein komplexes System handelt. Für die einzelnen Abschnitte haben sich regionale Begriffe eingebürgert (s. Abb. 4–19). Diese sind insofern sinnvoll, als die Bewegungen an den einzelnen Abschnitten nicht identisch sind. Bei diesen Abschnittsnamen sollte heute generell von «Störung» gesprochen werden. Aber der Begriff «Linie» hält sich hartnäckig, etwa für die Namen des ganzen westlichen Teils, der «Insubrischen Linie». Über weite Strecken – aber nicht überall, verlaufen heute entlang dieses Bruchsystems grosse Täler, weil zerbrochene und gestörte Gesteine aus Bruchzonen leicht verwittert und erodiert werden.

Abb. 4–19
Alpenkarte mit den wichtigsten Strukturen, welche mit den adriatischen Indentern, den Zerdehnungen und dem periadriatischen Bruchsystem zusammenhängen.

Am periadriatischen Bruchsystem spielten sich zwei Arten von Bewegungen ab, die jeweils Folgen der beiden adriatischen Indenter sind. Da sind einerseits die rechtssinnigen (dextralen) Seitenverschiebungen (s. Abb. 4–18 a). Andererseits stellte man auch Vertikalbewegungen fest, bei denen die Teile nördlich des Bruchsystems an fast vertikal verlaufenden Brüchen gegenüber den südlichen Teilen um viele Kilometer angehoben wurden (Abb. 4–18 d). Dies lässt sich eindrücklich und leicht in der Gegend zwischen Bellinzona und Locarno nachvollziehen. Dort verläuft die Bruchzone in der Magadino-Talebene, unsichtbar unter den Talfüllungen (Abb. 5–10). An den Felsen der nördlichen Talflanke, die zum Lepontinischen Dom gehören, trifft man auf hochmetamorphe Gneise, die bei der alpinen

Metamorphose Temperaturen von rund 700 °C erlebt haben und dabei schon aufzuschmelzen begannen. An den südlichen Talhängen hingegen begegnen wir südalpinen Grundgebirgsgneisen, welche bei der Alpenbildung nur rund 200 °C erlebten – also praktisch unmetamorph sind (Abb. 3–2). Das entspricht einem Tiefenunterschied von rund 20 km, um welchen der nördliche Teil gegenüber dem südlichen an der Störung angehoben wurde!

Das Eindringen des insubrischen Indenters verlief in der Tiefe in Form eines keilartigen Vorstosses der adriatischen Unterkruste und der Mantellithosphäre in die Kollisionszone. Dies kann an den Tiefenprofilen der Abb. 2–25 erkannt werden. Die Folge davon waren gegen S/SE gerichtete Rücküberschiebungen und Rückfaltungen, sowohl in der Kollisionszone selbst als auch am adriatischen Kontinentalrand. So entstand letztlich der bivergente Charakter der Alpen, die in Essay 12 so getaufte «Blumenkohl-Form».

Das Periadriatische Bruchsystem wird begleitet von zahlreichen gleichzeitig aktiven Störungszonen, etwa den oben erwähnten Abschiebungen an den westlichen und östlichen Seiten der beiden Dome Lepontin und Tauern, aber auch von der «Engadiner Linie» und vielen weiteren (s. Abb. 4–19). In neuerer Zeit werden in den Zentral- und Ostalpen immer mehr Bruchsysteme kartiert und analysiert, die im Zusammenhang mit diesen grossräumigen Bewegungen stehen – etwa in den Domen der Mont-Blanc- und Aar-Massive (etwa in der Surselva) oder in den helvetischen Sedimentgesteinsdecken der Rawil-Depression.

Im Westen nichts Neues?

Wir haben die Ost-West-Zerdehnungen der Zentral- und Ostalpen mit der Bildung der Dome und dem seitlichen Entweichen der Ostalpen gegen Osten vorgestellt. Damit verbunden sind die rechtssinnigen Verschiebungen am Periadriatischen Bruchsystem. Doch wie wurden diese ganzen Bewegungen im Westen aufgenommen, dort, wo heute der Westalpenbogen liegt?

Die Verschiebung des insubrischen Indenters gegen Westen resultierte in Kompressionen im Westalpenbogen (Abb. 4–19). Schon in früheren Phasen der Alpenbildung wurde dort die Unterkruste des Adria-Kontinentalrandes aufgebogen. Dadurch kamen Gesteine aus der Unterkruste an die Oberfläche. Heute ist dieser tiefe Adria-Krustenteil als «Ivrea-Zone» oder, dreidimensional, als «Ivrea-Körper» an der Oberfläche sichtbar. Dieser Ivrea-Körper wirkte wie eine Art Prellbock, da seine quarzfreien Gesteine auch bei höheren Temperaturen nicht plastisch verformbar waren. Das führte einerseits zu starken Rücküberschiebungen und Rückfaltungen in den Westalpen, andererseits zu fortgesetzten Deckenbildungen gegen Westen im externen Bereich des werdenden Gebirges. Das erkennt man auch an der Fortsetzung der Seitenverschiebung der Simplon-Rhone-Störung in den Westalpen (Abb. 4–19): Sie geht dort in die Frontüberschiebungen der nach Westen gerichteten penninischen Decken über. Letztlich ist also der Westalpenbogen auf die ursprünglichen Formen der Kontinentalränder von Europa und Adria und auf das Eindringen der adriatischen Indenter seit rund 30 Mio. Jahren zurückzuführen.

WO SEHEN UND ERLEBEN?

- Die Dome Lepontin und Tauern sind als grossartige Hochgebirgslandschaften des Aar-Massivs und der Hohen Tauern zu bewundern.
- Einige der grossen Abschiebungen sind auch in der Landschaft gut zu erkennen, etwa die Simplon-Rhone-Störung mit dem Passeinschnitt und dem Talverlauf der Rhone, und die Brenner-Störung (Abb. 4–20),
- Die Periadriatische Naht ist morphologisch an einigen markanten Alpen-Längstälern sichtbar: Centovalli, Veltlin, Valle Giudicaria, Pustertal, Gailtal.
- Rücküberschiebungen und Rückfaltungen sind in den penninischen Decken des Wallis (Abb. 2–24) und in Graubünden zu erkennen.

Abb. 4–20
Google-Earth Satelliten-Schrägaufnahme von Süden vom Brennerpass her nach Norden gegen Innsbruck. Die Brenner-Abschiebung definiert die flach geneigten Talhänge östlich (rechts) der Passachse.

24

Eiskaltes Schaben

Vom Wirken der vielen grossen Eiszeiten

Manche ältere Leser*innen werden das noch im Kopf haben: «Günz – Mindel – Riss – Würm», die Namen der vier Eiszeiten in Mitteleuropa. Es ist Allgemeinwissen geworden, dass es im Alpenraum vier grosse Eiszeiten gab, während derer die Gletscher bis ins Mittelland vorstiessen. Diese bis in die 1990er-Jahre auch für die Schweiz akzeptierte Einteilung ging auf die berühmt gewordene Publikation der beiden deutschen Wissenschaftler A. Penck und E. Brückner im Jahre 1909 zurück: «Die Alpen im Eiszeitalter». Es war dann vor allem der Schweizer Quartärgeologe Christian Schlüchter, welcher aufgrund seiner Felduntersuchungen diese fast schon zu einem Wissenschafts-Dogma geratene Einteilung infrage stellte.

Viel mehr als nur vier Eiszeiten – vergessen Sie «Günz – Mindel – Riss – Würm»

Heute wissen wir, dass es viel mehr als diese vier Eiszeiten gab. Man geht von mindestens fünfzehn aus, welche in den letzten 2,6 Mio. Jahren (= Quartärzeit) die Alpen heimgesucht haben. Der Grund für diese erst spät gewonnene Erkenntnis ist ganz einfach. Die obengenannten sind die letzten vier Eiszeiten, deren Spuren in der Landschaft noch so deutlich sind, dass sie auch von den Geologen des 19. und früheren 20. Jahrhunderts festgestellt und auseinandergehalten werden konnten. Die Namen der vier wurden nach kleinen Flüssen in Bayern gegeben, bei denen entsprechende Schotterablagerungen gefunden wurden. Die ganze Eiszeitgeschichte des Alpenraums musste aus Ablagerungen und geomorphologischen Spuren der Gletscher auseinander dividiert werden: Schotter, Grundmoränenablagerungen (Till), Moränenkämme, Findlinge etc. Und diese mussten aufgrund ihrer geografischen Lage und ihrer Höhenlagen miteinander zu einem Gesamtbild korreliert werden. Das ist eine äusserst anspruchsvolle und knifflige Detektivarbeit. Hinzu kommt, dass es nicht einfach ist, solche geologisch gesehen jungen Ablagerungen absolut zu datieren. Diesbezüglich wurden in den letzten 20 Jahren jedoch sehr grosse Fortschritte erzielt. So ist der heutige Stand des Wissens derart, dass man für die jüngere Quartärzeit (ca. die letzten 300 000 Jahre) fünf grosse Eiszeiten kennt, und für die ältere Quartärzeit mindestens acht weitere (Abb. 4–21). Die entsprechenden Schwankungen der mittleren Temperaturen betrugen bis zu 15° C. Im Zuge neuerer Forschungen der letzten 20 Jahre kam man auch zum Schluss, für die Schweiz die alten Namen von Penck und Brückner aufzugeben und durch solche zu ersetzen, die einen direkten Bezug zu den fünf letzten im schweizerischen Mittelland bis in die Nordschweiz festgestellten maximalen Eisausdehnungen haben. So müssen die älteren Semester nun «Günz – Mindel – Riss– Würm» durch «Möhlin – Habsburg – Hagenholz – Beringen – Birrfeld» ersetzen!

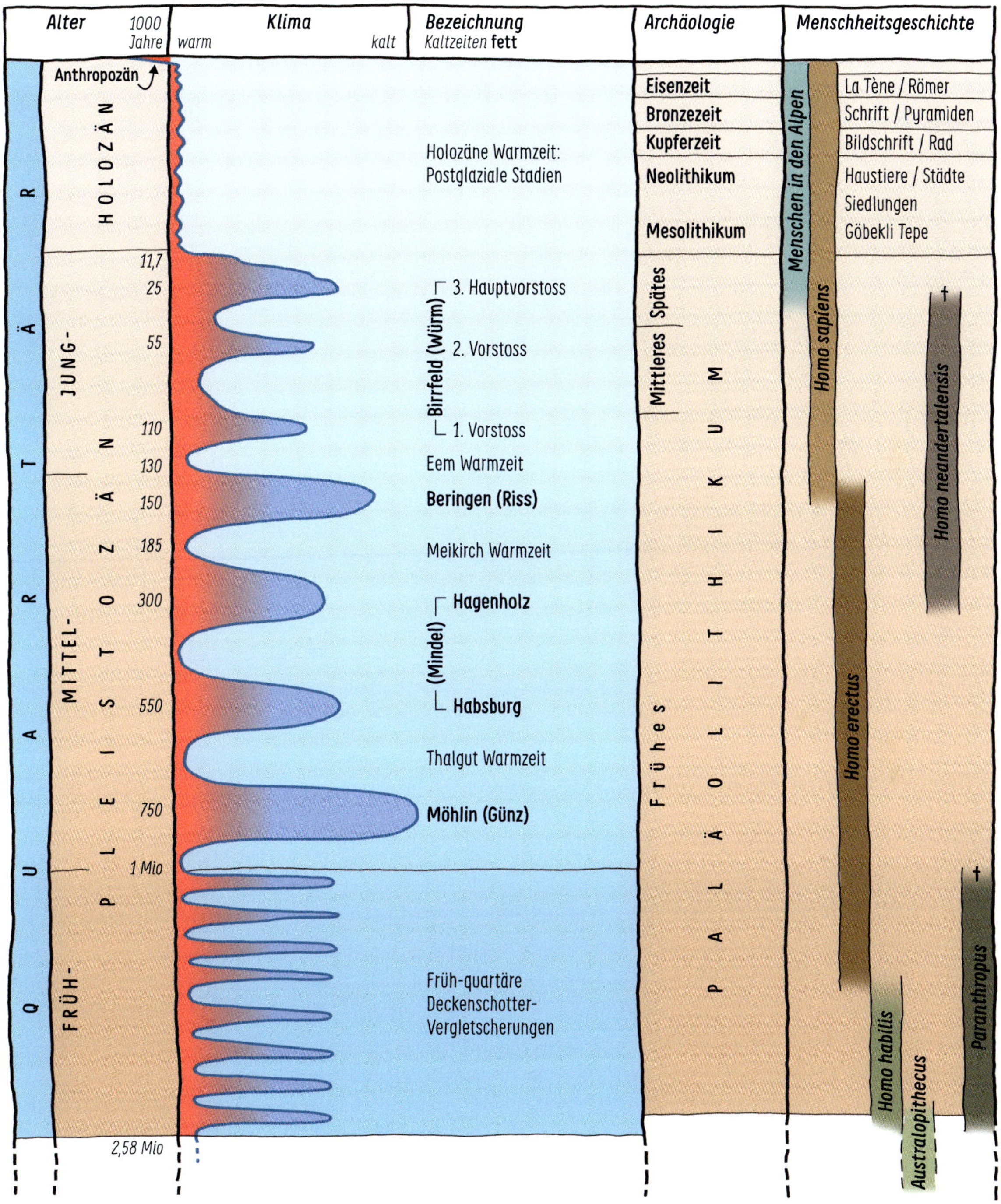

Abb. 4–21
Der Wechsel von Kalt- und Warmzeiten im Alpenraum während der Quartärzeit – der heutige Stand des Wissens.

Gründe für die gewaltigen Klimaschwankungen

Heute ist es eine etablierte wissenschaftliche Theorie, dass der Hauptgrund für die rhythmischen Wechsel zwischen Kalt- und Warmzeiten der Quartärzeit die sogenannten Milanković-Zyklen sind. Diese widerspiegeln die verschiedenen zyklischen Schwankungen der Erdbahnparameter, welche in ihrem Zusammenspiel zu mehr oder weniger Sonneneinstrahlung auf die Erde führen und damit die Kalt- und Warmzeiten erzeugen. Derzeit sind wir in einer Warmzeit, und nach den Abschätzungen der Eiszeitforscher sollten wir in wenigen Zehntausend Jahren wieder in eine Eiszeit geraten. Doch *Homo sapiens* ist derzeit daran, das Klimasystem der Erde mit seinem CO_2-Ausstoss derart massiv zu beeinflussen, dass es wahrscheinlich aus diesem natürlichen Rhythmus hinauskatapultiert wird.

Sie sehen in Abb. 4–22 einen Ausschnitt aus der wunderbaren Karte der Schweiz vor 25 000 Jahren, als die letzte Eiszeit (Birrfeld/Würm) ihr Maximum hatte. Sie können diese Karte im Internet (www.map.geo.admin.ch) in beliebiger Vergrösserung ansehen und schauen, wie viele Meter Eis Sie damals an ihrem heutigen Wohnort über Ihrem Haus gehabt haben. Schon allein der Blick auf diese Karten macht es plausibel, dass diese gewaltigen Gletschersysteme tiefgreifende Auswirkungen auf unsere Landschaften hatten.

Abb. 4–22
Ausschnitt aus der eindrücklichen Karte der Schweiz während des Höchststandes der letzten Eiszeit (alt: Würm, neu: Birrfeld) vor rund 25 000 Jahren.

Eiszeitgletscher als Landschaftsgestalter

Gletscher haben eine sehr grosse Erosionskraft. Glaziale Erosion erfolgt einerseits durch die Schleifwirkung von der am Gletscherboden mitgeführten und angefrorenen Gesteinskomponenten am Felsuntergrund (mit typischer Entstehung von Gletscherschrammen), andererseits durch Herausbrechen der von an der Gletscherunterseite angefrorenen Fragmente des Untergrunds. So runden Gletscher Felsoberflächen ab, hobeln V-Täler zu U-Tälern aus, weiten diese aus, erzeugen Landschaftselemente wie

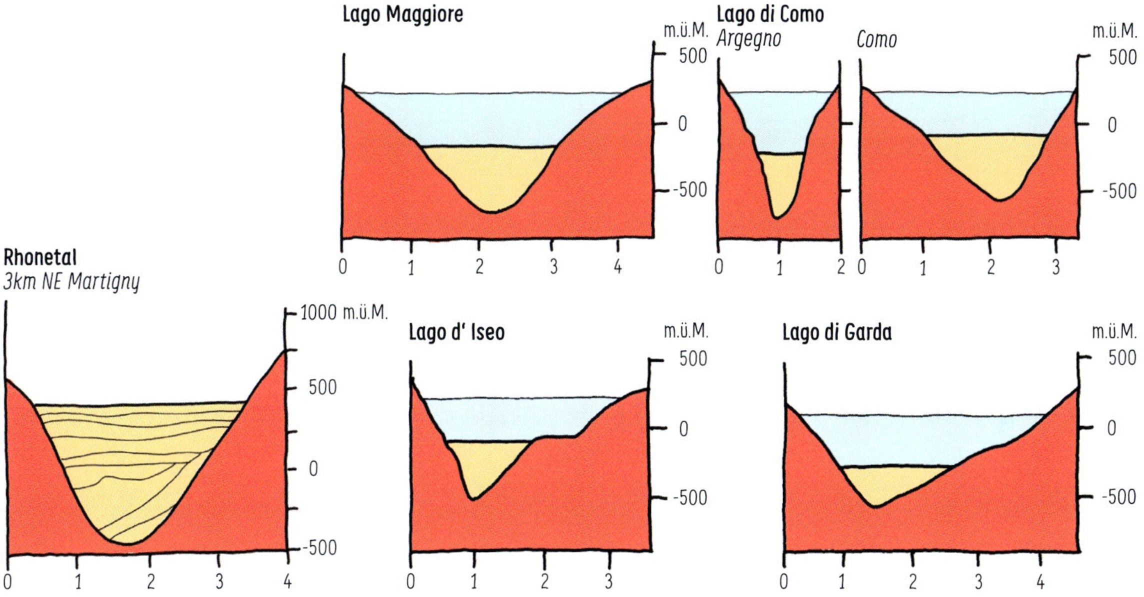

Karkessel, Hängetäler, subglaziale Schluchten und übertiefte Täler. Einige der eindrücklichsten glazial ausgeformten U-Täler der Schweiz sind das Lauterbrunnental, das Gasterntal, das hintere Linthtal und das Aaretal ob Guttannen. Im Alpenraum trugen die Gletscher also viel Material ab – welches dann im Mittelland wieder deponiert wurde. Dort zeugen viele Landschaftsformen vom Wirken der Gletscher. Zu erwähnen sind etwa die vielen Hügelzüge aus alten End- und Seitenmoränen, die elliptischen Hügel der Drumlins, die vielen einzelnen oder in ganzen Scharen auftretenden Findlingsblöcke. Sind diese eindeutig bestimmten Gesteinsformationen in den Alpen zuzuordnen, werden sie als «Leitgesteine» bezeichnet. Ein schönes Beispiel ist der nur zwischen Saas Fee und Zermatt vorkommende und unverwechselbare Allalin-Metagabbro, anhand dessen Vorkommens die Ausdehnung des Rhonegletschers ermittelt werden kann. Das wichtigste Produkt der Eiszeitalter im Mittelland sind die vielen Schotterablagerungen der Zwischeneiszeit-Perioden, welche von den grossen Alpenflüssen zu mächtigen Kiesschichten angehäuft wurden – einer der wichtigsten Rohstoffe der Schweiz.

Abb. 4–23
Profil durch die glazial übertieften Taltröge von Martigny (Rhone-Mont Blanc-Gletscher) sowie von einigen Alpenrandseen; alle in zweifacher Überhöhung gezeichnet.

Die versteckten Mega-Täler

Flossen die grossen Gletscher über Zonen mit weichem und leicht erodierbarem Gestein, konnten sie dort tiefe Rinnen aushobeln. Lagen davor Zonen mit härteren Gesteinen, konnte es zur Ausbildung von massiv übertieften Rinnen kommen. Bekannte Beispiele sind das übertiefte untere Gasterntal ob Kandersteg. Die heute schottergefüllte Übertiefung beträgt rund 330 m und reicht damit unter die Meereshöhe von Kandersteg. Dies wurde schlagartig deutlich beim Bau des ersten Lötschbergtunnels im Jahr 1908, als die Arbeiter den kies- und wassergefüllten Glazialtrog mit dem Tunnelvorstich anfuhren und von den massiven Wasser-Kies-Einbrüchen überrascht wurden – mit schlimmen Folgen, 25 Tote gab es.

Das spektakulärste Beispiel einer glazialen Übertiefung findet sich im Unterwallis. Es ist erst seit Mitte der 1990er-Jahre bekannt, als erstmals seismische Profile durch die Alpen erstellt wurden. Musste der eiszeitliche Rhonegletscher bei St. Maurice den Felsriegel aus Hochgebirgskalk etwa auf heutigem Niveau überwinden, so schürfte er sich von Brig bis Martigny in den weichen Schiefergesteinen tief ein. Von dieser Übertiefung ist wie bei den anderen Beispielen nichts zu sehen, weil diese Stellen seit dem Ende der letzten Eiszeit mit Schottern und Sanden aufgefüllt wurden. Man stellte fest, dass der Übertiefungstrog bei Martigny fast 1000 m tief ist, mithin also bis auf −450 m unter den Meeresspiegel reicht! Diese massive Übertiefung hat die Geologenwelt ziemlich verblüfft (Abb. 4–23, 4–24). Die meisten der landschaftlich so reizvollen Alpenrandseen verdanken ihre Entstehung solchen glazialen Übertiefungen.

Nacheiszeitliche Bergstürze

Neben der Revision von Anzahl und Zeitabfolge der alpinen Eiszeiten muss in diesem Zusammenhang eine weitere lieb gewordene Vorstellung korrigiert werden: In den Alpen sind viele nacheiszeitliche Bergsturzereignisse bekannt, die durch ihre Ablagerungen, Sturzbahnen und Anrissgebiete gut dokumentiert sind. Beispiele sind etwa die folgenden, ganz grossen: Flims GR (der grösste alpenweit, Abb. 5–6), Kandertal BE, Engelberg OW, Sierre VS, Köfels A. Die gängige Erklärung für diese Ereignisse lautet: Mit dem Rückzug der eiszeitlichen Gletscher wurden die übersteilten und vom Eisdruck gepressten Talflanken destabilisiert und an Schwachstellen sausten Teile davon in die Tiefe. Neuere Datierungen zeigen aber, dass die allermeisten dieser Bergstürze viele Tausend Jahre nach dem Rückzug der Gletscher abgingen. Ein direkter Zusammenhang mit dem Abschmelzen der Gletscher kann daher nicht abgeleitet werden. Vielmehr dürften klimatische Bedingungen – insbesondere Niederschläge – eine zentrale Rolle gespielt haben. Ob die eiszeitliche Druckwirkung und deren Nachlassen nach dem Rückzug der Gletscher gewisse Talflanken sozusagen «vorbereitet» hat, bleibe dahingestellt.

Last but not least treibt die Geologen auch die Frage um, inwieweit heutige Hebungsvorgänge in den Alpen noch mit der Entlastung von der eiszeitlichen Eislast zu tun haben – diese Frage wird in Essay 25 am Beispiel Skandinaviens angesprochen und für die Alpen diskutiert.

WO SEHEN UND ERLEBEN?

Im Text wurden einige Beispiele erwähnt. Wer das Wirken der Eiszeiten in den Alpen und im Mittelland wandernd erleben möchte, dem sei das wunderbare Buch «Eiszeitwanderungen» von Jürg Alean und Paul Felber wärmstens empfohlen.

Abb. 4–24
Blick von NE hinab auf das Rhonetal mit Martigny. Der Rhonegletscher hobelte das Tal bis fast 1000 m unter der heutigen Talebene aus! Die Auffüllung mit Sedimenten erfolgte in kürzester Zeit in den letzten rund 15 000 Jahren.

Heute und morgen – die andauernde Gebirgsbildung und ihr Ende

Was ist heute, und in welcher Form, von der andauernden Alpenbildung zu sehen und zu spüren? Wie präsentiert sich die plattentektonische Situation der alpidischen Gebirgszüge heute, wo gibt es Subduktionszonen, sind irgendwo Plattenabrisse im Gange? Wie wird die Entwicklung der Alpen weitergehen? Werden sie einmal ganz verschwunden sein? Wie ordnen sich die Alpen in die ganzen anderen Gebirgszüge der Welt ein? Welche globale Bedeutung haben die Alpen? Hat das Wirken von uns Menschen einen Einfluss auf die Gebirgsbildung? Auf alle diese Fragen erhalten Sie im letzten Teil der Essays Antworten.

Abb. 5-1
Blick vom Monte Cazzola oberhalb der Alpe Devero (Valle d'Ossola, I) an die Berge des südlichen Binntals (links Hillehorn 3180 m ü. M.). Die markanten Geländestufen im Mittelgrund sind junge, wahrscheinlich heute noch aktive Brüche.

25

Auf oder ab oder beides?

Wie sich die andauernde Alpenbildung heute manifestiert

Zwei der häufigsten Fragen, die bei Diskussionen rund um die Alpenbildung gestellt werden: Ist die Alpenbildung abgeschlossen? Und: Wachsen die Alpen heute noch? Abgewandelt vom Spruch «Die Wüste lebt» könnte man sagen: Das Gebirge lebt, weil es sich hebt und bebt.

Hebung der Alpen?

Ob ein Gebirge sich netto noch anhebt, hat mit einem sehr komplexen Zusammenspiel beziehungsweise einem Wettlauf zwischen Abtragung an der Oberfläche und Tiefenprozessen zu tun. Anhebungen eines Gebirgskörpers können verschiedene Ursachen haben: Anhebung durch Krustenverdickung und isostatischen Ausgleich oder infolge erosiver Entlastung wegen eines Plattenabrisses und infolge Aufströmungen in der Asthenosphäre, oder, last but not least, infolge Entlastung von eiszeitlicher Gletscherlast.

Wahrscheinlich wissen fast alle, die dieses Buch lesen, dass die Alpen sich heute noch heben. Das ist fast schon zu Allgemeinwissen geworden. Gegen Ende des letzten Jahrtausends publizierte die Landestopografie die Resultate eines Vergleichs der beiden Landesnivellements von 1902 und 1995 – mit verblüffendem Ergebnis: Auch nach Abzug der Fehlertoleranzen ergab sich ein sehr klares Bild, nämlich: Dass sich die Alpen in dieser Zeitspanne mit Raten von teilweise deutlich über 1 mm/Jahr angehoben haben (Abb. 5–2). Ähnliche Resultate gab es auch aus den benachbarten Alpenländern. Ein Problem dabei ist jedoch, dass diese Nivellements nicht absolut sind, sondern immer in Bezug stehen zu einem Referenzpunkt erfasst werden. Für die Schweiz ist dies Aarburg bei Olten. Damit sind auch die alpenweiten Resultate nur sehr bedingt vergleichbar.

Moderne GPS-Resultate bestätigen die Nivellement-Vergleiche

In den letzten Jahrzehnten haben sich jedoch ganz neue Möglichkeiten ergeben durch satellitengestützte GPS-Messungen. Diese erlauben alpenweite Vergleiche und die leichte Erfassung einer beliebig grossen Datenmenge. Verschiedene Teams waren in den letzten Jahren an der Arbeit und publizierten ihre Resultate. In Abb. 5–3 ist eine Alpenkarte mit solchen aus mehrjährigen GPS-Messreihen ermittelten heutigen Vertikalbewegungen des Alpenraums und seines Umlandes zu sehen; sie stammen aus einer Forschungsarbeit von 2019. Diese stimmt ziemlich gut mit den Resultaten des Nivellements überein und bestätigt damit auch, dass unsere Urgrossväter mit ihren Theodoliten und Reissbrettern hervorragende Arbeit geleistet haben.

Die Karte zeigt, dass sich die Zentral- und Westalpen heute noch anheben. Im Einzelnen gibt es Unterschiede in den Hebungsraten, die nur schlecht mit den in Essay 22 vor-

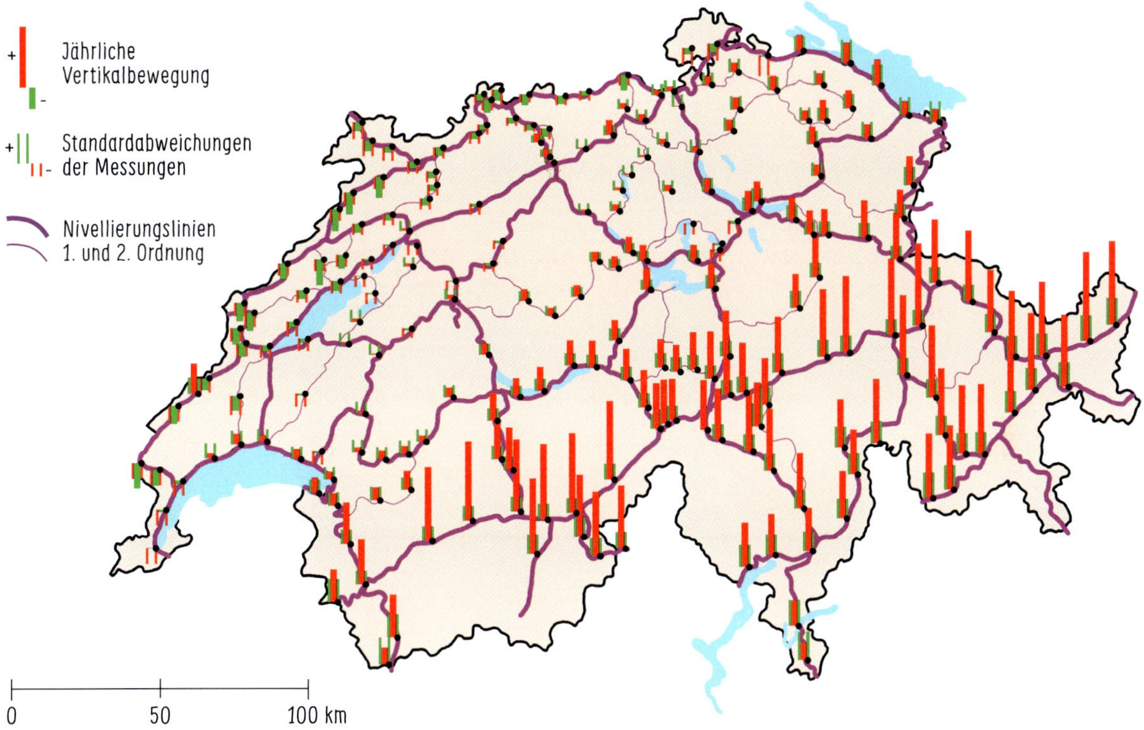

gestellten, perlenschnurartig angeordneten «Domen» korrelieren. Abb. 5–4 zeigt dieses Auf und Ab der Hebungsraten entlang des Alpenbogens. Es gibt etwa entlang der Alpenachse verschiedene «Hochs» mit Hebungsgeschwindigkeiten von bis gegen 2,5 mm pro Jahr. Auffallend sind auch die beiden Gebiete mit Absenkung innerhalb des Alpenbogens, einerseits am südlichen Ende der Alpen, andererseits in einem Gebiet südlich des Tauernfensters in den Ostalpen. Das Juragebirge zeigt an seinem südwestlichen Teil ebenfalls Anhebung, im zentralen bis östlichen Teil Absenkung. Die ganze Po-Ebene sinkt ab, mit einer Art «Absinktrog» südlich von Venedig, gegen die Adria hin. Erst im Apennin beginnen wieder Gebiete mit leichter Hebung. Heute vermutet man, dass ein Grossteil der unterschiedlichen Hebungsraten mit plattentektonischen Vorgängen in der Tiefe zusammenhängen – auf diese wird in Essay 26 noch eingegangen.

Abb. 5–2
Vertikalbewegungen ermittelt aus den Landesnivellements von 1902 und 1995.Referenzpunkt mit Bewegung Null ist Aarburg bei Olten.

Noch ein Wort zu den heute möglichen, hochpräzisen Messungen von Höhenveränderungen: Im Zusammenhang mit dem Bau des Gotthard-Basistunnels konnte man feststellen, dass das Gebirge sozusagen «atmet»: Es gibt minime Hebungen und Senkungen im Tages- und im Jahresgang, die höchst wahrscheinlich mit thermischen Ausdehnungen der Gesteine zu tun haben.

Was war die Rolle der eiszeitlichen Gletscherlasten?

Bis vor Kurzem wurde die Frage, inwiefern die Entlastung des Alpenraums von den eiszeitlichen Gletscherpanzern zur aktuellen Hebung beiträgt, praktisch nicht diskutiert – obwohl man schon lange die gewaltigen Hebungsvorgänge in

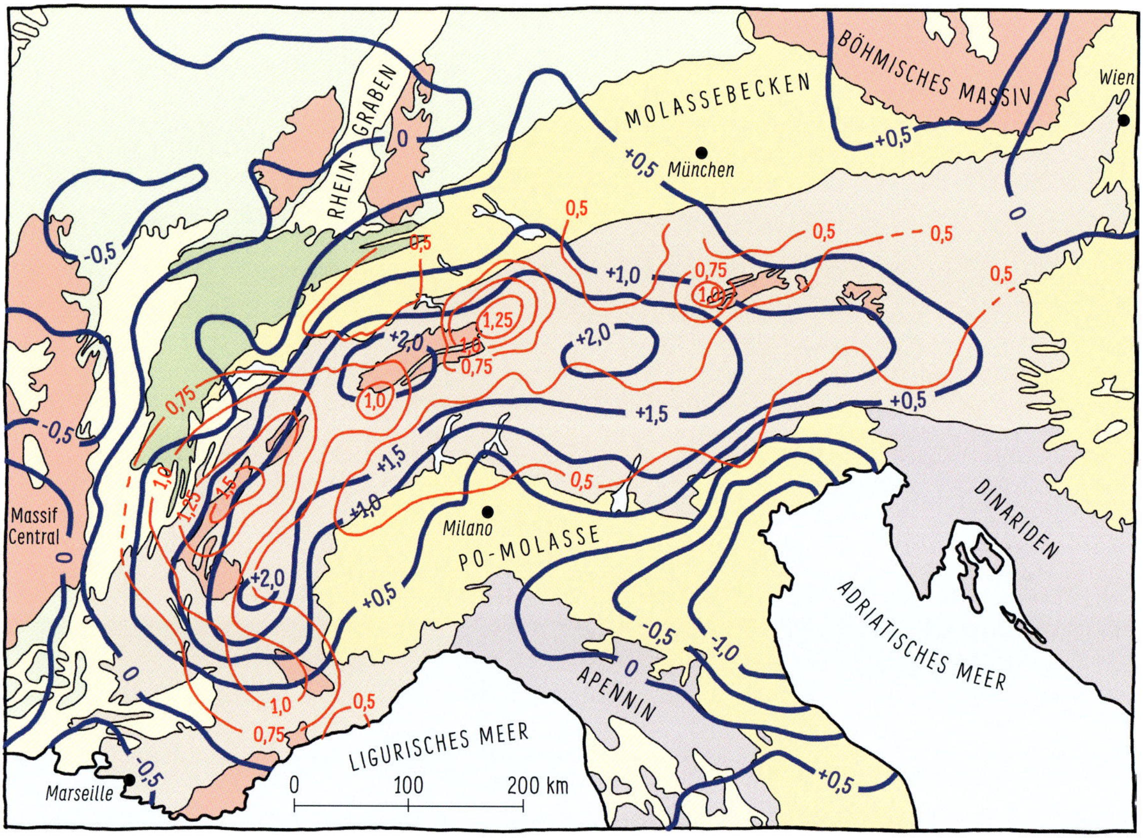

Abb. 5–3
Aktuelle Hebungsraten aus GPS-Messungen in Blau; Erosionsraten gemittelt über die letzten 2 Mio. Jahre aus verschiedenen Daten in Rot.

Skandinavien nach dem Verschwinden der dortigen eiszeitlichen Gletscherbedeckung kannte. Eine neuere Forschungsarbeit aus dem Jahre 2016 schlug deshalb wie eine Bombe in die Runde der Alpengeologen ein: Die Autoren kamen zum Schluss, dass etwa 90 % der heute beobachteten Anhebungen auf die Eisentlastung zurückgeht – oi, oi, oi! Damit war natürlich der wissenschaftliche Disput angestossen – davon lebt ja die Wissenschaft! Das Autorenteam der in Abb. 5–3 dargestellten Karte versuchte, aufgrund von zahlreichen publizierten Studien, physikalischen Überlegungen und eigenen Resultaten die Anteile der verschiedenen oben erwähnten «Antreiber» von Hebungen für die Alpen abzuschätzen. Sie kamen zum Schluss, dass die Eisentlastung für die West- und Zentralalpen rund 10–30 % zur Hebung beiträgt, in den Ostalpen hingegen bis 50 % – schon wieder ein Unterschied zwischen West-/Zentral- und Ostalpen! Die restlichen Anteile der Hebung führen sie auf Erosionsausgleich und plattentektonische Vorgänge in der Tiefe zurück.

Und die Erosion?

Die heute zu beobachtende Hebung ist eine aktuelle Grösse, ermittelt aus den Veränderungen der letzten Jahre. Gleichzeitig baut die Erosion das Gebirge laufend ab. Die Erosion kann aber nicht wie die Hebung durch eine Höhen-

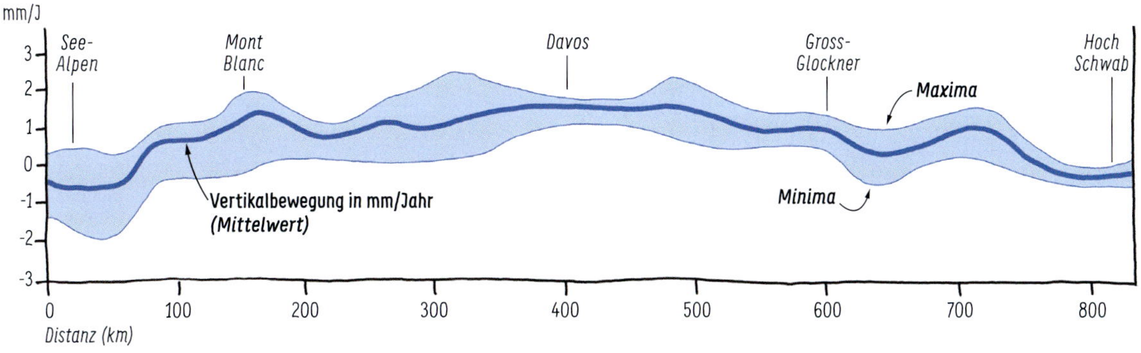

messung an bestimmten Punkten gemessen werden. Erosion verläuft nie homogen über eine gesamte Fläche ab, sondern immer räumlich und zeitlich variabel. So könnte beispielsweise an einem Nivellierungs-Fixpunkt oder GPS-Messpunkt im Verlaufe der Messperiode der Untergrund infolge einer Rutschung um mehrere dm bis m abgesackt sein, oder an einem felsigen Punkt durch Steinschlag weggebrochen werden. Dann ergäbe sich für diesen Punkt eine gewaltige Senkung aufgrund der Erosion, welche aber nichts mit der Nettohebung und -erosion zu tun hat. Die Erosionsraten abzuschätzen ist kein einfaches Geschäft. Man kann etwa die jährliche Sedimentfracht ermitteln, welche Alpenflüsse wie der Rhein, die Rhone oder der Ticino in ihren See-Deltas ablagern und diese Menge auf die Fläche des jeweiligen Einzugsgebiets verteilen. Weiter gibt es moderne isotopengeochemische Methoden, die auf ganze Einzugsgebiete angewendet werden können. Solche Erosionsraten beziehen sich immer auf eine längere Zeitspanne von Hunderttausenden bis wenige Millionen Jahre – sind also längerfristige Durchschnittswerte. Um die tatsächliche und auch längerfristig gültige Netto-Vertikalbewegung zu erfassen, müssen von den aktuell gemessenen Hebungsraten die längerfristigen Erosionsraten abgezogen werden.

Neue Resultate zur Erosion der letzten 2 Mio. Jahren zeigen grob das folgende Bild (Abb. 5–3): Wie bei den Hebungsraten ist die Verteilung über die Alpen nicht homogen; es gibt entlang der Alpenachse Zonen mit stärkerer und schwächerer Erosion. Es zeigt sich zudem eine recht gute Übereinstimmung mit den Hebungsraten. Starke Anhebung geht einher mit verstärkter Erosion. Daraus resultiert, nach heutigem Stand der Forschung, folgendes Bild:

Westalpen	Ungefähr ausgeglichenes Verhältnis zwischen Hebung und Erosion.
Zentralalpen	Die Hebung ist fast bis 1 mm grösser als die Erosion, das Gebirge wächst mit rund 1 mm/Jahr in die Höhe.
Ostalpen	Die Erosion ist etwas stärker als die Hebung, das Gebirge wird abgetragen.

Diese ganzen Fragen von Hebung und Erosion sind ein sehr aktuelles Forschungsgebiet – und vielleicht erleben wir in den nächsten Jahren noch manche Überraschung dabei.

Alpenbeben

Zum Themenkreis der heutigen Bewegungen in den Alpen gehören auch die Erdbeben. Diese sollen hier nur kurz gestreift werden – in allen populärwissenschaftlichen Büchern zur Alpengeologie finden sich gute Abschnitte dazu.

Sowohl mit den Vertikal- als auch den Hori-

Abb. 5–4
Aktuelle Hebungsraten aus GPS-Messungen entlang der Längsachsen der Alpen von den Seealpen bis an ihr Ostende.

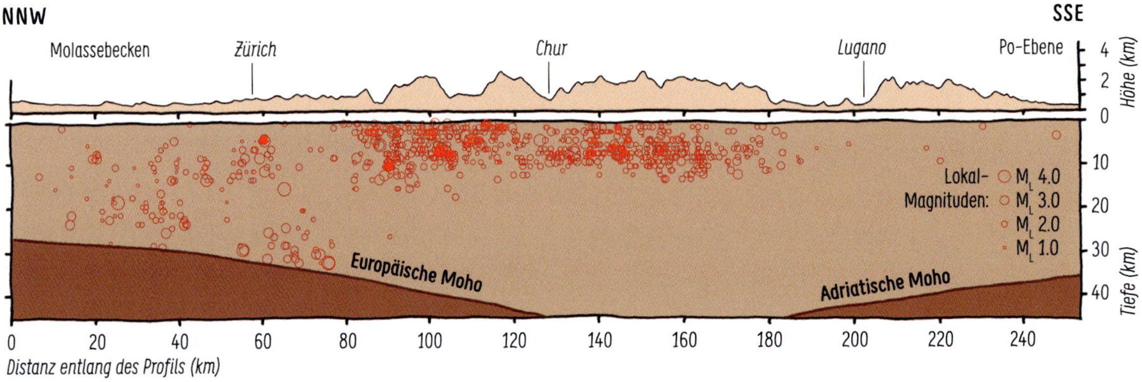

Abb. 5–5
Alpenquerschnitt von Zürich bis Lugano mit den registrierten Erdbeben 1975–2014 in einem Bereich von je 50 km seitlich von der Profillinie weg.

zontalbewegungen im Alpenkörper sind Erdbeben verbunden. Immer und überall, wo in der Erdkruste Gesteinspakete gegeneinander verschoben werden, können Erdbeben entstehen. Deswegen ist es kein Wunder, dass der Alpenraum seismisch durchaus «lebhaft» ist, auch wenn die Alpen und Mitteleuropa nicht zu den erdbebenmässig aufregenden bzw. gefährlichen Gebieten der Welt gehören. Aus der Auswertung von Erdbebenwellen kann man nicht nur die Erdbebenstärke, sondern auch die Tiefe und die Relativ-Bewegungen der beteiligten Gesteinspakete beiderseits des Erdbebenbruches ermitteln. Interessanterweise ist ein grosser Teil der Erdbeben im Alpenraum auf Dehnungs- und nicht auf Kompressionsbewegungen zurückzuführen – womit wir beim Thema von Essay 23 sind! Weiter ist die räumliche Verteilung der Erdbeben im Untergrund aufschlussreich, dargestellt auf Abb. 5–5. Unter dem Mittelland dominieren in der Ober- und in der Unterkruste liegende Erdbeben, im zentralen Alpenraum in der Oberkruste gelegene. Erstere sind auf die andauernde Subduktion der europäischen Platte und auf das Platten-Rückrollen zurückzuführen, letztere auf die aktuellen Hebungs- und Dehnungsvorgänge im Lepontinischen Dom.

WO SEHEN UND ERLEBEN?

Weder die aktuelle Hebung noch die langfristige Erosion können direkt beobachtet werden. Wohl aber sind die Zeugen von vielfältigen Erosionsprozessen in den Alpen omnipräsent. Auf sie wird in diesem Buch nicht näher eingegangen – das tun die bestehenden und im Literaturteil vorgestellten Bücher zur Alpengeologie schon sehr gut. Stellvertretend sei nur auf die abwechslungsreichen Bergsturz-Landschaften der Schweiz hingewiesen, mit dem Flimser Bergsturz, dem grössten der Alpen, als Beispiel auf dem Foto der Abb. 5–6.

Abb. 5–6
Die Vorderrheinschlucht «Ruinaulta» unterhalb von Flims schnitt sich durch die gewaltigen Ablagerungen des Flimser Bergsturzes. Diese Landschaft lässt uns Hebung, Abtragung und Erosion augenfällig erleben.

26

Afrika beginnt bei Bellinzona?

Das plattentektonische Kuddelmuddel des Alpen- und Mittelmeerraums

Im Essay 9 zeigten wir Ihnen, wie hochkomplex die plattentektonische Entwicklung des südeuropäischen Raumes war; zur Illustration diente die paläogeografische Karte dieses Raumes vor 120 Mio. Jahren, die ein verwirrendes Muster von Meeresbecken, Mikrokontinenten und Küstenlinien zeigte. In den Jahrmillionen bis heute resultierte daraus, durch die stetige Annäherung des afrikanischen Grosskontinents an Europa, das heutzutage ebenso komplizierte Muster der alpidischen Gebirgsketten und des Mittelmeerraumes (Abb. 2–1).

Wie stellt sich die plattentektonische Situation dieses Raumes heute dar? Findet man die Mikrokontinente Iberia-Briançonais und Adria noch? Wo verlaufen aktuell die Plattengrenzen? Nähert sich Afrika noch weiter an Europa an, und wenn ja, wie manifestieren sich diese Bewegungen heute? Was wird wo subduziert? Diesen Fragen soll im Wesentlichen anhand der Karte der Abb. 5–7 nachgegangen werden. Sie erkennen auf den ersten Blick, dass sich die Situation auch heute noch als ausserordentlich verzwickt darstellt. Der südeuropäische Raum ist ein gigantisches plattentektonisches «Kuddelmuddel».

In Essay 12 stellten wir Ihnen die Alpen als ein zweiseitiges (bivergentes) Gebirge vor, mit einer Art «Blumenkohl-Struktur». Ähnliches kann man, im grösseren Massstab, für die ganze kontinentale Kollisionszone der alpidischen Ketten von Gibraltar bis nach Vorderasien sagen. Es gibt eine nördliche Begrenzung, definiert durch mehrheitlich von Süd nach Nord gerichtete Überschiebungen am Rand der Pyrenäen – Alpen – Karpaten. Die südliche Begrenzung. ist vor allem durch Subduktionszonen geprägt und verläuft vom Atlasgebirge ins Mittelmeer hinein, östlich von Zypern wieder aus diesem hinaus, und weiter nach SE in den Südrand des iranischen Zagros-Gebirges. Dies ist gleichzeitig die heutige Nordgrenze der afrikanischen Grossplatte, bis nach Syrien, wo diese dann von der mittelgrossen arabischen Platte abgelöst wird.

Im Westen dieser «alpidischen Mega-Kollisionszone» blieb ein gutes Stück der iberischen Mikroplatte erhalten, nördlich begrenzt durch das Kollisionsgebirge der Pyrenäen, südlich durch die Ketten der Betischen Kordilleren. Sein ehemaliger «Spickel» gegen Osten hin, das sogenannte «Briançonnais», ist zum einen Teil in das Alpengebäude einbezogen worden, zum andern durch eine junge ozeanische Spreizungszone im Ligurischen Meer vor rund 30 Mio. Jahren als korso-sardinischer Block abgetrennt und gegen SE hin ins Mittelmeer hinein rotiert worden. So findet man heute im nordöstlichen Teil von Korsika die gleichen Gesteine wieder wie in der Briançonnais-Zone der Westalpen. Eine wahrlich verrückte Situation!

Auch der italienische Stiefel ist eine seltsame Sache. Er wird längs zerschnitten in einen südwestlichen Apennin-

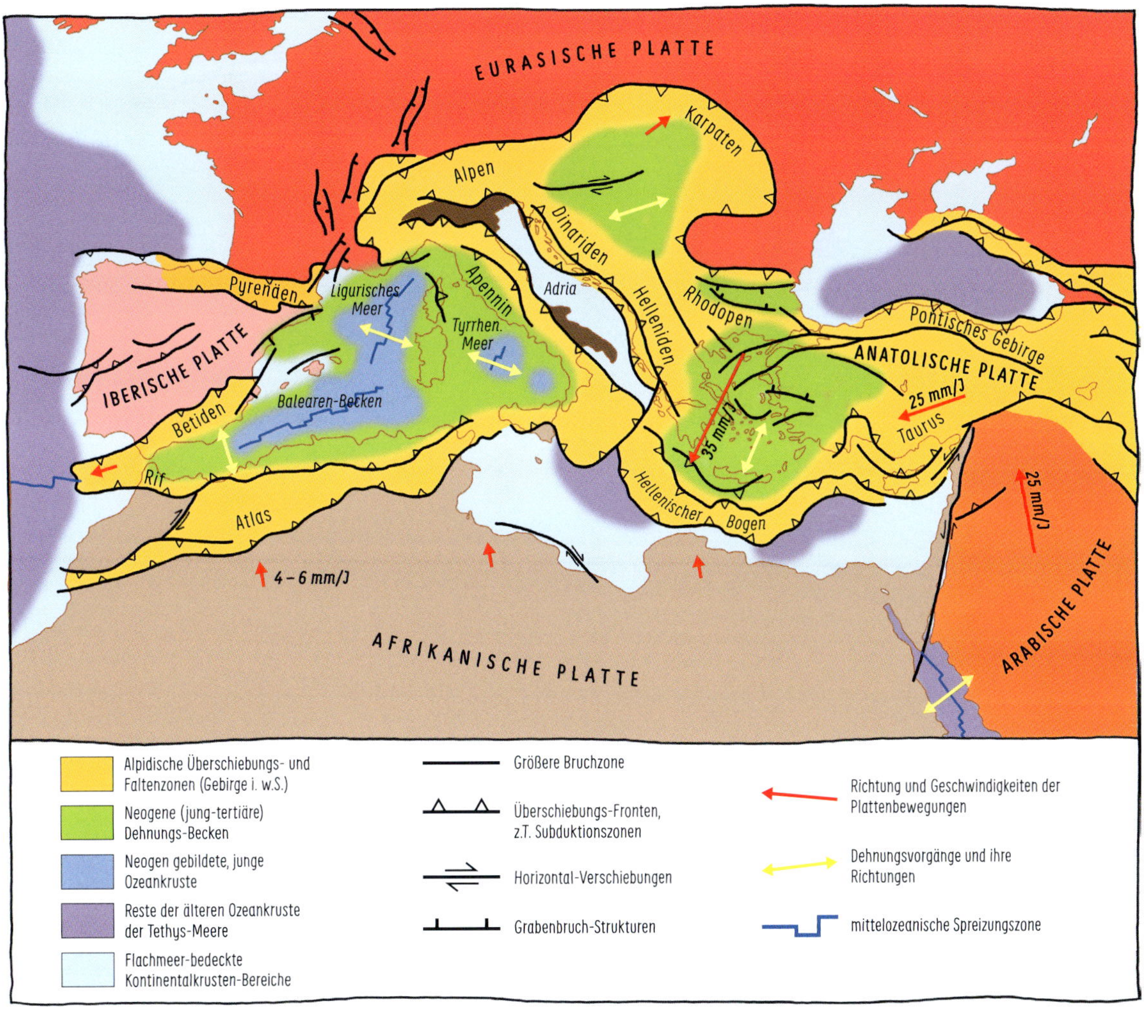

Teil, der zur alpinen Kollisionszone gehört; der nordwestliche Streifen und das Adriatische Meer bilden den Rest des Mikrokontinents Adria, dessen Sporn bis unter die Molassefüllung der Po-Ebene reicht. Die heutige Plattengrenze Adria/Apulia-Europa wird durch die Periadriatische Linie gebildet, wobei diese allerdings inaktiv geworden ist; die Fortsetzung findet sich in der gegen SW gerichteten Überschiebungsfront der dinarischen Gebirgsketten des Balkans. Im Tessin verläuft die Periadriatische Naht, hier «Insubrische Linie» genannt, genau durch Locarno, unter der Magadino-Ebene hindurch und etwas südlich von Bellinzona weiter gegen Osten (s. auch Essay 23). Am mitten in der Altstadt von Bellinzona gelegenen Felshügel des Castel Grande können die fast vertikal gestellten, hoch deformierten Gneise am Rand der Störung bequem studiert werden. Also ist der

Abb. 5–7
Karte des Mittelmeerraumes mit den heutigen plattentektonischen Verhältnissen.

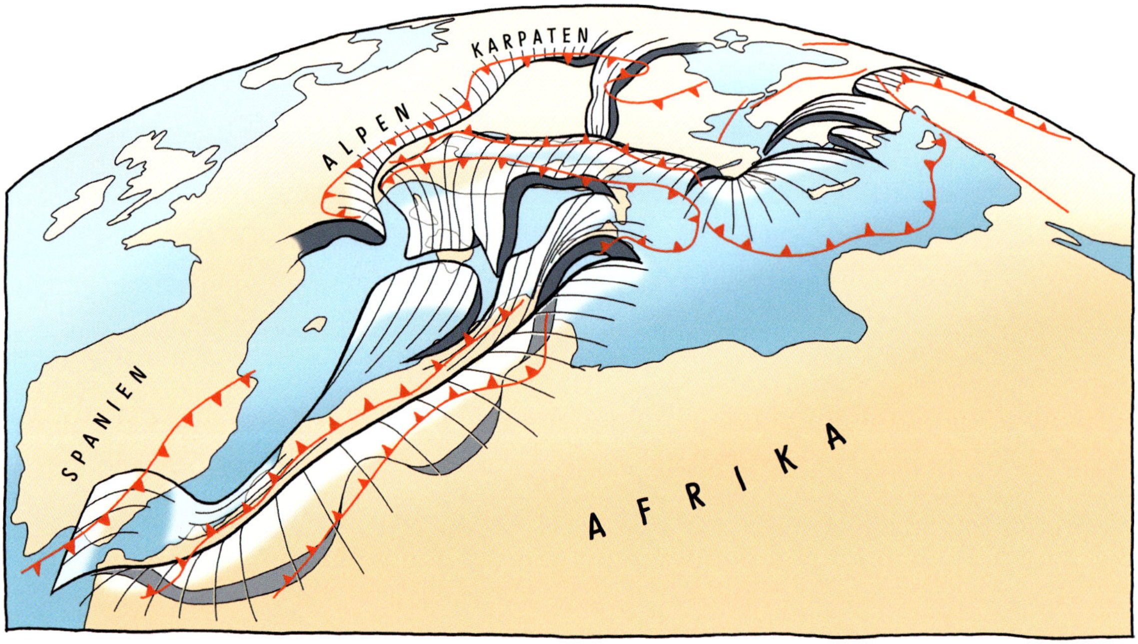

Kapiteltitel halb richtig: nicht Afrika, sondern Adria beginnt bei Bellinzona (Abb. 5–10).

Die heutigen Bewegungen der Platten

Schauen Sie sich die Richtungen und Geschwindigkeiten der Plattenbewegungen in Abb. 5–7 an. Es wird Ihnen auffallen, dass sich der europäische Grosskontinent praktisch nicht bewegt, dass der afrikanische Grosskontinent sich mit rund 1 cm/Jahr nach Norden bewegt, und dass dazwischen, vor allem im östlichen Mittelmeerraum, wesentlich schnellere und in allen Gebieten auch andere Bewegungsrichtungen vorhanden sind. Der Mittelmeerraum scheint seine eigene, interne plattentektonische Dynamik zwischen den beiden Grosskontinenten zu haben. Dies äussert sich unter anderem auch darin, dass es in der insgesamt durch Kompression zwischen Afrika und Europa geprägten Situation auch Zonen mit Dehnungen und sogar Bildung von neuer Ozeankruste gibt. Dies können Sie in den ligurischen, tyrrhenischen, ägäischen Meeresbecken und im pannonischen Becken erkennen. Weiter wird aus der Karte ersichtlich, dass es im östlichen Mittelmeer (und im Schwarzen Meer) noch ältere, mesozoische Ozeankruste als Rest des alpinen Tethysmeers gibt, im westlichen Mittelmeer hingegen nur wesentlich jüngere. Überhaupt ist die Situation im östlichen Mittelmeerbecken nochmals komplexer, schauen Sie sich nur die schnelle Rotation von Türkei – Griechenland an! – Wir lassen hier die Finger davon.

Der Druck der nordwärts driftenden afrikanischen Platte wird heute praktisch nicht mehr in den Alpen aufgenommen, sondern an der Südgrenze der alpidischen Kollisionszone, etwa durch eine Subduktionszone zwischen Sizilien und Zypern. Diese ist unter anderem verantwortlich für den Vulkanismus des Ätna, der Liparischen Inseln, des Vesuvs und in der Ägäis.

Die adriatische Mikroplatte rotiert heute ganz langsam gegen den Uhrzeigersinn um eine Achse bei Turin herum, mit etwa einem

Abb. 5–8
3D-Ansicht der komplexen heutigen Plattenkonfigurationen im Untergrund des Alpen-Mittelmeerraums.

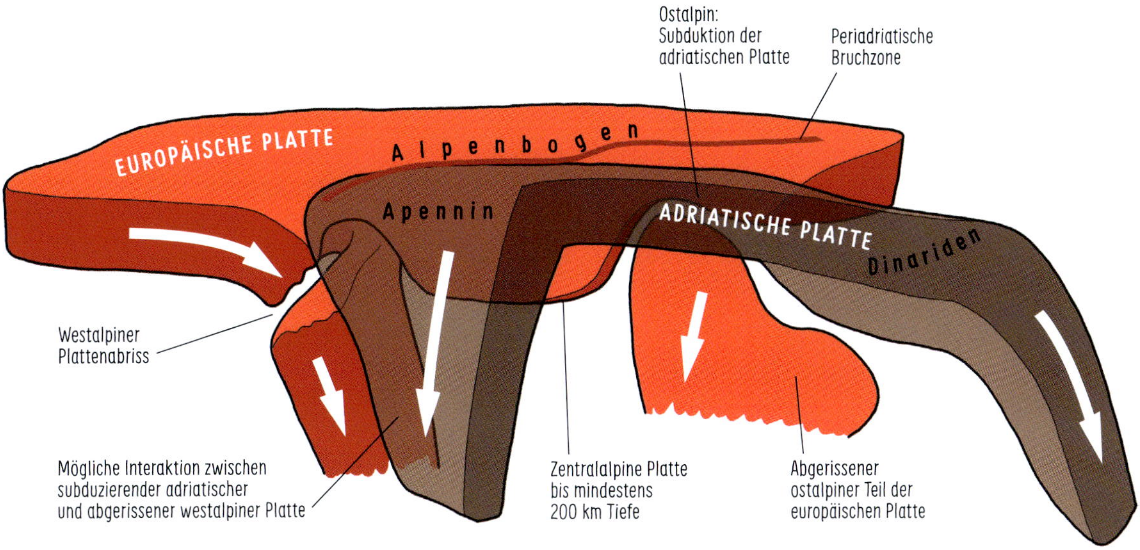

halben Grad pro Mio. Jahren. Deshalb findet sich die höchste Plattengeschwindigkeit von einigen mm pro Jahr zwischen Adria und Europa ganz im Osten des Alpensüdrands, in der Provinz Friaul-Venetien – Hauptgrund für die vielen Erdbeben in dieser Region! In der Schweiz resultiert diese schwache Rotation von Adria in einer geringfügig anhaltenden Kompression von SE her, die Überschiebungen im Aar-Massiv gegen Norden und in den Südalpen gegen Süden bewirken.

Eine wilde Nebenstory – die Salzkrise des Mittelmeers

Sozusagen als begleitende, aber ziemlich phänomenale «Nebenstory» sei hier noch von einem Ereignis in der ganz jungen geologischen Geschichte des Mittelmeers berichtet: Vor rund 20 Mio. Jahren wurde die Verbindung des Mittelmeers nach Osten durch Gebirgsbildungen in Vorderasien unterbrochen. Ab dann war die einzige Verbindung des Mittelmeers zu den Weltozeanen die Meerenge von Gibraltar. Aufgrund von tektonischen Bewegungen schloss sich diese vor 5,95 Mio. Jahren. Das Mittelmeer wurde dadurch zum abgeschlossenen Binnenmeer. Da die Wassermengen von den umgebenden Flüssen nicht ausreichten, um das Meer gefüllt zu halten, trocknete das Mittelmeer im Verlaufe der nächsten paar Zehntausend Jahre komplett aus. Die dadurch entstandenen, bis zu 3 km mächtigen Schichten von Gips, Anhydrit und Steinsalz lagerten sich auf dem Meeresboden ab; sie wurden ab den 1970er-Jahren in Bohrungen des Forschungsschiffs «Glomar Challenger» im Meeresuntergrund nachgewiesen. Dieser Zeitabschnitt wurde nach der Stadt Messina als «Messinian» bezeichnet und die Austrocknung erhielt den Namen «Messinische Salinitätskrise». Der Geologe Kenneth J. Hsü machte diese Erkenntnisse mit dem 1987 erschienenen Buch «The Mediterranean was a Desert» der Allgemeinheit bekannt. Stellen Sie sich das vor: Sie stehen bei Marseille am Rand der Rhonemündung, und anstatt auf ein liebliches Meer, blicken Sie hinab in einen gigantischen Canyon, in welchem der Fluss über Dutzende von Kilometern in die Tiefe dem Grund des Mittelmeerbodens zustürzt, in der gleissenden Ferne verschwindet und langsam austrocknet. Eine Aussicht, vielfach

Abb. 5-9
Detail aus Abb. 5-8: 3D-Ansicht der heutigen Plattenkonfigurationen im Untergrund der Alpen.

eindrücklicher als vom Rand des Grand Canyon! Diese Austrocknung des Mittelmeeres hatte Auswirkungen bis in die Alpen – wegen des plötzlich viel tieferen Erosionsniveaus verstärkte sich die Erosionsrate insgesamt und die Flüsse am Alpensüdhang schnitten sich tiefer in den Untergrund ein. Dies fand man beispielsweise bei seismischen Untersuchungen des Untergrunds des Lago Maggiore heraus, welcher eine bis auf −700 m unter dem heutigen Meeresspiegel eingetiefte Rinne aufweist.

Vor ungefähr 5,33 Millionen Jahren erfolgte zunächst eine leichte Senkung der Landbrücke zwischen Europa und Afrika, sodass für einige Jahrtausende nur geringe Wassermengen aus dem Atlantik in das ausgetrocknete Mittelmeerbecken schwappten. Nach und nach grub sich das Wasser aber immer tiefer in die Landbrücke, bis schliesslich durch einen 200 Kilometer langen und bis zu 11 Kilometer breiten Kanal etwa 100 Millionen Kubikmeter pro Sekunde einströmten und dabei mit einer Geschwindigkeit von etwa 150 Stundenkilometern den Strömungskanal um 40 Zentimeter pro Tag vertieften. Das führte dazu, dass auf dem Höhepunkt dieses Vorgangs der Wasserspiegel im Mittelmeerbecken täglich um mehr als 10 Meter anstieg – bis nach maximal zwei Jahren das Mittelmeer wiederaufgefüllt war. Stellen Sie sich vor, wie Sie am Rand Südspaniens auf dieses gigantische Naturspektakel blicken! Aber zurück zur Plattentektonik …

Platten-Ballett in der Tiefe

Bisher haben wir die plattentektonische Situation des Alpen-Mittelmeerraums an der Oberfläche betrachtet. Mit den modernen Methoden der seismischen Tomografie (s. Geo-Wissen Nr. 6) können die Geophysiker heute den tieferen Untergrund bis Hunderte von Kilometern tief durchleuchten. Was sie für den Alpen-Mittelmeerraum bisher herausfanden, grenzt an das Verrückte. Abb. 5–9 zeigt eine 3D-Skizze des Alpen-Apennin-Dinariden-Raums, Abb. 5–8 dasselbe für den gesamten Mittelmeerraum. Allein entlang des Alpenbogens sind drei grosse Veränderungen festzustellen: In den Westalpen hat ein Abriss der subduzierenden europäischen Platte vor Kurzem stattgefunden. In den Zentralalpen hängt der seit dem Plattenabriss vor 30 Mio. Jahren (Essay 8) schon wieder subduzierte Teil der europäischen Platte rund 160 km tief hinab. Zu den Ostalpen hin verkeilen sich die beiden Platten, und weiter östlich subduziert die adriatische unter die europäische Platte (s. auch Essay 13). An der Grenze Alpen-Apennin findet ein abrupter Wechsel statt, indem dort die adriatische Mikroplatte in eine tiefreichende Subduktionszone hinunterhängt. Gleichzeitig wird dieselbe Platte unter die Dinariden subduziert.

Wenn Sie nun in Abb. 5–8 die Situation für den gesamten Mittelmeerraum betrachten und mit der Oberflächenkarte von Abb. 5–7 vergleichen, sehen Sie sofort, dass die tektonisch-morphologische Komplexität an der Oberfläche sich in der Tiefe fortsetzt. Wir laden Sie ein, sich etwas in die Abb. 5–8 zu vertiefen, und einfach zu staunen. Die ganz einfachen Bilder von Subduktionszonen, die die meisten von Ihnen wohl mit sich herumtragen, werden wohl gründlich durcheinandergerüttelt werden. Die genauen Interpretationen dieser Verhältnisse überlassen wir gerne den Fachexperten.

WO SEHEN UND ERLEBEN?

Sie können anhand der Abbildungen zu diesem Essay überlegen, wo Sie bei Reisen oder Wanderungen «die Platte wechseln». Sie werden in der Regel nichts davon bemerken. Wir müssen uns das einfach vorstellen. So etwa beim Anblick der Abb. vom Lago Maggiore bis ins Veltlin (Abb. 5–10). Die Berge links und rechts der Insubrischen Linie sehen genau gleich aus – gehören aber zu zwei unterschiedlichen tektonischen Platten!

Abb. 5–10
Google-Earth-3D-Foto über das Gebiet der Insubrischen Bruchzone, von West nach Ost gesehen.

N
S
Veltlin
Bellinzona
Insubrische Bruchzone
Mittelpenninische Decken
→ europäischer Kontinent
Südalpine Einheiten
→ Mikrokontient Adria
Locarno

27

Homo sapiens spielt Gebirgsbildung

Wie der moderne Mensch zum geologischen Faktor wurde – auch in den Alpen

Seit der Industrialisierung, in gewaltig verstärktem Masse aber mit den Entwicklungen seit dem Zweiten Weltkrieg, hat die Menschheit begonnen, ein geologisch wirksamer Faktor zu sein (Abb. 5–11). Am bekanntesten dürften die Auswirkungen unseres Handelns und Wirtschaftens auf das Klimasystem sein. Wir sind auf dem besten Wege, die Erde aus dem natürlichen Rhythmus von Kalt- und Warmzeiten zu katapultieren – mit einschneidenden Folgen, vor allem für unsere hoch technisierte Zivilisation, aber auch für die Natur und die Biodiversität. Wir haben die Atmosphäre schon derart massiv verändert, wie sie sich seit 1–2 Millionen Jahren noch nie verändert hat – und in dieser Zeit hatte es Eis- und Warmzeiten gegeben mit Schwankungen der globalen Mitteltemperatur von bis zu 12 Grad.
Ebenfalls gut belegt, aber leider in seinen dramatischen Dimensionen noch viel zu wenig in das Bewusstsein der meisten Menschen und Politiker gedrungen, ist der rasante Verlust der Biodiversität – von den Verlusten an tropischen Regenwäldern bis zum Insektensterben bei uns. Ein regelrechter Schock war 2016 die Publikation der Resultate der Krefelder Insektenforscher. Auf ihren Versuchsflächen an der Mosel sammelten sie 1994 nach genau festgelegten Protokollen Insekten und wiederholten dies 2016. Resultat: Nicht viel weniger Arten, aber um 75 % weniger Insektenmasse (Abb. 5–12). Diese Forschungsarbeit sorgte für gewaltigen Wirbel, und wurde auch sofort massiv in Zweifel gezogen. Doch Überprüfungen, Versuche ähnlicher Art andernorts und Resultate von Insektenforschern weltweit führten alle zum selben Resultat. Drei Viertel weniger Insekten in etwas über 20 Jahren!
Die Erdgeschichte wird geprägt von vielen sogenannten «Massenaussterben»; diese haben auch das Gerüst für die geologische Zeitskala gegeben (vgl. Geo-Wissen 1). Doch dürfte dasjenige, welches *Homo sapiens* derzeit anrichtet, heftiger ausfallen als alles Dagewesene. Die dannzumal jeweils aussterbenden Spezies haben Möglichkeiten für die Entfaltung von neuen geschaffen. Schwacher Trost: Falls *Homo sapiens* sich selbst ausrottet, werden andere Arten seine Nische füllen...

Der Mensch als geologischer Faktor

Sowohl die Klimaerwärmung als auch der Biodiversitätsverlust haben mittelbar auch geologische Auswirkungen – etwa der CO_2-Anstieg auf den Säuregrad der Meere und damit auf die kalkschalenbildenden Organismen. Doch greift der Mensch auch direkt in geologische Prozesse ein. Der weltweite Bau von immer mehr und immer grösseren Staudämmen (Abb. 5–13) verändert die Sedimentfracht der Flüsse markant: Es gelangt wesentlich weniger Sediment in die Meeresdeltas, diese können mit der Absenkung der Küsten bzw. dem Ansteigen des Meeresspiegels nicht mehr

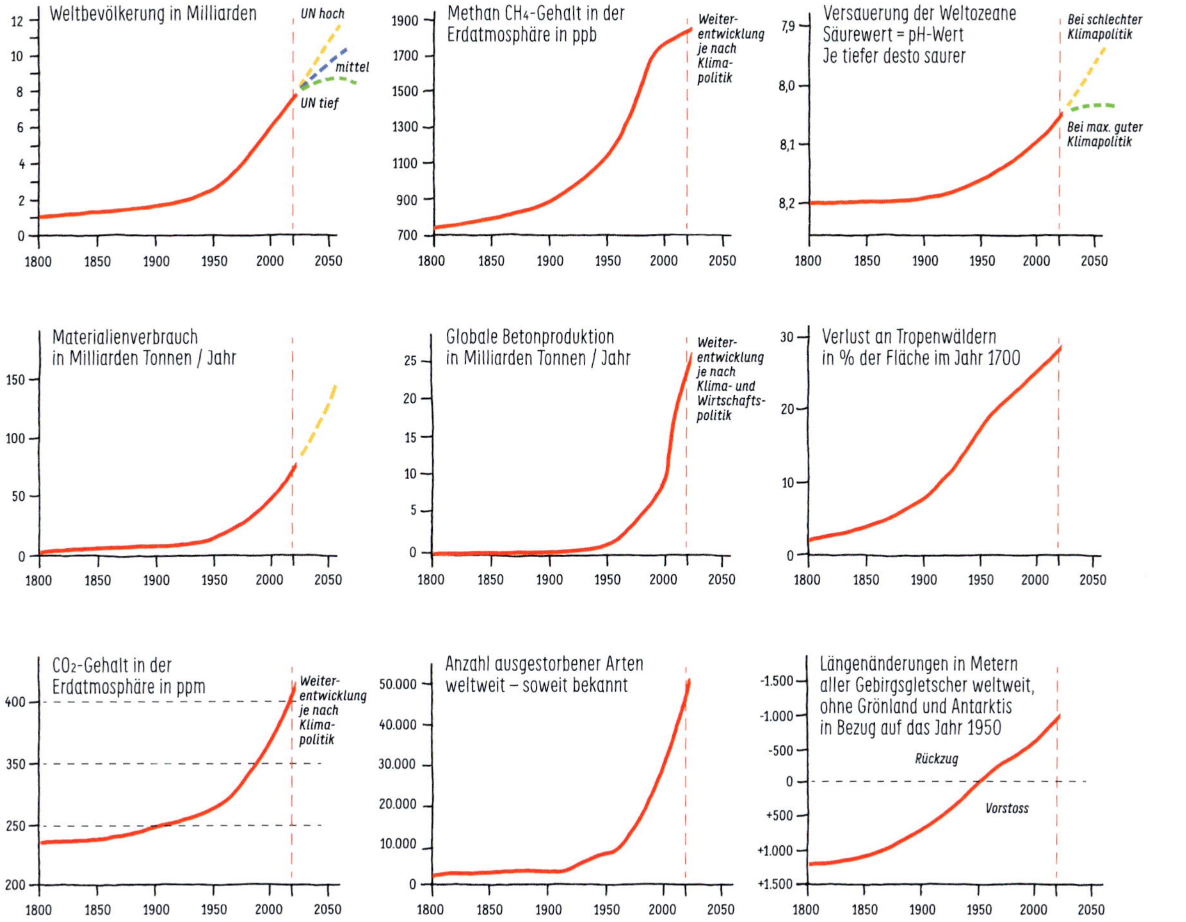

Abb. 5-11
Die Entwicklungskurven einiger Parameter menschlichen Wirkens seit Beginn der industriellen Revolution. Alle sind exponentiell, und bei allen liegt der Knick zur steilen Entwicklung in der Zeit nach dem Zweiten Weltkrieg.

Schritt halten und sinken ab. Dazu hat der Mensch durch sein globales Wirken, vor allem durch die Landwirtschaft, auf den Landflächen die Erosionsraten weltweit von 25 mm pro Jahrtausend in den letzten Millionen Jahre um den Faktor 30 auf rund 750 mm pro Jahrtausend erhöht. Es gäbe noch viele weitere Beispiele anzufügen – doch das würde hier den Rahmen sprengen.

Das Anthropozän – das geologische Zeitalter der Menschheit

Der niederländische Forscher und Nobelpreisträger Paul Crutzen, bekannt geworden durch seine These eines «nuklearen Winters» als Folge eines Atomkriegs, nahm im Jahr 2000 an einem Symposium in Mexiko teil, an dem Experten über globale Umweltveränderungen in der bis dato jüngsten geologischen Epoche, dem Holozän, diskutierten. Er wurde durch die ermüdenden und langfädigen Diskussionen immer ärgerlicher, bis es aus ihm herausplatzte: «Wir sind im (kurzes Nachdenken) … Anthropozän!». Im Saal wurde es still. Crutzen hatte einen Nerv getroffen. Der Begriff verbreitete sich rasend schnell und löste einen gewaltigen Forschungs- und Diskussionsboom aus. Wirken die menschgemachten Veränderungen wirklich derart stark, dass sie Spuren in den

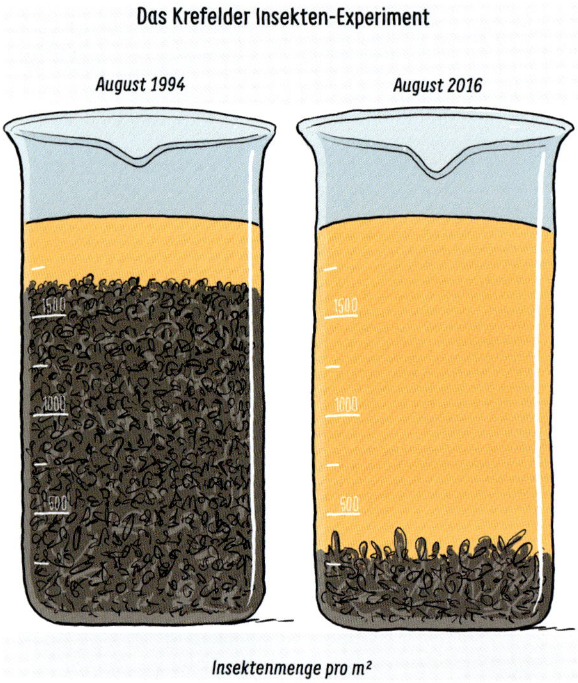

Abb. 5–12
Das Resultat des berühmt gewordenen Krefelder Insekten-Versuchs, grafisch illustriert.

Gesteinsschichten hinterlassen werden? Denn das ist es, was es zur Definition eines neuen geologischen Zeitabschnittes braucht. Und falls ja, wo setzt man die Grenze? Die Geologen suchen dazu einen «Goldenen Nagel», eine Zeitmarke, die möglichst global genau festzustellen ist. Heute tendiert man dazu, diese um das Jahr 1950 zu setzen – die Zeit, in welcher sämtliche Parameter menschlichen Wirkens von einem langsamen Anstieg in eine steilere exponentielle Kurve übergehen. Die Diskussionen laufen noch ....

Das geologische Wirken der Menschen in den Alpen

Auch in den Alpen zeichnen sich geologische Veränderungen aufgrund des menschlichen Wirkens ab; beziehungsweise, es gibt sie schon seit Längerem. Denken wir nur etwa an den grossen Bergsturz von Elm 1881, der durch unsachgemässen Schieferabbau abging. Oder wir erinnern an den Bergsturz am Cengalo im Bergell (GR), welcher einen Murgang auslöste, der bis ins Dorf Bondo vorstiess, und der nach den heutigen Kenntnissen eine Folge des auftauenden Permafrostes war. Oder wir denken an den neuen Hügel zwischen Kandersteg und Mitholz, der mit dem Aushub des Lötschberg-Basistunnels aufgetürmt wurde – eine markante Landschaftsveränderung.

Die grossflächigen Waldrodungen im 19. Jahrhundert – für die Erzverhüttungen und die Heizungen in den rasch wachsenden Städten – bewirkten eine starke Zunahme der gravitativen Erosion in den Bergen durch Murgänge, Hangmuren, Lawinen, Steinschlag etc. Sie führten dazu, dass mit dem neuen Forstgesetz von 1874 der Begriff der Nachhaltigkeit eingeführt wurde und das Prinzip «Was hier gerodet wird, muss dort wieder aufgeforstet werden» in der Forstwirtschaft verankert wurde.

Mit der anthropogenen Klimaerwärmung werden sich das Niederschlagsregime, die Schnee-/Eis-/Gletscherbedeckung sowie die Permafrostzonen verändern, was wiederum Folgen für Erosion und Hochwasser haben, und damit geologisch relevant werden wird. Vieles wird sich langsam verändern und vielleicht erst richtig manifest werden, wenn die Folgen einschneidend werden. Willkommen im Anthropozän.

WO SEHEN UND ERLEBEN?

Überall – schärfen Sie Ihren Blick!

Abb. 5–13
Solche gewaltigen Bauwerke wie der Staudamm der Grande Dixence im Wallis haben geologische Auswirkungen.

28

Freie Sicht aufs Mittelmeer! Haben die Alpen ein Todesdatum?

Wie sehen die Geologen die zukünftige Entwicklung der Alpen?

Wann ist eine Gebirgsbildung abgeschlossen? Greifen wir auf die Analogie mit einem menschlichen Lebenszyklus von Essay 3 zurück: Dieser endet mit dem Tod. Der «Tod» eines Gebirges kann in seiner vollkommenen erosiven Einebnung und damit verbundenen Integration in die kontinentale Masse gesehen werden. Davon sind die Alpen ja noch weit entfernt!

In Essay 25 wurden Blicke auf den heutigen Stand der andauernden Alpenbildung geworfen. Fazit: Die Alpenbildung ist nicht abgeschlossen. Doch wie sieht die Zukunft aus? Wird der berühmt gewordene Slogan der Zürcher Opernhauskrawalle von 1980 «Nieder mit den Alpen, freie Sicht aufs Mittelmeer!» in absehbarer Zukunft Realität werden? Sodass man dann an einer Busstation in Zürich zwischen einigen Resthügeln keinen Blick auf die Alpen, sondern auf das Meer haben wird (Abb. 5–18)?

The show must go on!

Mit sehr, sehr hoher Wahrscheinlichkeit lautet die Antwort *nein*. Warum? Weil die Alpen nicht verschwinden werden? Weil das Mittelmeer verschwinden wird? Oder beide? Oder weil es dannzumal *Homo sapiens* nicht mehr geben wird, geschweige denn die Stadt Zürich? Beim Durchstöbern von aktuellen Büchern über die Alpenentstehung fällt auf, dass sich kaum jemand über die zukünftige Entwicklung der Alpen auslässt. Einzig der westschweizer Geologe Michel Marthaler schreibt in seinem tollen Buch «Das Matterhorn aus Afrika» zwei Sätze: « … Die daraus resultierenden Gebirgsketten des Iran, des Hindukusch und der gesamte Himalaya sind erst am Anfang ihrer Entstehung», und zum adriatischen Erosionsrest der ostalpinen Dent-Blanche-Decke: «Man wird die Reste Apuliens dann nur noch in Form von Sand an der Adria oder am Mittelmeer wiederfinden …, und der Gesteinskreislauf kann erneut beginnen». Auch bei der Suche auf den Web-Plattformen der wissenschaftlichen Literatur, mit allen möglichen Suchanfragen wie etwa «Alps – tectonics – future» findet man sehr wenig. Der Geologe Jon Mosar von der Uni Fribourg schreibt immerhin in einem Artikel von 1999 (Original englisch, Übersetzung durch JM):

« … *Das vorgeschlagene Modell für eine anhaltende und möglicherweise zukünftige Unterplatten-Akkretion (Underplating) unter einem aktiven alpinen orogenen Keil erlaubt es auch, die Modelle von Grundgebirgs- und Seitenverschiebungen im Molassebecken und Jura mit der Fernschubhypothese in Einklang zu bringen*».

A: Der grosse Aletschgletscher im Jahr 2017

B: Im Jahr 2100, bei maximal effizienter globaler Klimapolitik, globale Temperaturerhöhung unter +2°C (dieser Zug ist schon abgefahren ...)

C: Im Jahr 2100 bei mittelguter globaler Klimapolitik, noch möglich, globale Temperaturerhöhung ca. + 3 – 4°C

D: Im Jahr 2100 bei sehr schlechter Klimapolitik, globale Temperaturerhöhung ca. + 5 – 8°C

Abb. 5–14
Kürzerfristige geologische Veränderungen wie etwa das Abschmelzen der Alpengletscher können heute mit grosser Sicherheit prognostiziert werden. Die Szenarien der ETHZ für den Grossen Aletschgletscher bis 2100 – je nach Entwicklung der Klimapolitik.

Daraus kann gefolgert werden, dass Jon Mosar davon ausgeht, dass die alpenbildenden Prozesse noch ein Weilchen andauern werden. Aber wie lange? Deutlich konkreter wird der deutsche Geologe Joachim Kuhlemann in einer Arbeit von 2017 über die jüngere geologische Hebungsgeschichte der Alpen (Original englisch, Übersetzung durch JM):

«In den letzten wenigen Millionen Jahren haben die Erosionsraten immer noch zugenommen. Zukünftige topografische Veränderungen der Alpen in der Grössenordnung

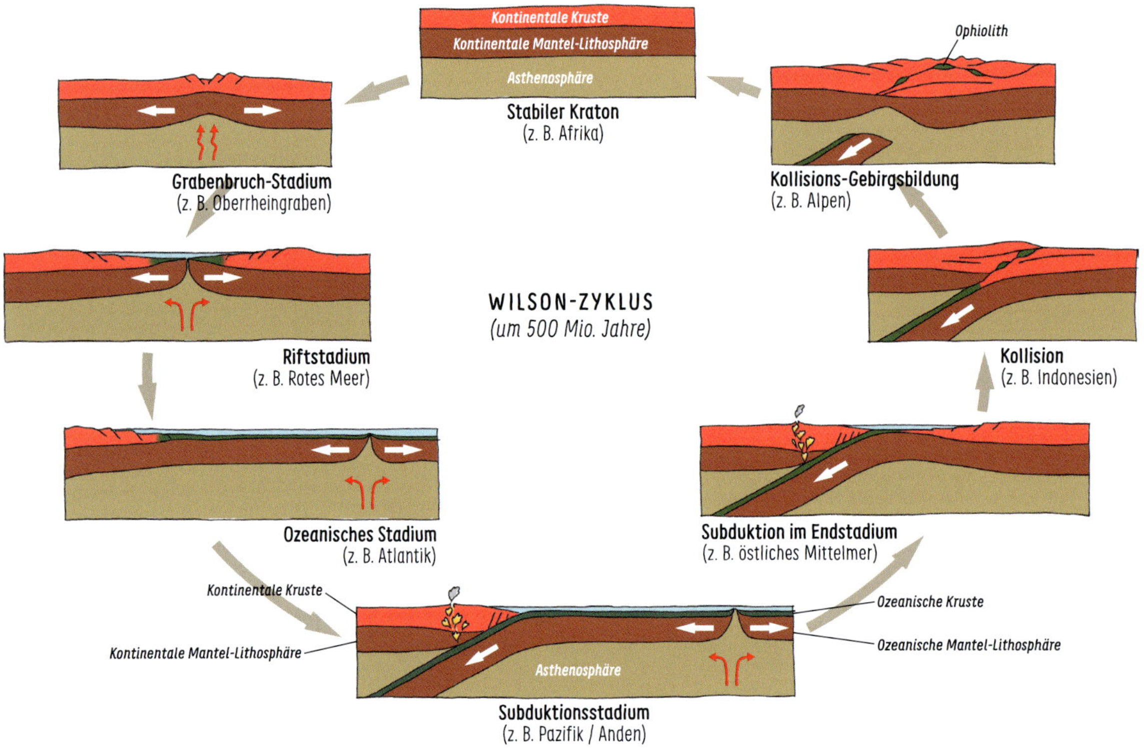

von etlichen Millionen Jahren lassen sich aus dem derzeitigen Relief ableiten; etliche hoch angehobene Blöcke der Ostalpen, speziell die Ötztaler Alpen, sind geprägt durch einen Überschuss an hohem Gelände, typisch für unreife Reliefs. Eine weitere Reifung dieser Reliefs wird eine auf- und rückwärts gerichtete Migration von fluvialer (und glazialer) Einkerbung mit sich bringen (...) Das bedeutet, dass die Grate und Gipfel weiter angehoben werden – (vgl. Essay 21) – *durch isostatischen Ausgleich (...) In der näheren geologischen Zukunft werden sich die Alpen wahrscheinlich weiter anheben, und die Erosionsraten werden zunehmen – vorausgesetzt die grosstektonischen Rahmenbedingungen bleiben gleich und die klimatischen Wechsel Kalt-/Warmzeiten dauern an.»*

Abb. 5–15
Der Zyklus vom Werden und Vergehen von Gebirgen bzw. dem «500 Millionen Jahre-Puls» der Erdplatten nach Tuzo Wilson.

Es ist kein Wunder, und es ist sicher richtig, dass sich die Alpengeologen bei Langfristprognosen der Alpenentwicklung nicht auf die Äste hinauswagen. Es reicht ihnen vollauf, die enorm komplizierte Geschichte bis heute auseinanderzunehmen und zu einem einigermassen konsistenten Ablauf in Raum und Zeit zusammenzusetzen. Dazu kommt, dass die Frage, wie sich die Alpen in 1, 10 oder 100 Mio. Jahren präsentieren werden, für die Menschheit keinen praktischen Nutzen hat. Was uns beschäftigt, beschäftigen muss, sind die Entwicklungen der nächsten Jahrzehnte bis Jahrhunderte. Angesichts der Langsamkeit der tektonischen Prozesse spielen diese dabei kaum eine Rolle – abgesehen natürlich von daraus resultierenden geologischen Katastrophen wie Erdbeben oder Vulkanausbrüche,

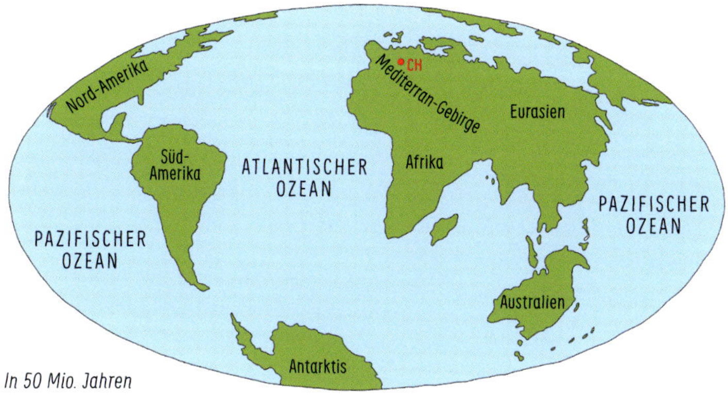

Abb. 5–16
Mögliche Anordnung der Erdplatten und Gebirgszüge in 50 Millionen Jahren.

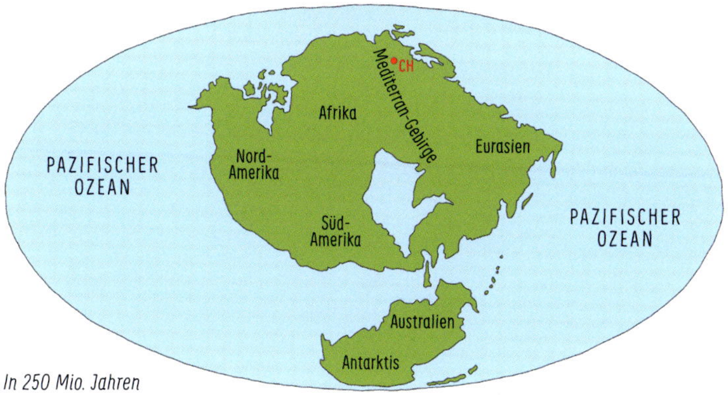

Abb. 5–17
Mögliche Anordnung der Erdplatten und Gebirgszüge in 250 Millionen Jahren.

die es immer gab und geben wird. Es sind Fragen der Klimaentwicklung, der Veränderungen unserer Böden, der Vegetation, der Artenvielfalt, die drängend sind und die nächsten Jahrzehnte entscheidend prägen werden. Deshalb wird für diese kurzfristig relevanten Themen ein sehr hoher Forschungsaufwand betrieben. Die Forscher arbeiten dabei vor allem mit Modellen, welche sie aus den Entwicklungen der Vergangenheit ableiten und an diesen wiederum testen. So können Glazio- und Klimatologen heute mit grosser Sicherheit folgenden Satz schreiben: «Unter dem Einfluss der von den Treibhausgas-Emissionen angetriebenen Klimaerwärmung werden die Alpengletscher im Verlaufe des 21. Jahrhunderts zum grössten Teil verschwunden sein» (Abb. 5–14). Das ist ja schon einschneidend genug – ob die Alpen dabei etwas höher oder tiefer werden, fällt dabei nicht ins Gewicht.

Und die Langzeitprognosen?

Gibt es wirklich keine Langzeitprognosen für die Alpen? Doch, es gibt sie. So findet man etwa bei Wikipedia unter dem Stichwort «Alpidische Orogenese» folgenden Eintrag: *«Die Kontinentaldrift der beteiligten Kontinentalplatten dauert noch immer an, deshalb ist auch die alpidische Gebirgsbildung noch nicht abgeschlossen. Alpen und Himalaya wachsen im Millimeterbereich pro Jahr langsam weiter, werden aber gleichzeitig von den exogenen geologischen Prozessen (z. B. Erosion) wieder abgebaut. In 50 Millionen Jahren wird dieser tektonische Prozess im Bereich des Mittelmeeres, des Roten Meeres und des Persischen Golfes neue Gebirgszüge gebildet haben.»*

Woher die Autoren des Beitrags ihre Aussage holen? Es sind die «globalen Plattentektoniker», welche solche Aussagen wagen. Schon kurz nach der Etablierung der Plattentektonik als globales Modell für die Geologie entwickelte der kanadische Geologe John Tuzo Wilson die Theorie, dass die globalen Plattenbewegungen in rund 500 Mio. Jahren langen Zyklen erfolgen, von einer Phase eines Superkontinents über das Auseinanderbrechen desselben, bis zum erneuten Zusammendriften und der Entstehung eines neuen Superkontinents (Abb. 5–15). Der vorletzte Superkontinent vor rund 800 Mio. Jahren war Rodinia, der letzte vor rund 300 Mio. Jahren die uns unterdessen wohlbekannte Pangäa. Der nächste, in rund 200–300 Mio. Jahren zu erwartende, wurde «Pangäa Ultima» getauft.
Der amerikanische Geowissenschaftler Christopher Scotese startete in den 1990er-Jahren das «Paleomap Projekt», bei dem er, unter Auswertung sämtlicher relevanter und weltweiter geologischer Daten, die Plattenbewegungen der letzten 750 Mio. Jahren rekonstruieren wollte. Er präsentiert seine Resultate unter anderem auch in Videoanimationen, die öffentlich zugänglich sind (u. a. auf youtube, einfach «Scotese» und «animations» eingeben). Lassen wir ihn selbst zu Wort kommen (Übersetzung durch JM):

«Es ist klar, wir kennen die Zukunft nicht wirklich. Alles was wir tun können, ist Vorhersagen zu machen darüber, wie sich Platten weiterbewegen werden, welche neuen Dinge passieren könnten und wo das alles enden wird. So etwa die mögliche Situation der Erde in 50 Mio. Jahren (Abb. 5–16): Afrika wird wahrscheinlich seine Norddrift fortsetzen, das Mittelmeer und Rote Meer geschlossen, und eine Gebirgskette von Himalaya-Dimensionen von Spanien über Südeuropa, den Mittleren Orient bis Vorderasien gebildet haben, das Mediterran-Gebirge. Der Atlantik ist grösser geworden, Eurasien hat sich im Uhrzeigersinn gedreht, England liegt nun näher am Nordpol und Sibirien weiter südlich in subtropischen Breiten».

Scotese lässt die Erdplatten bis zu 250 Mio. Jahren in die Zukunft driften (Abb. 5–17). Dannzumal könnten sich sämtliche Kontinente wieder vereinigt haben zum Superkontinent «Pangäa Ultima». Die Alpen werden dann verschwunden sein, und die Schweiz wird am Polarkreis liegen.
Auch wenn solche weitreichenden Vorhersagen natürlich hochspekulativ sind – sie demonstrieren uns eines mit Sicherheit: Die Welt wird sich verändern, die Alpen werden irgendwann einmal wegerodiert und eingeebnet, oder als Rest in ein neues Kollisionsgebirge integriert sein, so wie die Überreste des variszischen Gebirges mit seinen Graniten in den Alpen integriert sind. Das Mittelmeer wird dannzumal längst verschwunden sein. Ob es *Homo sapiens* dann noch geben wird? Immerhin gibt es in der Erdgeschichte durchaus erfolgreiche Lebewesen, die in praktisch gleicher Bauweise Hunderte von Millionen von Jahren erfolgreich waren und alle grossen Massenaussterben überlebten, so etwa die Haie. Diese haben jedoch nie derart in die globalen geologischen und biologischen Prozesse eingegriffen wie *Homo sapiens*, geschweige denn Dinge wie die Verbrennung fossiler Brennstoffe, Biotechnologie oder Atomwaffen etc. entwickelt. Alles ist möglich.

WO SEHEN UND ERLEBEN?

Die Alpengletscher verschwinden in zunehmend hohem Tempo; mit grosser Sicherheit werden die Alpen bis etwa 2100 praktisch völlig eisfrei sein – ein ganz anderes Gebirge! Denken Sie daran, wenn Sie das nächste Mal eine Hochgebirgsaussicht geniessen. Es ist nur ein kleiner Trost, dass dann viele geologische Strukturen noch besser sichtbar sein werden … Gleichzeitig können Sie sich mit halb geschlossenen Augen vorstellen, wie die Aussicht vor Ihnen in wenigen Millionen Jahren aussehen könnte, mit noch höheren Gipfeln, und wie sie sich in weiteren Millionen Jahren präsentieren könnten als aberodiertes hügeliges Rumpfgebirge.

Abb. 5–18
«Nieder mit den Alpen – freie Sicht aufs Mittelmeer!» Die Forderungen der Zürcher Opernhauskrawalle werden wohl nicht so bald erfüllt sein.

29

Die Alpen als Mass aller Dinge?

Ein Ausblick auf andere grosse und grössere Gebirge der Erde

Die Schweiz ist «DAS Alpenland» – wobei die Österreicher dies auch von sich behaupten, haben sie prozentual mit 65 % doch einen grösseren Anteil von Alpengebiet an der Landesfläche als wir mit 60 %. Alle Schweizer*innen, alle Mitteleuropäer*innen, haben einen Bezug zu den Alpen. An den geologischen Fakultäten Europas steht die Erforschung von alpenbezogenen Fragen nach wie vor hoch im Kurs. Das führt dazu, dass wir bei «Gebirge» zuerst und vor allem einmal an die Alpen denken. Wir möchten diesen Tunnelblick hier ein wenig ausweiten.

Die alpidischen Gebirgszüge von Europa bis Asien

Als Erstes vergleichen wir die Alpen mit den im gleichen Grosszyklus entstandenen alpidischen Gebirgen (Abb. 5–19, 5–20 a–k). Die Alpen selbst erstrecken sich über rund 1'000 km. Die alpidischen Gebirgszüge mit Atlas, Pyrenäen, Südspanien-Balearen, Alpen, Apennin, Karpaten, Balkangebirgen, Rhodopen, Taurus, Kaukasus, Zagros, Kuhrud, Elbrus, Kopet-Dag, Suleiman, Hindukusch, Karakorum und Himalaya bis nach SE-Asien zu den Gebirgen Indochinas und Malaysias ergeben eine Gebirgslänge von rund 25 000 km. Auch in der Breite sind die Alpen mit maximal 220 km bescheiden, verglichen mit dem System Himalaya – Tibet – Kun-Lun von 1400 km.

Ein kurzer Blick sei auf die unmittelbaren Nachbargebirge der Alpen geworfen. Sie erinnern sich vielleicht an den Essay 9 über die Komplexität der Meeresbecken und Mikrokontinente im Mittelmeerraum. Dies führte dann später eben zur geografisch so komplexen Anordnung der alpidischen Gebirge.

Die linear verlaufenden Pyrenäen sind relativ einfach gebaut (Abb. 5–20 b); sie haben ihren Ursprung im Meeresbecken, welches sich als Fortsetzung des Walliser Beckens gegen Westen hin zum Pyrenäen-Becken entwickelte. Fast noch ausgeprägter als die Alpen sind die Pyrenäen ein bivergentes Gebirge. Mit weniger als 150 km ist die Verkürzung wesentlich geringer als bei den Alpen.

Das entlang des italienischen Stiefelschafts verlaufende Apennin-Gebirge (Abb. 5–20 c) besteht aus Decken meso- bis känozoischer Sedimentgesteine, welche durch die von der Adria her gegen SW abtauchende adriatische Kontinentalplatte abgeschürft und aufeinandergestapelt wurden (und werden). Es handelt sich sozusagen um einen bis über Meereshöhe aufgestauchten Akkretionskeil. Auf der anderen Seite der Adria folgt der breite Gürtel der Dinariden. Diese bestehen aus gestaffelten Überschiebungs-Serien innerhalb der adriatischen Mikroplatte. Über dem Grundgebirge wurden mächtige mesozoische Abfolgen, vorwiegend von Karbonatgesteinen abgelagert, die durch die

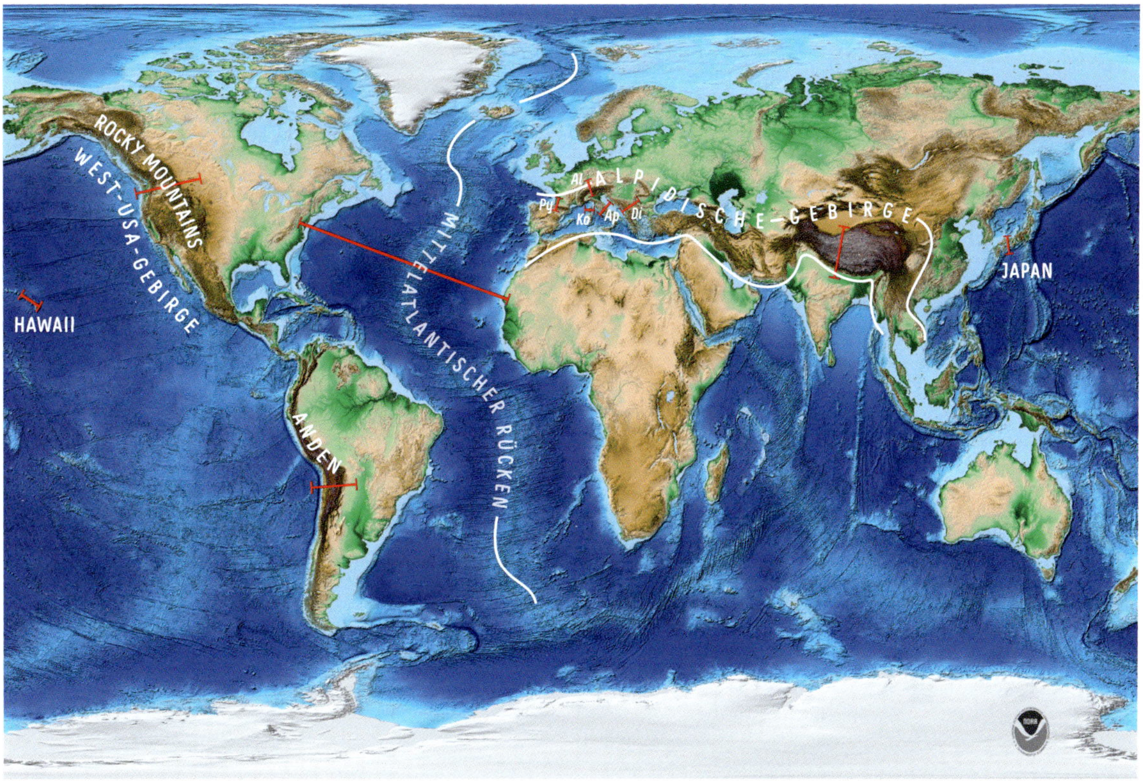

Überschiebungstektonik in nach SW gerichtete Schuppen zerlegt wurden und so die Landschaft der Dinariden prägen (Abb. 5–20 e).

Eine exotische Spezialität bildet der Mikrokontinent-Block von Korsika-Sardinien. Dieser war ursprünglich ein Teil des iberischen Mikrokontinents. Korsika war im Gebiet des Esterel-Massivs im heutigen Südfrankreich mit Iberia verbunden. Weil dort dann der Piemont-Ozean nach NW unter den iberischen Mikrokontinent subduziert wurde, und nicht wie in den Alpen gegen SE unter die adriatische Mikroplatte, ergab sich über diese Subduktionszone eine Rückseiten-Dehnung (back arc spreading), die sich so stark entwickelte, dass der Korso-Sardinische Block schliesslich abgetrennt und im Gegenuhrzeigersinn ins Mittelmeer hinaus verschoben wurde. Dazwischen bildete sich das Ligurische Meer, an dessen Grund sogar neue ozeanische Kruste entstand. So trifft man in NE-Korsika heute Decken an, die mit den mittelpenninischen Decken der Westalpen direkt korrelierbar sind. Korsika ist also, salopp gesagt, ein Stück Alpen auf Mittelmeer-Urlaub (Abb. 5–20 d).

An sich wäre es interessant, auch einen kurzen Blick auf den tektonischen Bau und die Entstehung unserer weiteren östlichen Nachbargebirge zu werfen: Helleniden, Karpaten, Taurus, etc. – aber das sprengt hier den Rahmen. Schliessen wir die alpidischen Gebirgszüge mit einem Blick auf das Himalaya-Gebirge ab.

Abb. 5–19
Weltkarte mit ihren Gebirgszügen; die im Text erwähnten Gebirge sind beschriftet und die Profillinien der Abb. 5–20 eingezeichnet.

Abb. 5–20
Vereinfachte tektonische Profile durch verschiedene Gebirgstypen. Alpidische Gebirgszüge: A: Alpen, B: Pyrenäen, C: Apennin, D: Korsika, E: Dinariden, F: Himalaya. Andere Gebirgstypen: G: Anden auf Höhe von Peru, H: West-USA, I: Japan, J: Hawaii, K: Mittelatlantischer Rücken

LEGENDE

M	Meer
nS	neogene Sedimente
mS	mesozoische Sedimente
kK	kontinentale Krusten
kU	kontinentale Unterkrusten
oK	ozeanische Kruste
pl	plutonische Intrusionen
oB	ozeanische Basalte
kML	kontinentale Mantel-Lithosphäre
oML	ozeanische Mantel- Lithosphäre
oM	oberer Mantel

A: Alpen

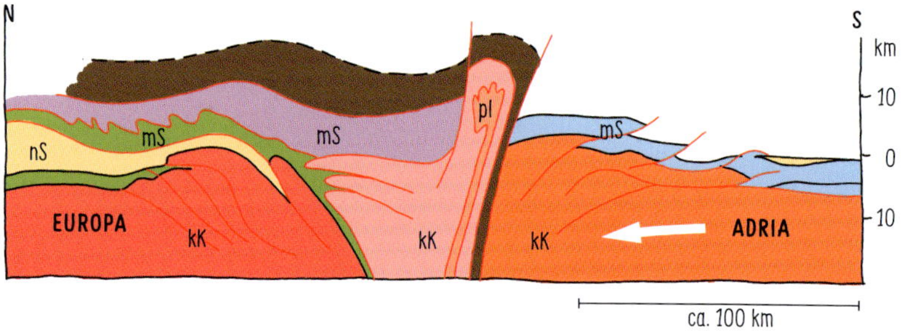

B: Pyrenäen

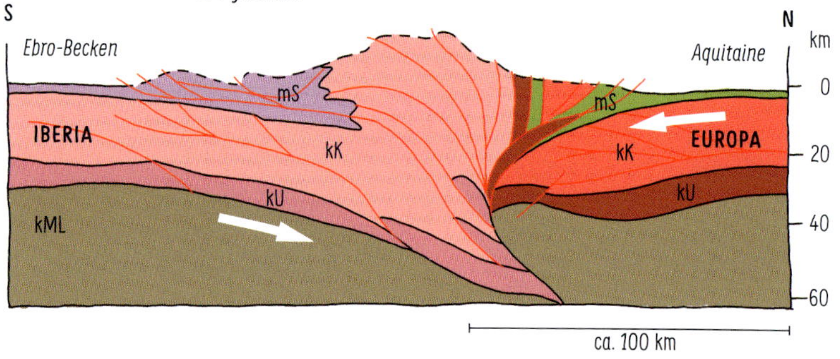

C: Apennin

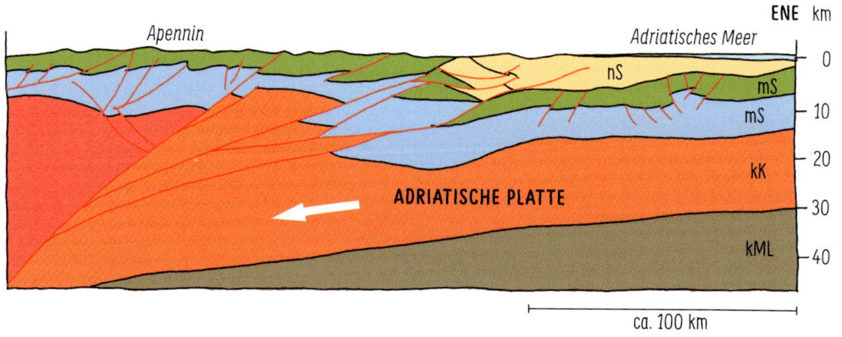

D: Korsika

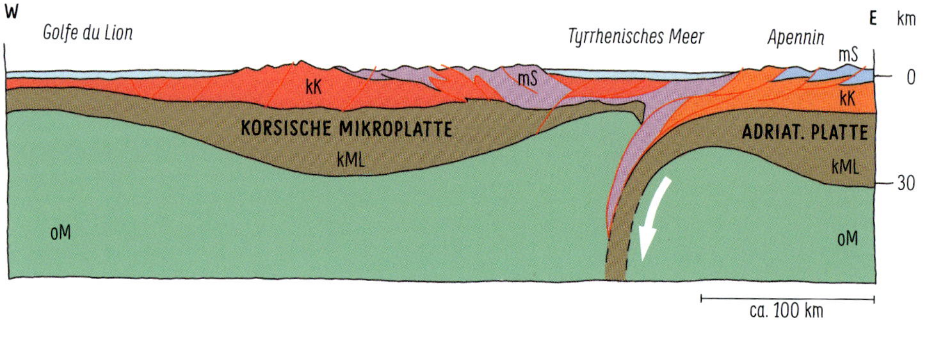

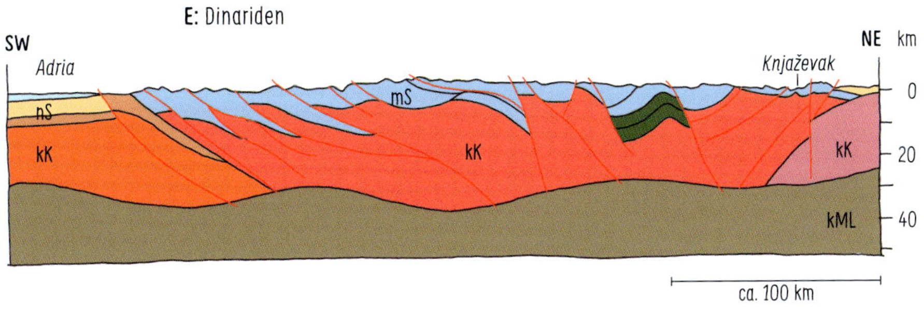
E: Dinariden
SW
NE
km
Adria
Knjaževak
nS
mS
kK
kK
kK
kML
0
20
40
ca. 100 km

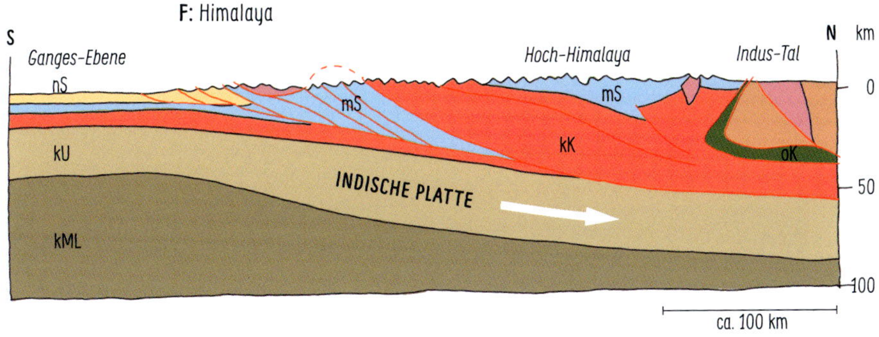
F: Himalaya
S
N
km
Ganges-Ebene
Hoch-Himalaya
Indus-Tal
nS
mS
mS
kU
kK
oK
INDISCHE PLATTE
kML
0
50
100
ca. 100 km

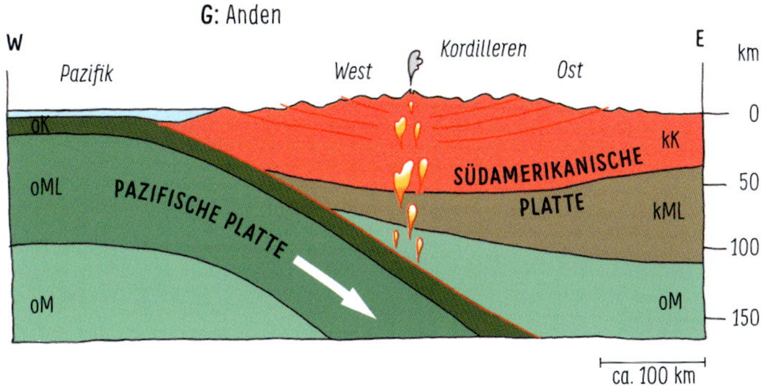
G: Anden
W
E
km
Pazifik
West
Kordilleren
Ost
oK
kK
oML
PAZIFISCHE PLATTE
SÜDAMERIKANISCHE PLATTE
kML
oM
oM
0
50
100
150
ca. 100 km

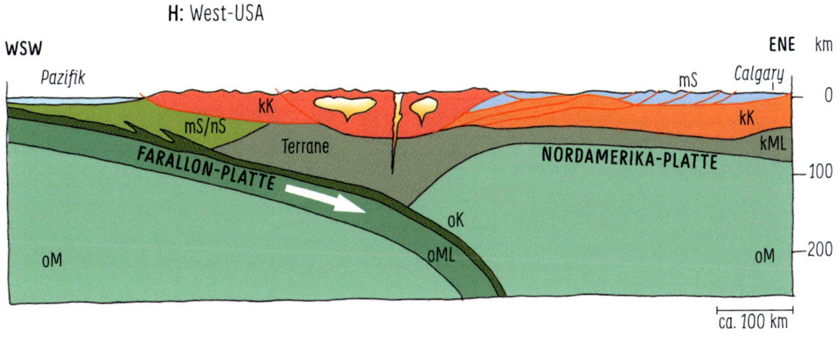
H: West-USA
WSW
ENE
km
Pazifik
mS
Calgary
kK
mS/nS
Terrane
kK
kML
FARALLON-PLATTE
NORDAMERIKA-PLATTE
oK
oML
oM
oM
0
100
200
ca. 100 km

Abb. 5–20
Fortsetzung vereinfachte tektonische Profile durch verschiedene Gebirgstypen. Andere Gebirgstypen:
I: Japan, J: Hawaii, K: Mittelatlantischer Rücken

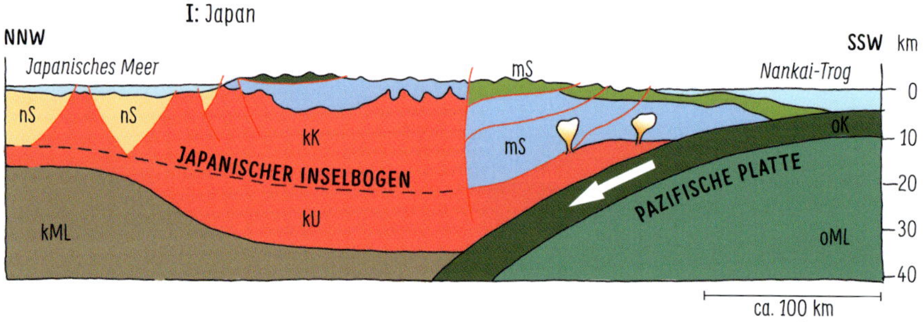

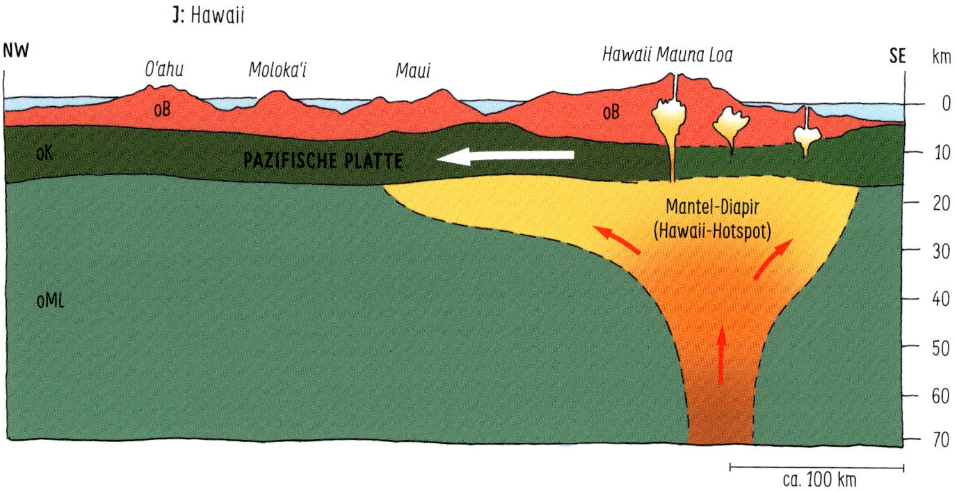

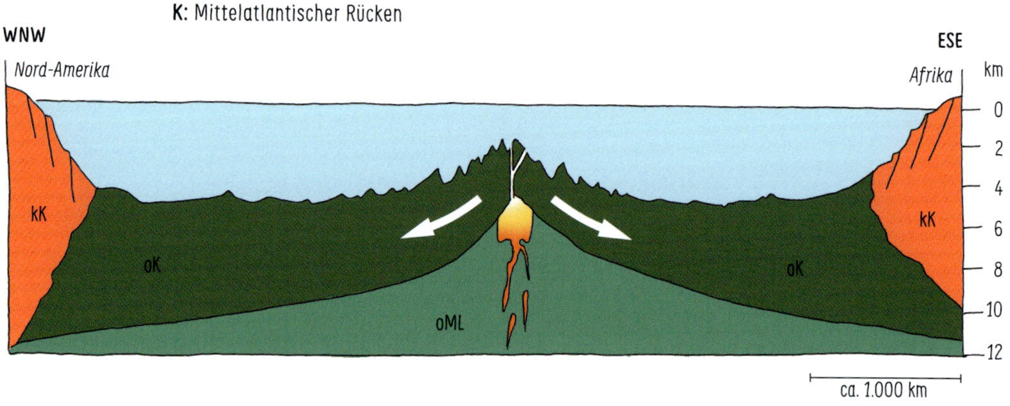

Rekordhalter Himalaya

Einziger Gebirgszug mit 8000ern, mit den 50 höchsten Bergen der Welt, mit Wänden bis zu 4 km Höhe, mit 6000 m die tiefste Schlucht der Welt am Kali-Gandaki-Fluss (Abb. 4–11), mit heutigen Hebungsraten bis 1 cm/Jahr (Abb. 5–20 f). Nördlich anschliessend bildet das rund 5000 m hohe Tibetplateau die gewaltigste Hochebene der Welt. Die indische Kontinentalplatte näherte sich mit der unglaublichen Geschwindigkeit von 20 cm/Jahr an und krachte gegen das Ende der Kreidezeit förmlich in den asiatischen Kontinent, drang bis heute rund 2500 km unter diesen ein und tut das heute noch mit 5 cm/Jahr. Nach einem Plattenabriss vor rund 40 Mio. Jahren klappte die nach unten gezogene indische Kontinentalplatte nach oben und liegt heute bis weit unter Tibet unter der asiatischen Kruste. Dies führte zur Bildung des Tibet-Hochplateaus. Im Unterschied zu den Alpen ist der Himalaya ein monovergentes Gebirge (Abb. 5–20f). Die ganzen gen Süden gerichteten Decken bestehen aus mehr oder weniger metamorphen Sedimentgesteinen der indischen Platte. Die tieferen Decken wurden so stark aufgeheizt, dass daraus Schmelzen gebildet werden konnten und in den Deckenbau intrudierten. So sieht man etwa im Everestgebiet, in den Riesenwänden fantastisch aufgeschlossen, die Plutone aus hellem Granit, mit einem wilden Netzwerk von Gängen in den umliegenden dunklen Gneisen. Die eigentliche Heraushebung des Hohen Himalayas wurde – und wird – weitgehend klimatisch durch die gewaltigen Monsunregen gesteuert (s. Essay 21). Neben den Kollisionsgebirgen, die wir bisher betrachtet haben, gibt es aber noch eine ganze Reihe von weiteren Gebirgstypen, welche auf andere plattentektonische Situationen zurückgehen.

Subduktionsgebirge

Subduktionsgebirge entstehen dort, wo eine ozeanische Platte unter eine kontinentale gezogen wird. Das beste Beispiel sind die über 6000 km langen südamerikanischen Anden (Abb. 5–20 g). Die ozeanische Nazca-Platte wird seit rund 200 Mio. Jahren unter die südamerikanische Kontinentalplatte hinabgezogen. Dadurch bildet sich ein Tiefseegraben und ein Akkretionskeil unter dem küstennahen Gebiet. Von der abtauchenden Platte in der Tiefe abgegebenes Poren- und Kristallwasser führt zu grossräumigen Gesteins-Aufschmelzungen. Die dadurch entstandenen Schmelzen steigen in der südamerikanischen Platte hoch und bleiben entweder als grosse Plutone in dieser stecken oder finden den Weg an die Oberfläche, wo sie die bekannten Vulkane (Schichtvulkane) aufbauen. Durch den Rollback-Mechanismus wandert die aktive Tiefsee-Graben-Akkretionskeil-Zone laufend gegen Westen und so verbreitert sich die Gebirgskette fortwährend – heute sind die Anden auf der Höhe von Peru rund 500 km breit.

Terran-Akkretionsgebirge

Die Rocky Mountains Nordamerikas stehen für diesen Gebirgstyp (Abb. 5 20 h). Die plattentektonische Situation ist ähnlich derjenigen der Anden, nur dass nicht nur ozeanische Kruste «angeliefert» und subduziert wurde, sondern hintereinander verschiedene Mikrokontinente, welche als «Terrane» bezeichnet werden. Weil diese wegen ihrer Dicke und geringeren Dichte nicht ganz subduziert werden konnten, wurden sie nacheinander an den Kontinent «angedockt».

Inselbogen-Gebirge

Wird eine ozeanische Platte unter eine andere ozeanische Platte subduziert, so entsteht wiederum ein Tiefseegraben und ein Akkretionskeil. Über der abtauchenden Platte entwickeln sich Magmen, welche in die darüberliegende ozeanische Lithosphäre eindringen und zu Plutonismus in der Tiefe und Vulkanismus an der Oberfläche führen – ein vulkanisches Inselbogen-Gebirge entsteht. Hinter den Inselbögen entsteht durch die Dehnung in der Rückseite der hinabziehenden Subduktionszone («slab pull») ein Rückseitenbecken («back arc basin»). Typische Inselbogen-Gebirge sind die kleinen Antillen, Japan (Abb. 5–20 i) oder die Aleuten. Im Zusammenhang mit Inselbogen-Gebirgsbildungen können auch grosse Stücke von ozeanischer Lithosphäre überschoben und als Gebirgskette angehoben werden. Das sind Orte, wo man heute trockenen Fusses riesige Stücke von Ozeankruste an Land untersuchen kann (und nicht nur so kleine «Fetzen» wie etwa in den Alpen). Beispiele davon finden sich in Oman oder auf Papua-Neuguinea.

Hotspot-Gebirge

Im Erdmantel gibt es, neben den aufsteigenden Wärmezonen unter den mittelozeanischen Rücken, noch einen zweiten Typus von Wärmeaufstieg, sogenannte Hot Spots-Manteldiapire oder «plumes». Dies sind kanalförmige, rund 150 km dicke «Wärmeschläuche», welche direkt von der Kern-Mantel-Grenze («D-Schicht» in rund 2900 km Tiefe) durch den Erdmantel aufsteigen und im obersten Mantel dann wegen der Druckentlastung zur Entstehung riesiger Magmenmengen an der Unterseite der Lithosphäre führen. Finden diese Magmen einen Weg durch die Lithosphäre hindurch, entstehen riesige Vulkangebäude. In ozeanischer Lithosphäre entstehen Basalt-Vulkangebirge, die sehr oft über die Meeresoberfläche aufsteigen und Vulkaninseln bilden. Die bekanntesten Beispiele sind Hawaii (Abb. 5–20 j), Réunion und die Kanaren. Island ist ein Spezialfall, weil dort ein Hot Spot direkt auf einer ozeanischen Spreizungszone aufsitzt und damit den einzigen Ort auf der Welt bildet, wo eine solche Zone an Land erlebt werden kann. Da diese Manteldiapire bis über 100 Mio. Jahre ortsfest bleiben können, die Erdplatten sich aber darüber hinwegbewegen, bilden die immer älter werdenden «Brennstellen» vom heute aktiven Hot Spot weg eine Kette von immer älteren Vulkangebäuden, die in ihrer Anordnung die Driftbewegung der Platte abbilden. Das berühmteste Beispiel sind die untermeerischen Vulkane der Midway-Kette westnordwestlich von Hawaii, die nach 3500 km bzw. 42 Mio. Jahren (was eine mittlere Plattengeschwindigkeit von 8,5 cm/Jahr ergibt) einen scharfen Knick nach NNW machen und als Emperor-Vulkankette bis zum Aleütenbogen verfolgbar sind. Dort enden sie mit einem Alter von 75 Mio. Jahren.

Gelangen Manteldiapire unter kontinentale Kruste, können darüber entweder gigantische Plateau-Basalt-Ausflüsse entstehen (Beispiel «Deccan Trapps» in Indien) oder grosse Vulkangebäude, meist noch im Zusammenhang mit Grabenbruch-Strukturen (Beispiel: Eifel, Deutschland). Heute sind weltweit rund 50 Hot Spots bekannt.

Der längste Gebirgszug der Welt

Das längste und gewaltigste Gebirgssystem der Welt erstreckt sich über mehr als 60 000 km und erreicht Gipfelhöhen von rund 3000 m – aber wir können es nicht sehen! Es sind die mittelozeanischen Rücken, zerklüftete Gebirge aus Gabbro und Basalt, an denen die grossen Erdplatten auseinanderbewegen und die sich folglich laufend erneuern – bis sie schliesslich in eine Subduktionszone geraten und wieder im Erdmantel verschwinden (Abb. 5–20 k, mehr dazu in Essay 10).

Winzling Alpen

Es gibt auch noch weitere Formen gebirgsartiger Erhebungen – etwa die Tafelberge bei Kapstadt oder im Grenzgebiet Venezuela – Brasilien, die Plateau-Gebirge als Resultat von gigantischen Plateaubasalt-Ausbrüchen, beispielsweise die Deccan Traps in Indien oder die Drakensberge in Südafrika/Lesotho, sowie das mit dem Himalaya im Zusammenhang stehende riesige Tibet-Hochplateau. Das Buch «Bewegte Bergwelt» von Florian Neunkirchen kann zur weiteren Erkundung dazu wärmstens empfohlen werden.

Die Alpen schrumpfen also im globalen Vergleich zu einem ziemlichen Winzling. Umso erstaunlicher sind ihre Komplexität und die vielen offenen Forschungsfragen, die sie immer noch bereit halten.

WO SEHEN UND ERLEBEN?

Die Tatsache, dass die Alpen etwas salopp gesagt nur ein kleiner Klecks sind in der ganzen globalen Gesellschaft der Gebirge, sollte uns alle stolz machen, dass in den Schweizer Alpen gleich zwei geologische Welterbe-Gebiete bestehen, und mit den Dolomiten noch ein drittes in der näheren Umgebung dazu. Hingehen, erwandern, staunen, geniessen!

Abb. 5–21
Dieser bunte Wegweiser bei der Britanniahütte SAC oberhalb von Saas Fee (VS) erinnert auf eine gute Art daran, dass die Alpen nicht das Mass aller Dinge sind.

8848 m
7012 km
6166 km
2228 m
16587 km
Kosciuszko
5642 m
2730 km
6194 m
7762 km
Denali
Aconcagua
6961 m
11707 km
Dom
4545 m
6,9 km

30

Das UNESCO-Weltnaturerbe Tektonikarena Sardona

Warum die Glarner Hauptüberschiebung eine Weltsensation ist

Hätte man vor etlichen Jahren an den Bergen interessierte Menschen aus der Schweiz gefragt: «Kennt ihr den Piz Sardona, die Lochsite, die Tschingelhörner, die Glarner Hauptüberschiebung, den Ringelspitz, das Murgtal, die Spitzmeilenhütte?» – nur wenige hätten mit mehr als einem oder zwei der genannten Namen etwas anfangen können. Hätte man hingegen gefragt, ob sie mit Grosses Barriere-Riff, Grand Canyon, Galapagos-Inseln, Hawaii-Vulkane, Yellowstone und Yosemite etwas anfangen können, so hätten wohl die meisten fast alle diese Orte gekannt, und wahrscheinlich auch gewusst, dass es sich dabei um UNESCO-Weltnaturerbegebiete handelt. Weltberühmtheiten, die Crème de la Crème der Naturobjekte. Seit 2008 gehört das nicht besonders hohe, auf den ersten Blick nicht besonders spektakuläre Gebirge zwischen Walensee, Glarner Haupttal und Churer Rheintal auch zu dieser Welt-Hitliste: Das «Weltnaturerbe Tektonikarena Sardona», kurz «TAS»! Zusammen mit den beiden anderen schweizerischen Gebieten «Schweizer Alpen Jungfrau–Aletsch» und der «Fossilfundstätte Monte San Giorgio» im Südtessin bildet die TAS das «Triumvirat» der schweizerischer Weltnaturerbe-Stätten. Das Bemerkenswerte daran ist: bei all diesen ist die Geologie das Hauptkriterium!

Das Ass, welches die UNESCO überzeugte

Die TAS hat die UNESCO-Entscheidungsträger mit einem unglaublich starken «Ass» überzeugt: Der sogenannten Glarner Hauptüberschiebung, kurz «GHÜ». An ihr wurden ältere Verrucanogesteine (Perm, 250–300 Mio.J.) über weitaus jüngere Flyschgesteine (Paläogen, 35–50 Mio. J.) geschoben, über eine Distanz von rund 40 km, in Tiefen von 10–15 km, in der Zeit zwischen 25–10 Mio. J. Als «Schmiermittel» bildete sich ein seltsam teigiges Kalkgestein, der Lochsitenkalk. An sich ist das einfach eine der ganz vielen Deckenüberschiebungen der Alpen; auch weltweit gibt es Tausende von Deckenüberschiebungen in Kollisionsgebirgen. Warum ist die GHÜ also weltweit einzigartig? Zwei Faktoren treffen in glücklicher Weise – und zufällig – zusammen: Erstens ist sie auch für Laien sofort erkennbar, weil die Gesteine unter und über der Überschiebung sowohl farblich als auch von ihrer Verwitterungsart ganz unterschiedlich sind und deshalb in der Landschaft sofort auffallen. Zweitens, und das ist der grosse Glückstreffer, ist die Überschiebung durch Hebung und Erosion der letzten Millionen Jahre in eine heutige Lage gehoben worden, sodass sie als domartig aufgewölbte Fläche (Abb. 5–22) in den Bergen rund um den Piz Sardona dreidimensional in der

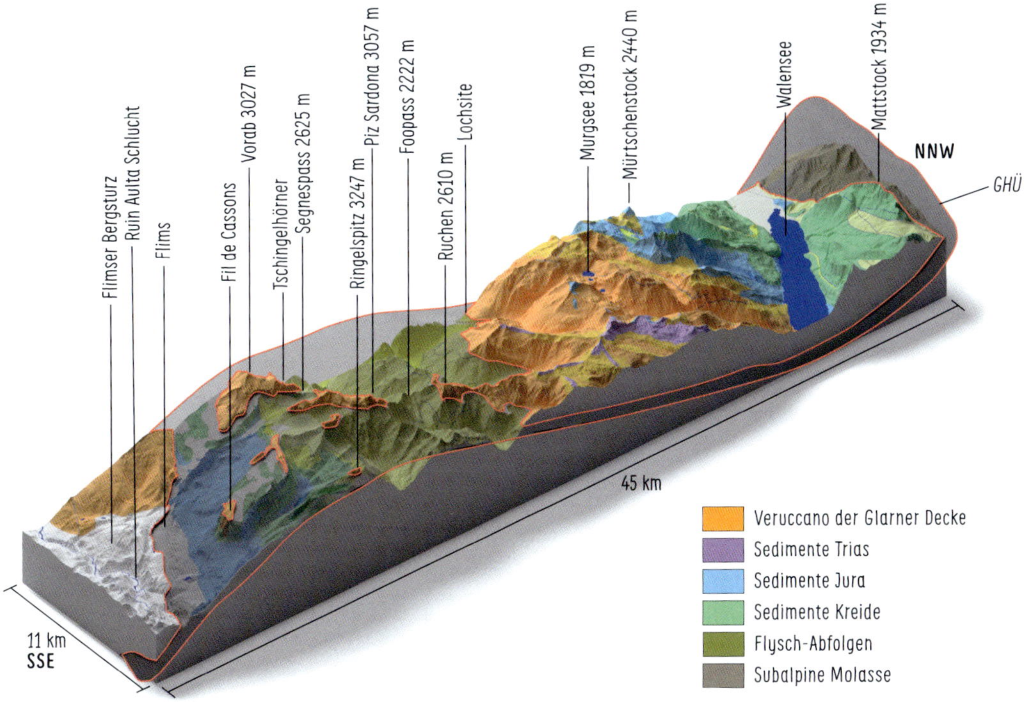

Abb. 5–22
3D-Modell der Glarner Hauptüberschiebung. Sie taucht aus dem Rheintal auf, kulminiert am Piz Sardona und fällt dann bis unter den Walensee ab, von wo sie als Säntis-Überschiebung wieder aufsteigt.

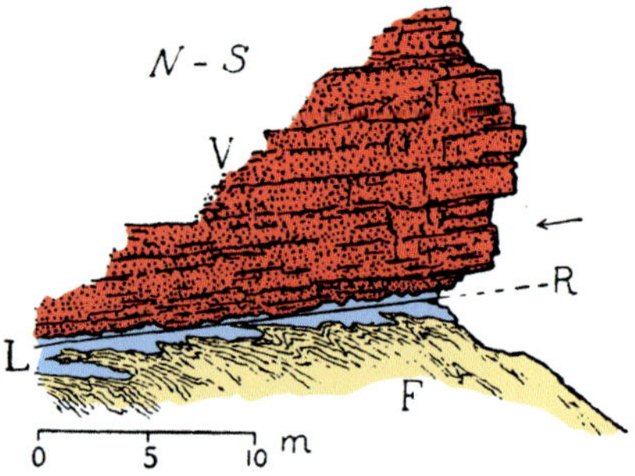

A: Profil an der Lochsite

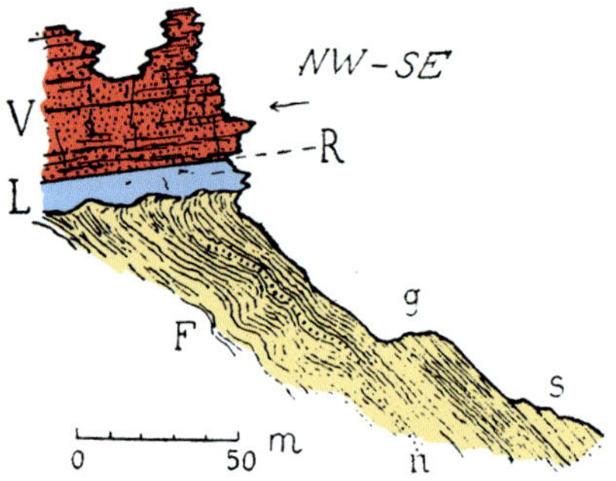

B: Am Grat oberhalb Bischofalp (Sernftal)

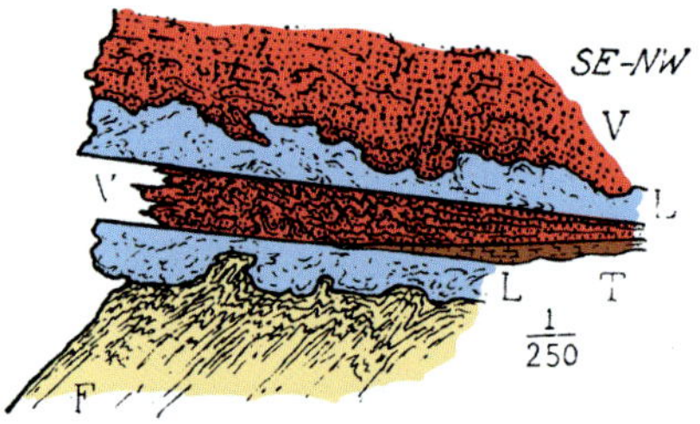

C: Am Ruchen-Foostock

LEGENDE
F: Flyschgesteine, 35 – 45 Mio. Jahre
V: Verrucano, 250 – 300 Mio. Jahre
L: Lochsitenkalk

Abb. 5–23
Die Skizze des berühmten Aufschlusses der GHÜ an der Lochsite und an zwei weiteren Stellen gezeichnet vom grossen Alpengeologen Albert Heim im Jahr 1922.

Landschaft sichtbar und leicht erkennbar ist: Die Deckentektonik ist rund um den Piz Sardona wie in einer Arena zu bewundern (Abb. 1–13, 2–19, 5–24, 6–2) – daher auch der Name des Welterbes! Wer schon einmal im Gebiet Cassonsgrat-Segnesboden oberhalb von Flims (GR, Abb. 6–2) oder auf dem Firstboden oberhalb der Tschingelalp bei Elm (GL) bei guter Sicht diesen Rundumblick an die Berge mit der sich messerscharf abzeichnenden Grenzlinie gesehen hat, wird das nie mehr vergessen. Wer von Ihnen, geschätzte Leser*innen, sich diese Berge noch nie angeschaut hat: Unbedingt für eine der nächsten Wandertouren einplanen! Dazu gleich ein kleiner Tipp: Suchen Sie ein paar Freund*innen zusammen und engagieren eine*n der zahlreichen im Gebiet aktiven «GeoGuides Sardona» – und ihre Wanderung wird dadurch enorm bereichert. Und um gleich noch eins drauf zu setzen: Besuchen Sie einmal die Webseite des Welterbes www.unesco-sardona.ch! Dort finden Sie viele Informationen über Angebote, Hintergründe, Wissenswertes, Dokumente – ein reicher Schatz für Geologie-Interessierte!
Während der Welterbe-Kandidatur haben die drei Alpengeologen Adrian Pfiffner, Stefan Schmid und Martin Burkhard eine Vergleichsstudie über die weltweit bekanntesten und bedeutendsten Deckenüberschiebungen angestellt – beispielsweise den «Moine Thrust» in Schottland, den «Jotun Thrust» in Norwegen, den «Main Central Thrust» im Himalaya oder den «Livingstone Thrust» in den Rocky Mountains (Thrust = Überschiebung). Auch eine grössere Zahl weiterer Überschiebungen in den Alpen haben sie untersucht. Sie schauten sich jeweils die wissenschaftliche Bedeutung, den landschaftlichen Ausdruck und den Wert für die Bildung an. Das Resultat war eindeutig: Die GHÜ schwingt obenauf!

Noch weitere Trümpfe

Doch wie es bei einem Kartenspiel nicht nur ein einziges Ass, sondern weitere gute Trumpfkarten braucht, konnte die TAS noch mit weiteren Argumenten überzeugen. So ist die ganze Forschungsgeschichte der alpinen Deckentektonik eng an die GHÜ geknüpft – im 19. Jahrhundert wurden unter den Geologen verschiedene Theorien für die «magische Linie» in den Bergen intensiv diskutiert – es kam zu eigentlichen «Hahnenkämpfen». Diese fokussierten sich letztlich auf einen speziellen Ort, nämlich auf die sogenannte «Lochsite», ein Stück Wald oberhalb von Schwanden, wo die GHÜ infolge ihres Abtauchens gegen Norden bequem an einem Stück Felswand studiert werden kann (Abb. 5–23). Dieser Aufschluss entwickelte sich sozusagen zu einer Art «Mekka» für Alpengeologen. Alle Studierenden mussten (und müssen immer noch) einmal während der Ausbildung eine Exkursion dorthin gemacht haben, sonst werden sie nicht in den Geologenhimmel kommen. Als «Wanderalternative» kann die vergleichbare Situation an der Naturwunderstelle der natürlichen Chärpfbrücke am Weg von der Mettmenalp zur Leglerhütte eindrücklich erlebt werden.

Hier nur stichwortartig weitere «Geo-Leckerbissen» der TAS-Region:

— Die Tschingelhörner mit dem Martinsloch (Abb. 0–4, 2–27) – eine bemerkenswerte «Haifischzahn-Bergkette» mit der GHÜ ringsum und dem berühmten Felsenfenster des Martinslochs; erreichbar auf einer Bergwanderung von Elm oder von Flims aus, vorbei an den geomorphologisch und botanisch eindrücklichen Segnesböden.
— Der Flimser Bergsturz – der grösste seiner Art in den gesamten Alpen, der zur fantastischen Schluchtlandschaft Ruinaulta des Vorderrheins führte (Abb. 5–6).
— Das geologische Fenster im tief eingeschnittenen glazialen Taminatal bei Vättis, mit einer Bergtour über das eindrückliche Calfeisental hoch zum Piz Sardona.
— Die Schiefer-Abbauten im Sernftal, mit dem Elmer Bergsturz von 1881 und dem eindrücklichen Besucher-Bergwerk «Landesplattenberg».
— Die hervorragend erhaltenen Fischfossilien und die «Glarner Schildkröte» in den Tonschiefern des Sernftales.
— Die bestens aufgeschlossenen Sediment- und Vulkangesteine der permischen «Verrucano-Einheit».

Dazu kommen in der nächsten Umgebung des Welterbegebiets noch viele weitere geologische Sehenswürdigkeiten, die alle für das Verständnis der Alpenbildung wichtig sind – etliche davon werden in diesem Buch auch erwähnt.

Zum Schluss ein «geo-literarischer Beitrag» von Franz Hohler

In den zurückliegenden Texten versuchte ich, eine Sprache zu verwenden, welche auch für Nicht-Geolog*innen verständlich ist, mit bildhaften Vergleichen und hie und da einer Portion Augenzwinkern.

Dass man Geologie aber auch in einer literarischen Sprache sehr eindrücklich vermitteln kann, hat der begnadete Erzähler Franz Hohler mehr als einmal in seinen vielen Werken bewiesen.

Im Weltnaturerbe TAS spielen die Verrucano-Gesteine eine bedeutende Rolle. Franz Hohlers Erzählung «Der Stein» handelt von einem Jungen, der an einer Demo in Zürich einen zufällig aufgelesenen Verrucanostein gegen die Polizei schmeisst und damit dummerweise ein Mädchen am Kopf trifft.

Bevor Hohler zu diesem Teil kommt, lässt er in einer fulminanten Einführung zuerst die Entstehung der Erde, dann der Verrucanogesteine und deren Einbezug in die Alpenbildung an der Glarner Hauptüberschiebung Revue passieren – auch um die gewaltigen Zeitdimensionen der Gesteinsbildung mit den sekundenschnellen Geschehnissen an der Demo zu kontrastieren. Mit kurzen Auszügen aus dieser Erzählung sollen die 30 Essays abgeschlossen werden:

... Jahrmillionen.

Ständig drängte neue Unruhe aus dem Erdinnern nach oben, abgekühlte Gesteinsmassen suchten das Licht, die Kontinente wuchsen und brachen auseinander, dazwischen schossen gurgelnd neue Meere, unter denen sich Felsbastionen so lange aneinander stiessen und drückten, bis sie sich übereinanderschoben, bis sie sich aus den Wassern aufrichteten und zu Gebirgszügen erhoben.

Jahrmillionen.
Die Alpen entstanden. Ein Kampf unter Gesteinsgiganten, Gneis, Granit, Schiefer, Kalk, Dolomit ihre Namen. Aus den Wüsten des Südens war einer gekommen, um am Ringen teilzunehmen, Verrucano, der Alte, von rötlicher Farbe, ein Sohn von Feuermutter Magma, der warf sich auf die Jüngeren und presste sie nieder, bis sie sich ergaben. Doch wer den obersten Platz einnahm, war Stürmen, Hagel, Schnee und Eis am stärksten ausgesetzt und verwitterte rascher, hier und dort brach ein Stück aus dem Riesen heraus und donnerte in die Tiefe, und seine Brocken zerfielen zu Geröll. Noch zwanzig Millionen Jahre, bis Menschenaugen zu den Bergen hinaufblicken und ängstlich in andere Augen blicken, wenn das Rumpeln von Felsstürzen zu hören ist.
Gletscher dehnen sich aus, ziehen sich wieder zurück, dehnen sich erneut aus und treiben die Menschensippen in ihrer Nähe auf die Suche nach freundlicheren Gegenden. Einer davon, der sich zu Füssen des alten Verrucano breitmacht, nimmt diesen Geröllschutt mit auf die Wanderschaft, und auf seiner mehrtausendjährigen Wachstumsreise hat er genügend Zeit, den Steinen mit seinem Eisdruck die Kanten abzuschleifen, und als ihm die Zunge abzuschmelzen beginnt und es auf den Heimweg geht, lässt er sie alle liegen. Er lässt auch eine Mulde für ein Seebecken zurück, langsam bedeckt sich das Gletschervorfeld mit Erde, auf der Gras und Bäume wachsen, die Mulde füllt sich mit Wasser, und auf einem Hügel an ihrem Ausfluss errichten Kelten eine Siedlung, die später von den Römern zu einem Kastell ausgebaut wird: Turicum
…
Ein Stein denkt nicht, ein Stein freut sich nicht, ein Stein trauert nicht, ein Stein hat keinen Hunger, ein Stein hat keine Ängste, ein Stein liebt nicht, ein Stein hasst nicht, ein Stein hat weder Freunde noch Feinde. Ein Stein handelt nicht. Er tut nur, was andere Kräfte mit ihm tun, die Fliehkraft, die Schwerkraft. Er kollert, sagt man, wenn er vom Erdhaufen eines Aushubs herunterrollt. Eigentlich aber wird er gerollt und wird er gekollert …

WO SEHEN UND ERLEBEN?

Informieren Sie sich auf der Webseite www.unesco-sardona.ch! Nützlich ist die neuartige Geo-Wanderkarte, ein Produkt des Welterbes in Zusammenarbeit mit der Landestopografie, oder der Faltprospekt zur Via GeoAlpina von Weisstannen bis Linthal (beide im Welterbe-Shop auf der Webseite). Ebenfalls über die Webseite können Sie GeoGuides Sardona buchen, und, falls Sie eine Lehrperson sind, spezielle Angebote für Schulen finden.

Abb. 5–24
Mittendrin in der Tektonikarena Sardona: Vom geomorphologisch und botanisch wunderbaren oberen Segnesboden geht der Blick an den Bergstock Atlas und dahinter zu den Tschingelhörnern mit dem Martinsloch und der wie mit einem Messer in die Landschaft geschnittenen Glarner Hauptüberschiebung.

Epilog: Alpendämmerung

Bei den Recherchen für dieses Buch schien mir, dass die Alpen immer noch komplizierter wurden, vor allem die Geschichte im Känozoikum (ab rund 65 Mio. Jahren): Tiefe plattentektonische Vorgänge und Oberkrustentektonik, Tektonik und Klima, Zerdehnungen, Rotationen und Seitenverschiebungen, Ultrahochdruck-Metamorphose, Subduktion und Obduktion, Unterschiede zwischen Ost-, Zentral- und Westalpen, zwei Gebirgsbildungen, Hebung-Erosions-Faktoren ... mir wurde zuweilen fast schwindlig – und wie soll es erst Ihnen ergehen? Ich erlebte die alte Forschererkenntnis: Je mehr man erforscht hat und weiss, desto mehr erkennt man, wie viel noch offenbleibt, wie viele neue Fragen sich auftun, wie viel es noch zu tun gibt. Das ist die Realität zumindest in den Naturwissenschaften. Wie diese in hundert Jahren aussehen wird – wer weiss es?
Haben Sie die Essays des Buches alle gelesen, oder eine Auswahl davon? Haben Sie davon profitiert? Ist es mir gelungen, Ihnen die wesentlichen Aspekte und die Resultate neuer Forschungen zu vermitteln? Sind Sie jetzt erst recht neugierig und wissensdurstig geworden? Vielleicht hilft es Ihnen, wenn ich an dieser Stelle nochmals stichwort- und holzschnittartig die zentralen und neuen Fakten rekapituliere:

— Die Alpen sind – trotz der vielen sichtbaren Falten – kein Faltengebirge, sondern ein Deckengebirge, entstanden in einem kontinentalen Subduktions-Kollisions-Hebungs-Zyklus

— Wir stecken noch mittendrin im langen Prozess der Alpenbildung, deren Geburtsstunde auf rund 100 Mio. Jahre vor heute gelegt werden kann.

— Über die ganzen Alpen hinweg treten immer zwei grundsätzlich unterschiedliche Gesteinsensembles auf: das prämesozoische kristalline Grundgebirge und die mesozoisch-känozoischen Sedimentgesteine – «Brot und Aufstrich».

— Entgegen früherer Vorstellungen, werden die Erdplatten nicht gestossen, sondern durch die absinkenden Platten in die Subduktionszonen gezogen – Plattenzug statt Plattenschub. Zudem spielen abreissende Plattenstücke eine zentrale Rolle bei den Gebirgsbildungsvorgängen.

— Die simple alte Dreiteilung Europa – Tethysmeer – Afrika muss revidiert werden: Es gab ein «Kuddelmuddel» von Meeresbecken und Kontinenten/Mikrokontinenten, welches zur komplexen Form der alpidischen Gebirge Europas geführt hat. Dies zeigt sich auch heute noch in der hochkomplexen plattentektonischen Konfiguration des Mittelmeerraumes.

— Die Vorstellung vom «Auftürmen» der Alpen infolge der Kontinentalkollision muss aufgegeben werden: Die Deckenbildungen und Verfaltungen spielten sich in der Subduktionszone in vielen Kilometern Tiefe ab, die Heraushebung erfolgte erst im Nachgang. Es sollte also eher von einem «Abtürmen» gesprochen werden.

— Die Alpen sind nicht einfach durch Überschiebungen/Verfaltungen von Südosten nach Nordwesten geprägt, sondern auch von Nordwesten gegen Südosten – sie sind bivergent, haben eine Art «Blumenkohlstruktur».

— Neben vielen Gemeinsamkeiten gibt es gewaltige Unterschiede zwischen den West-, Zentral- und Ostalpen! In den Ostalpen muss von zwei Gebirgsbildungen gesprochen werden.

— In der jüngeren Geschichte der Alpen gab es, ab rund 30 Mio. Jahren entstanden, neben Strukturen des Zusammenschubs auch sehr viele Dehnungs- und Seitenverschiebungs-Strukturen. So wurden etwa die Zentral- und Ostalpen um rund 300 km in Längsrichtung auseinandergezogen. Dabei entstanden auch die Kristallinaufbrüche des Mont-Blanc- und des Aar-Massivs sowie der Hohen Tauern. An der Insubrischen Bruchzone wurde der Nordblock um rund 20 km angehoben und gleichzeitig wanderte der Südblock um rund 150 km nach Westen.

— Verrucano, Bündnerschiefer, Flysch und Molasse sind keine Gesteine, sondern Gesteins-Verbände, die für ganz bestimmte Ablagerungsbedingungen während der Gebirgsbildung charakteristisch sind.

— Viele Gesteine der Alpen wurden bei den Subduktionsvorgängen, Decken- und Faltenbildungen metamorph überprägt und umkristallisiert. Einige Gesteine zeigen Versenkungstiefen von über 100 km an – wobei das Paradigma «Gesteinsdruck = Überlagerungsdruck» heute zunehmend infrage gestellt wird.

— Die Alpen waren höchstwahrscheinlich nie höher als heute; ja, sie dürften heute so hoch wie noch nie sein, und könnten in Zukunft noch höher werden.

— Die heutigen Erkenntnisse über das Zusammenspiel von Klima und Gebirgsbildung lassen den Schluss zu: Täler machen Berge, und nicht Berge erzeugen Täler! Paradebeispiel dafür ist das Himalaya-Gebirge am Südrand des Tibetischen Hochplateaus.

— Ob sich ein Gebirge wie die Alpen netto noch hebt oder senkt, ist die Folge eines hochkomplexen und noch nicht hinlänglich bekannten Zusammenspiels zwischen Verwitterung-Erosion-Abtransport-Zwischenlagerung an der Oberfläche und plattentektonischen Vorgängen in der Tiefe. Die Zentralalpen heben sich heute netto mit rund 0,5 mm/Jahr.

— Der Mensch hat in seiner jüngsten Geschichte derart in die globalen Systeme eingegriffen, dass die Auswirkungen geologisch sicht- und erlebbar werden. Man spricht vom Anthropozän.

— Auch die Alpen werden einmal «sterben», also völlig eingeebnet und Teil einer Kontinentmasse sein. Doch bis dahin vergehen wohl noch viele Millionen Jahre.

Lassen Sie mich zum Schluss aus einer aktuellen Forschungsarbeit eines Teams von 15 europäischen Geowissenschaftler*innen zitieren, welche die heutige Hebung und Erosion der Alpen untersucht und ein Gesamtbild zu umreissen versucht haben* (Originalsprache Englisch, Übersetzung durch den Autor):

«… Wie auch immer, die relativen Beiträge von Oberflächen- oder Tiefenkräften zu den Vertikalbewegungen, und auch die Beziehungen zwischen Vertikal- und Horizontalbewegungen bleiben noch schwer zu erfassen.
Unsere Schlussfolgerung: Obwohl die Alpen das am besten erforschte Gebirge der Welt sind, bleiben unsere Kenntnisse schon nur über die jüngeren und heute andauernden Prozesse begrenzt. Dies unterstreicht die Bedeutung von Zusammenarbeit in der Forschung, denn wir brauchen multidisziplinäre Daten und Ansätze, um die offenen Fragen und Interpretationen der Alpen- und der Gebirgsbildungsvorgänge generell zu klären» …

Dies bedeutet auch, dass viele der neueren Forschungsergebnisse, die in diesem Buch präsentiert werden, laufend erweitert und revidiert werden – und dass es hoffentlich in etwa 10 Jahren zu einer neuen, überarbeiteten Auflage kommt. *«Mit dem Wissen wächst der Zweifel»*, schrieb Goethe, und für die Wissenschaft kann dieses Zitat so angepasst werden: Mit dem Wissen wachsen die Zweifel und die offenen Fragen.

* *P. Sternai et al (2019 Earth-Science Reviews): Present-day uplift of the European Alps: Evaluating mechanisms and models of their relative contributions.*

Abb. 5–25
Das 20 Meter breite Martinsloch unter der Glarner Hauptüberschiebung mit dem gelben Band des Lochsitenkalkes. Haben wir wirklich den Durchblick?

Geo-Wissen

Die folgenden zehn Beiträge beleuchten allgemeine geologische und für die Alpenbildung bedeutsame Themen, die aus der Erfahrung des Autors in der Ausbildung auf Exkursionen immer wieder Anlass zu Verwirrung und Unklarheiten geben. Es ist kein systematischer Grundlehrgang. Dazu gibt es genug andere gute Bücher, einige davon aufgeführt im Literaturverzeichnis.

Abb. 6–1
Faszination Geologie! Einer der schönsten Gesteinsaufschlüsse, die der Autor bisher besuchen konnte. Gebänderte metamorphe Gesteine am Rand des Gornergletschers im Wallis – erst jüngst vom zurückschmelzenden Gletscher freigegeben.

Der Geologen-Kalender

Irrungen und Wirrungen rund um die geologische Zeitskala

Heute wissen wir, dass die Erde 4556 Millionen Jahre alt ist. Sie wurde damals als Teil unseres Sonnensystems aus einer rotierenden Gaswolke gebildet. Was seither geschah, nennen wir Erdgeschichte. Logisch, dass die Geologen von Anfang an darauf bedacht waren, eine zeitliche Ordnung in diese Geschichte zu bringen – auch wenn sie lange Zeit von den absoluten Altern in Millionen Jahren keine Ahnung hatten (s. Geo-Wissen 2).

Abb. 6–2 zeigt die heute gültige geologische Zeittabelle zusammen mit einigen wichtigen Ereignissen der Erdgeschichte und den Etappen der Alpenbildung. Ganz wichtig dabei: Diese Darstellung ist nicht massstäblich in Bezug auf die Dauer der jeweiligen Abschnitte! Warum? Weil sonst die Zeitabschnitte, die für die Entwicklung des Lebens oder für die Bildung der Alpen stehen, derart winzig wären im Vergleich zur langen Geschichte der Erde, dass sie gar nicht lesbar darzustellen wären. Zur Illustration dieses Sachverhalts ist rechts davon die Darstellung massstäblich mit den jeweiligen Farben gezeichnet. Die Abb. 6–3 zeigt die Erdgeschichte auf einem 24–Stunden-Zifferblatt. *Homo sapiens* macht mit seinen ca. 200 000 Jahren Existenzzeit dann gerade einmal 3 Sekunden der 24 Stunden aus. Oder, um noch ein anderes Bild zu nehmen: Auf einer kleinen Wanderung von 4556 Kilometern Länge tritt der Mensch erst auf den letzten 20 Zentimetern auf. So viel zu unserer Bedeutung! Sie können übrigens solche anschaulichen Zeitvergleiche etwa am «Sentier du temps» ob Neuchâtel oder mit dem beim Welterbe TAS erhältlichen «Zeitseil» nachvollziehen.

Die geologische Zeitskala hat eine hierarchische Struktur von groben bis zu feineren Zeitabschnitten: Äon – Ära – Periode – Epoche – Alter.

Diese Zeitskala hatte ihre Anfänge in den geologischen Forschungen in Südengland, wo Sedimentgesteine der Jura- und Kreidezeit in ziemlich klarer und kaum gestörter Abfolge anzutreffen sind. Der grosse Geologie-Pionier William Smith erarbeitete um das Jahr 1800 die erste richtige geologische Karte und erstellte eine Abfolge der Sedimentgesteinsschichten von älteren zu jünger (ein sogenanntes «stratigrafisches Profil»). Er bemerkte auch richtigerweise, dass sich die fossilisierten Tierarten, die er in den Schichten fand, im Verlaufe der Ablagerungszeit veränderten, einige verschwanden, andere traten neu auf. So begann die Einteilung der europäischen Schichtfolgen anhand von Fossilien. Die Geologen versuchten, Schichten mit gleichem Fossilinhalt über die Grenzen der Länder zu korrelieren. Gleichzeitig wurden den einzelnen Schicht- und damit auch Zeitabschnitten Namen gegeben, die in der Regel Bezug nahmen auf die Fundregionen oder bestimmte zeittypische Gesteinsarten. So entstanden aus den beiden englischen Landschaften Devon und Cumbria das Devon und Kambrium; das Perm wurde nach der gleichnamigen Stadt im Ural benannt. Die Trias-Zeit wiederum beruht auf der Tatsache, dass in weiten Teilen Deutschlands die

Abb. 6–2
Die nicht massstäbliche geologische Zeittafel, mit einigen wichtigen Angaben und Etappen der Alpenbildung. Rechts die massstäbliche Darstellung zum Vergleich.

Geologische Zeittafel mit Bezug zur geologischen Geschichte der Alpen und ihrer Gesteine

Ablagerungszeiten wichtiger alpiner Gesteinsverbände:
G = Variszische Plutonite (v. a. Granite) V = Verrucano B = Bündnerschiefer F = Flysche M = Molasse

Äon	Ära	Periode	Epoche	Beginn Mio. J.	Phasen der Alpenbildung	G	V	B	F	M	Gesteine Alpen allg.
Phanerozoikum	Anthropozän			0.0001	Klimaerwärmung mit ungewissen Folgen						Beton
	Känozoikum («Erdleben – Neuzeit»)	Quartär	Holozän	0.01	**Eisfreie Alpen** Feingestaltung der Landschaften						Schutthalden, Bergsturzablagerungen
			Pleistozän	2.6	**Eiszeitalter** Formung der Alpen durch Gletscher						Glaziale Ablagerungen, Deckenschotter, Löss, Moränen, Drumlins etc.
		Neogen	Pliozän	5.3	**Hebung und Erosion, und am Ende der Jura** Weitere Überschiebungen und Verfaltungen v. a. im Helvetikum, Hebung und Erosion im ungefähren Gleichgewicht → Alpen als Hochgebirge						Molasse-Sedimente nördlich und südlich der Alpen, teilweise marin, vor allem aber fluviatil
			Miozän	23.0							
		Paläogen	Oligozän	33.9	**Kollision – Deckenbildungen – Metamorphosen; Plattenabriss** Subduktion der kontinentalen Teile des Briançonnais, später des helvetischen Kontinentalrandes, Überschiebungen und Verfaltungen, zuerst Hochdruck-, dann Hochtemperatur-Metamorphose. Bei 30 Mio. J: Plattenabriss und Intrusion Bergeller Granit						Flysch-Sedimentation, vorrückend von SE nach NW Tertiäre Plutone entlang der Insubrischen Linie (u.a. Bergeller Granit)
			Eozän	55.8							
			Paläozän	65.6							
	Mesozoikum («Erdleben – Mittelalter»)	Kreide	Späte Kreide	99.6	**Afrika kehrt um – die Subduktion beginnt** Zerfall von Gondwana, Afrika bzw. Adria driftet fortan von SE gegen NW auf den europäischen Kontinent zu, die Ozeankruste des Piemontbeckens wird subduziert						Flysche im SE (Penninikum), marine Sedimente im NW (Helvetikum)
			Frühe Kreide	145.5	**Mikroplatten-Puzzle** Komplizierung mit verschiedenen Meeresbecken. Öffnung des Walliser Beckens durch Abspaltung des Mikrokontinents Iberia-Briançonnais; weiterhin Sedimentation im ganzen Raum						Marine Sedimentation: Kalke, Mergel, Tonen, Sandsteinen
		Jura	Später Jura (Malm)	161	**Ozeanbildung mit ozeanischer Kruste** Aufspaltung von Pangäa in Nordkontinent Laurasia und Südkontinent Gondwana. Bildung des alpinen Piemont-Ozeans mit flachmarinen eurasischen (→ Helvetikum) und adriatisch-afrikanischen (→ Ost- und Südalpin) Kontinental-Schelfen						Marine Sedimentation mit Kalken, Mergeln, Tonen, auch Brekzien, wenig Sandsteinen. Bildung von ozeanischer Kruste → spätere Ophiolithe
			Mittlerer Jura (Dogger)	176							
			Früher Jura (Lias)	202							
		Trias	Späte Trias (Keuper)	235	**Beginnende Zerdehnung von Pangäa** Krustenverdünnung und -absenkung → kontinuierliche Flutung durch weite tropische Flach- und Küstenmeere →**Tethys-Ozean**. Im ganzen zukünftigen Alpenraum flachmarine tropische Verhältnisse						Dolomite, Kalke, Evaporite
			Mittlere Trias (Muschelkalk)	245							Evaporite, Dolomite
			Untere Trias (Buntsandstein)	251							Sandsteine
	Paläozoikum («Erdleben – Altertum»)	Perm	Spätes/ mittleres/ frühes	299	**Einebnung des variszischen Gebirges**, Perm-Tröge						Verrucano-Bildungen
		Karbon	Pennsylvanium	323	**Variszische Gebirgsbildung** Superkontinents Pangäa, Granitbildung, Karbontröge mit molasseartigen Ablagerungen						Granite (heutige «Alpengranite») und hochmetamorphe Gneise → **Grundgebirge**. Karbon-Sedimente
			Missis-sippium	359							
		Devon	Spätes/ mittleres/ frühes	416							
		Silur	Spätes/ mittleres/ frühes	444	Einebnung des ordovizischen Gebirges						
		Ordoviz	Spätes/ mittleres/ frühes	488	**Ordovizische (kaledonische) Gebirgsbildung**						Hochmetamorphe Gesteine, Granite
		Kambrium	4 Epochen	542	Zerfall des Superkontinents Rodinia						
Präkambrium	Proterozoikum			2500							
	Archaikum			3600							
	Hadaikum			4550							

Gesteine dieser Periode in drei klar unterscheidbaren Gruppen vorkommen (Sandstein – Kalkstein/Dolomit – Gips/Salz/Ton), also in einer «Trias» (=Dreiheit). Die Kreide-Zeit verdankt ihren Namen den markanten Felswänden aus weissem Kreidekalk an den Küsten von SE-England und Norddeutschland, die in dieser Zeit abgelagert wurden. Ziemlich unglücklich war hingegen die Wahl des Namens für die Jura-Zeit– nach dem gleichnamigen Gebirge – weil in den dortigen Schichten Fossilien aus dieser Zeit hervorragend erhalten sind. Wenn ein Geologe heute vom «Jura» spricht, muss der Laie immer wissen, ob er nun das Gebirge oder die Zeit meint. Mehr zur abenteuerlichen geologischen Nomenklatur finden Sie in Geo-Wissen 4 ...

Die ältesten in Europa gefundenen Schichten mit erhaltenen Fossilien wurden der Periode des Kambriums zugeordnet. In darunterliegenden, und damit älteren Gesteinen, das waren metamorphe und magmatische Gesteine (zusammengefasst «kristalline Gesteine» genannt), fanden sich keine Fossilien mehr. Deshalb gaben die Geologen allem, was älter war als das Kambrium den Äon-Namen «Präkambrium», und allem was jünger war, die Bezeichnung «Phanerozoikum», übersetzt aus dem Griechischen die «Zeit der sichtbaren Tiere». Diese unterteilte man dann in Erdaltertum – Erdmittelalter – Erdneuzeit, fachsprachlich Paläozoikum – Mesozoikum – Känozoikum, ohne zu ahnen, dass das Erdaltertum verglichen mit dem Gesamtalter der Erde doch noch sehr jung ist! Unterdessen wurden zwar an bestimmten Fundstätten auch präkambrische Fossilien entdeckt. In mikroskopisch kleinen Formen gibt es sogar Leben seit rund 3800 Millionen Jahren im Früh-Archaikum – doch das konnten die «Frühzeit-Geologen» noch nicht wissen.

Die Grenzen der geologischen Zeiteinheiten im Phanerozoikum wurden in der Regel dort gesetzt, wo eine oder mehrere bestimmte Tierarten (bzw. Gattungen, Familien ...) verschwand oder neu auftrat («Bioevent»). Heute wissen wir, dass viele dieser Bioevents sogenannten «Massenaussterben» (engl. mass extinctions) entsprechen, so etwa die Zeitenwende Kreide-/Tertiär-Zeit vor 66 Millionen Jahren, als nicht nur die Dinosaurier, sondern auch Ammoniten, insgesamt drei Viertel aller Tier- und Pflanzenarten ausstarben. Die geologische Zeitskala bildet somit gleich auch die Evolutionsgeschichte ab.

Die internationale Forschergemeinschaft der Geologen ist in der IUGS (International Union of Geological Sciences) zusammengefasst, mit über 1 Million Geolog*innen aus 121 Ländern eine der weltweit grössten wissenschaftlichen Organisationen. Für die geologische Zeit zuständig ist die ICS (International Commission on Stratigraphy). Diese setzte sich unter anderem zum Ziel, für den Beginn jeder geologischen Zeiteinheit eine international anerkannte Grenzschicht an der dafür geeignetsten und am besten dokumentierten Stelle zu definieren, um dieser den Status eines «Goldenen Nagels» zu geben – und an der Stelle auch einen solchen zu setzen. Leider hat seither auch mühsamer National-Chauvinismus in diese Kommission Einzug gehalten: Als ob es den Dinos vor 66 Millionen Jahren wichtig gewesen wäre, ob man ihr «Friedhofskreuz» nun in den USA, Italien oder China hinpflanzt!

Da im Präkambrium die Unterteilung mit Bioevents kaum mehr möglich ist, wurde diese an Grenzen gezogen, wo die Geologen grössere Veränderungen in der Gesteinswelt feststellten.

In jüngerer Zeit haben sich einige Veränderungen in der geologischen Zeitskala ergeben, die auch für die Alpengeologie relevant sind:

- Die Tertiär-Zeit/das Tertiär wurde ersetzt durch Paläogen und Neogen. Wir verwenden den Begriff übergangsweise noch weiter.
- Der Beginn der Quartär-Zeit wurde von früher 1,8 auf 2,6 Mio. Jahre verschoben.

Die derzeit intensivste Diskussion wird um die Einführung eines neuen geologischen Zeitalters geführt, des «Anthropozäns», das «Zeitalter des Menschen». Die Gründe liegen auf der Hand: Der moderne Mensch hat begonnen, die Erde in geologisch relevanten Dimensionen zu beeinflussen. So bilden etwa die intensiven Atomtests der 1950er-Jahre heute schon eine bestens messbare geologische Grenzschicht in See- und Meeressedimenten und im Gletschereis der Arktis. Mit dem Bau von Staudämmen wird derart in den Sedimenttransport eingegriffen, dass dies Auswirkungen auf die Hebung oder Senkung ihrer Mündungs-Deltagebiete hat. Ganz zu schweigen von der nun so richtig intensiv beginnenden menschgemachten Klimaerwärmung, welche wohl die natürlichen Klimaschwankungen aus der Bahn werfen wird. Die IUGS möchte 2021 zu einem Beschluss über die offizielle Einführung des Anthropozäns kommen.

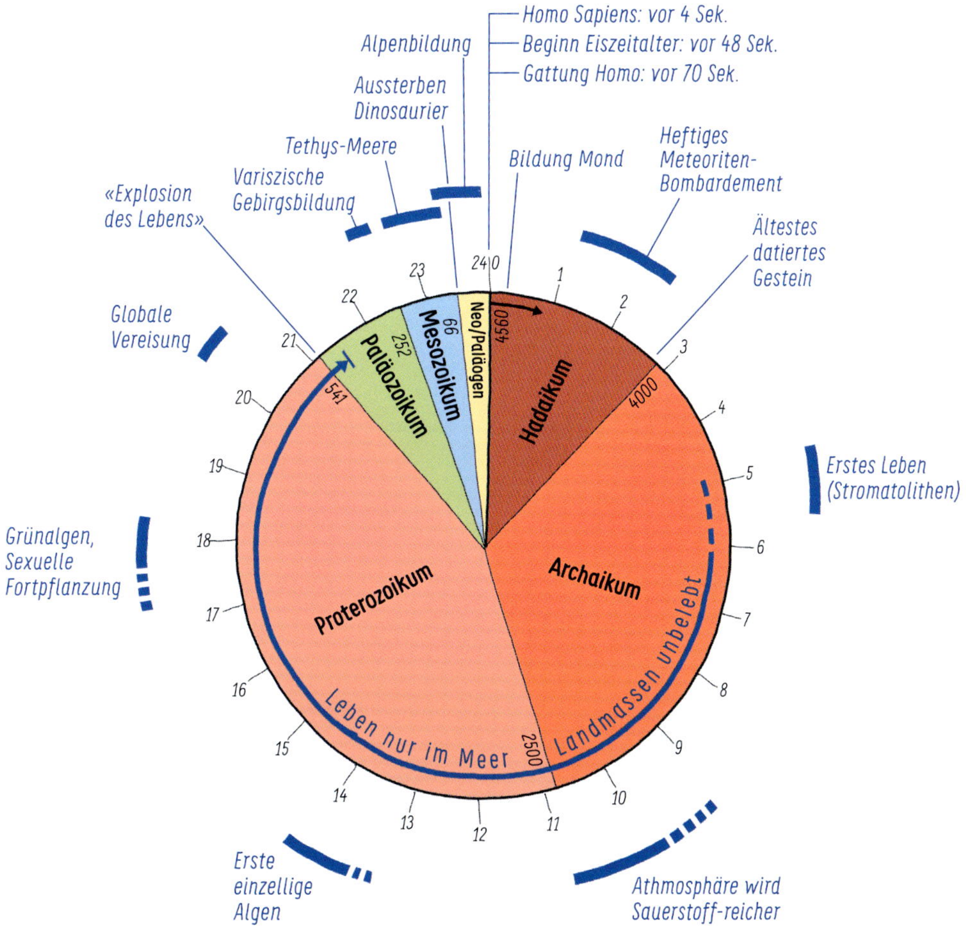

Abb. 6–3
Die Erdgeschichte in einem Tag, auf einem 24-Stunden Zifferblatt.

Darf man fragen, wie alt Sie sind?

Die Altersbestimmung in der Geologie

Die Gesteine mit ihren Mineralien, Strukturen und Fossilien sind die Geschichtsbücher der Geologen. So wie eine historische Quelle ohne Datum kaum einen Wert hat, gibt ein Gestein oder eine geologische Struktur ohne Alter nicht viel her. Die Geologie war daher seit Anbeginn mit der Frage der Alter beschäftigt. Die Geologen bemühten sich sehr darum, ihre Beobachtungen zeitlich einzuordnen und eine geologische Zeittabelle zu erstellen (Geo-Wissen 1). Doch bis vor rund 70 Jahren kannte man die absoluten Alter in Millionen Jahren nicht.

Noch im 17. Jahrhundert dominierten von der christlichen Schöpfungsgeschichte her abgeleitete Vorstellungen – z. B. das berühmte Schöpfungsdatum des irischen Erzbischofs James Ussher: Gemäss ihm entstand die Erde am 23. Oktober 4004 Jahre v. Chr. Mit der Aufklärung und dem Aufblühen der Naturwissenschaften begannen die ersten Geologen dann bald an einem derart jungen Erdalter zu zweifeln – zu mannigfaltig waren die Evidenzen in der Natur dagegen. Auch wenn geologische Prozesse extrem schnell ablaufen können, z. B. etwa eine katastrophale Vulkanexplosion, so lag es doch auf der Hand, dass viele andere Prozesse, etwa die Sedimentablagerung oder Erosion, sehr langsam vonstattengehen. Bis zum Beginn des 20. Jahrhunderts versuchten Geologen anhand verschiedener Beobachtungen und Überlegungen das Alter der Erde zu schätzen. Sie kamen durchaus schon in den Bereich von Millionen Jahren, aber letztlich blieb es beim Rätseln.

Umso erfolgreicher waren die Geologen in der Etablierung von relativen Abfolgen von geologischen Ereignissen, was in die in Abb. 6–2 vorgestellte geologische Zeitskala mündete – in der jedoch die Kolonne «Mio. Jahre» noch nicht vorhanden war. Ihre relative Altersbestimmung bedeutete schlicht, festzustellen, was jünger ist und was älter ist. Wenn wir ein Kleinkind sehen und einen alten Mann, können wir sofort sagen: Das Baby ist jünger als der Mann – auch wenn wir deren Alter in Jahren nicht kennen. Oder wenn der Kriminaltechniker anhand von Spuren im weichen Boden feststellen muss, wer zuletzt vor Ort und deshalb wohl der Täter war (Abb. 6–4, finden Sie es heraus!).

Die einfachste und am frühesten praktizierte Methode der relativen Altersbestimmung basiert auf der Abfolge von Sedimentgesteinsschichten. Der Forscher Nikolaus Steno erkannte dies um 1670 als erster und formulierte die beiden heute noch gültigen Gesetze der Stratigrafie (Lehre von den Schichtabfolgen). Die ursprüngliche Lage der Schichten ist horizontal, die ältere liegt unten, die jüngere oben. Dazu kam bald die Erkenntnis, dass Ereignisse wie die Verformung von Gesteinen, das Eindringen von Magma in Spalten oder in Plutone, die Bildung von Klüften, die Hebung und Erosion von Schichten und nachfolgend erneute Ablagerungen, alle ganz bestimmte Strukturen und Muster in den Gesteinsverbänden erzeugen, welche bei guter Beobachtung und Nachdenken die relative Abfolge ermitteln lassen. Versuchen Sie es selbst anhand der Abb. 6–5 und 6–6!

Der grösste Schritt bei der relativen Altersbestimmung hing zusammen mit den Erkenntnissen von Charles Darwin zur Evolution und dem Auffinden von versteinerten Lebewesen bzw. ihrer Spuren (Fossilien) in Ablagerungsgesteinen. Anhand des ersten Auftretens und wieder Verschwindens von Lebewesen konnten die Geologen die Geschichte des Lebens und damit auch die geologische Geschichte in erstaunlich hoher Auflösung ermitteln und in einer geologischen Zeitskala darstellen.

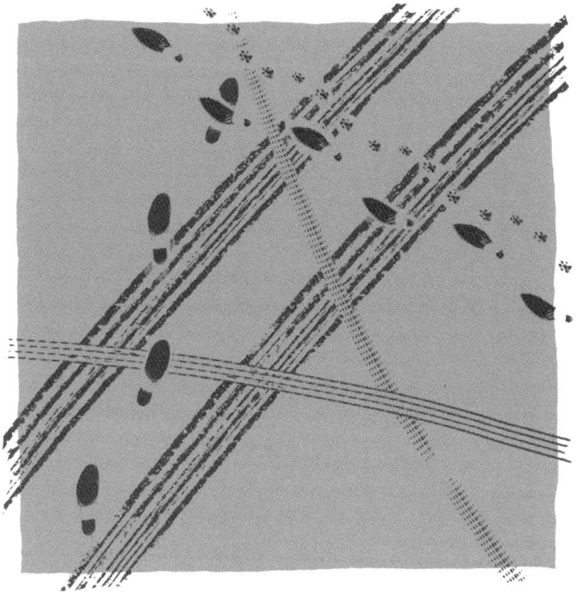

Der Tatort – *Wer war zuletzt hier?*

Daniel geht zu Fuss
Claudia hat einen Hund
Cynthia fährt ein Mofa
Betty fährt Velo
Alfred fährt Trecker

Abb. 6–4
Spuren am Tatort – versuchen Sie herauszufinden, wer zuletzt am Tatort und damit Täter war.

Aber noch immer wussten die Geologen nicht, wann die Steinkohlewälder der Karbon-Zeit gediehen, wann die Dinos am Ende der Kreide-Zeit verschwanden oder wie alt der Zentrale Aaregranit ist – um nur drei Beispiele zu nennen.
Den Durchbruch brachte die Entdeckung der Radioaktivität Ende des 19. Jahrhunderts und das Auffinden von natürlich radioaktiven Elementen in den Gesteinen und Mineralien, wie etwa Uran. Schon 1905 spekulierte Ernest Rutherford, dass anhand des natürlichen Zerfalls von radioaktiven Elementen in Mineralien deren absolutes Bildungsalter gemessen bzw. berechnet werden könnte. In den Jahren danach fanden erste Versuche statt. Recht bald wurde zumindest klar, dass es in der «Vor-Lebens-Zeit» des Präkambriums Gesteine geben muss, die nicht nur Millionen, sondern mehrere Milliarden Jahre alt sind. Der Durchbruch kam dann nach dem Zweiten Weltkrieg. 1956 bestimmte der amerikanische Geochemiker Clair Patterson an Meteoriten anhand von Uran ein Alter von 4,56 Milliarden Jahre, und damit das Alter der Erde. Seine Messung war derart gut, dass sie bis heute nur um lächerliche 10 Millionen Jahre korrigiert werden musste. Heute gilt als Alter der Erde: 4 556 200 000 ± 100 000 Jahre.
Und so funktioniert die absolute Altersbestimmung: In gewissen Mineralien kommen chemische Elemente vor, die in unterschiedlichen Isotopen (Varianten mit unterschiedlicher Anzahl von Neutronen im Atomkern) vorliegen. Die Isotope werden mit der Anzahl ihrer Protonen & Neutronen angegeben, z. B. K^{39} und K^{40}. Bei einigen dieser Elemente ist eine oder mehrere Isotopenarten nicht stabil, sondern zerfällt spontan zu Atomen anderer Elemente («radioaktiver Zerfall») und strahlt dabei Elementarteilchen als radioaktive Strahlung und Wärme ab. Der wohl bekannteste radioaktive Zerfall ist jener von $Uran^{235}$ und $Uran^{238}$ zu Blei, da dieser in großem Ausmass für die Energieproduktion in Atomkraftwerken genutzt wird. Von zentraler Bedeutung für die Altersbestimmung ist nun, dass der radioaktive Zerfall mit einer ausserordentlich stabilen Rate vor sich geht, unabhängig von äusseren Einflüssen. So kann man für jedes der radioaktiven Isotope experimentell eine «Halbwertszeit» bestimmen, jene Zeitspanne, die notwendig ist, bis von einer bestimmten Menge eines Ausgangsisotops (z. B. $Uran^{235}$) die Hälfte zerfallen ist.
Nehmen wir nun an, dass in einem Magma in der Erdkruste ein Mineral zu kristallisieren beginnt, welches Uran in sein Kristallgitter einbaut, nicht aber Blei, da letzteres von seiner Grösse und Chemie her nicht passt. Sobald das Mineral kristallisiert ist, beginnt damit eine Art «geologische Uhr» zu ticken. Das im Mineral eingeschlossene Uran zerfällt mit konstanter Rate zu Blei. Falls das Mineral dabei intakt bleibt, bleiben die neu entstandenen Bleiatome im Mineral eingeschlossen. Wenn wir eine Maschine haben, mit welcher wir die Mengen von Uran- und Bleiatomen im Mineral messen

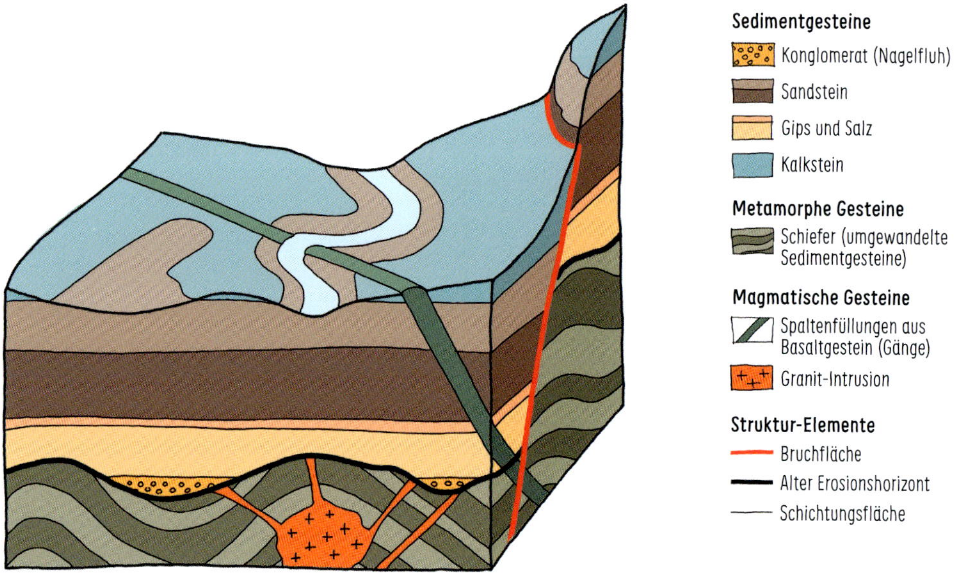

Abb. 6–5
Gängige Darstellung einer geologischen Situation in einem Blockbild. Versuchen Sie, die relative zeitliche Abfolge der in der Legende angegebenen geologischen Phänomene zu ermitteln!

können, so können wir anhand der bekannten Halbwertszeit das Kristallisationsalter des Minerals berechnen. Ein Mineral, welches sich genauso verhält, ist Zirkon (Zirkonium-Silikat). Weil es in den meisten Graniten vorkommt, lässt sich deren Alter heute recht genau bestimmen: Der Bergeller Granit entstand demnach vor 30 ± 1 Mio. Jahren, der Zentrale Aaregranit vor 298 ± 2 Mio. Jahren.

Auch wenn das Prinzip einfach ist, so ist die praktische Umsetzung und die Interpretation der Messungen eine aufwändige und trickreiche Angelegenheit. Es hat sich daraus eine eigene erdwissenschaftliche Disziplin, die Isotopen-Geochemie, entwickelt. Heute werden die folgenden natürlich radioaktiven Elemente für die geologische Altersbestimmung verwendet: Uran U, Kalium K, Rubidium Rb, Samarium Sm, Lutetium Lu und Rhenium Re. Eines der bekanntesten ist Kohlenstoff (^{14}C), welcher sich wegen seiner kurzen Halbwertszeit nur für Alter bis etwas 70000 Jahre eignet, womit die ^{14}C-Methode vor allem für die Altertumsforschung von grosser Bedeutung ist.

In den letzten Jahren wurden weitere Methoden entwickelt, die je nach Alter und Fragestellung eingesetzt werden können.

Abb. 6–6
Ein Aufschlussbild auf einer Felsplatte des Bergeller Granits, etwa mit den Ausmassen 2 × 1 Meter. Welche relative Abfolge lässt sich ermitteln, wo gibt es Unsicherheiten, die mehr Information erforderten?

Abb. 6–7
Mikroskopische Aufnahme eines winzigen Zirkonkristalls, eingeschlossen in Dunkelglimmer (Biotit) eines Granits. Der dunkle Hof um den Kristall wurde durch den radioaktiven Zerfall von Uran zu Blei im Zirkon erzeugt.

Vergiss «Ur»!

Urgestein, Urmeer, Urflüsse, Urtiere – das «Ur» führt zu falschen Vorstellungen

Am bekanntesten unter diesen Begriffen ist wohl das «Urgestein», wird es doch auch gerne bildhaft für Menschen verwendet, etwa: Ferdi Kübler, das «Urgestein» des Schweizer Radsports. Gemeinhin wird dieses Attribut dem Gestein Granit verliehen.

Die Vorsilbe «Ur» geht auf das althochdeutsche «ur», altnordische «ōr» oder gotische «us» hervor; in diesen Sprachen bedeutet es so viel wie «aus, heraus». In der Geologie wurde es in Deutschland im 18. Jahrhundert eingeführt. Damals entwickelte sich aufgrund der geologischen Verhältnisse in Mitteleuropa – kristallines Grundgebirge mit viel Granit und Gneis, und darüber jüngere Sedimentgesteine – die Vorstellung, dass diese Gesteine des Grundgebirges sozusagen seit Anbeginn vorhanden waren, also «Urgesteine» sind. Im Englischen wurde dafür der Begriff «primary rocks» verwendet.

Obwohl längst obsolet, hält sich der Begriff sehr hartnäckig, und damit verbunden auch die falsche Vorstellung von Granit als einem «uralten» Gestein. Wieder ein Beleg dafür, wie stark Sprache ist, wie zäh sich scheinbar bequeme Begriffe, und damit verbunden falsche Vorstellungen halten – es sei an die «Alpenfaltung» von Essay 2 erinnert!

Granit – ein «Urgestein»? Die ältesten datierten Granite aus Südafrika sind mit über 3500 Mio. Jahren tatsächlich uralt, und in Australien hat man Zirkonkristalle, die höchstwahrscheinlich aus einem Granit stammen, mit 4400 Mio.J. datiert. Also doch Urgestein? Nein – denn durch die gesamte Erdgeschichte hindurch wurden bei passenden Bedingungen in der Erdkruste, etwa Gebirgsbildungen, immer wieder Granite gebildet, bis heute. Auch in Zukunft werden weiterhin Granite gebildet werden. Geologisch sehr junge Granite sind weit verbreitet im Hoch-Himalaya (Alter zwischen 10 und 20 Mio. Jahren), in Patagonien (Fitz Roy Granit um 17 Mio. Jahre, Torres del Paine-Granit um 12,5 Mio. Jahre); einer der jüngsten Granite ist der Takidani-Granodiorit in den japanischen Alpen mit 1,2 Mio. Jahren. Und höchstwahrscheinlich bilden sich heute unter dem vulkanischen Yellowstone-Gebiet in den USA in einigen Kilometern Tiefe neue Granite.

Ähnliches gilt für das Tethysmeer, in welchem die Sedimentgesteine der Trias-, Jura- und Kreidezeit abgelagert wurden, die wir heute in den Alpen und in vielen Gegenden Mitteleuropas finden. Dieses wird gemeinhin als «Urmeer» bezeichnet. Doch wie in Essay 9 gezeigt, war das Tethysmeer nichts mehr als eine Serie von vorübergehend existierenden Meeresbecken als Teil des Weltozeans, welcher in der Frühzeit der Erdgeschichte ab rund 3800 Mio. Jahren entstanden ist, als die Erde genügend abgekühlt war, um flüssiges Wasser an der Oberfläche zu halten. Wenn schon war dies der «Ur-Ozean» …

Deshalb: Bitte die Vorsilbe «Ur» aus Ihrem geologischen Vokabular streichen!

Abb. 6–8
Der helle Granit der Torres del Paine-Gruppe in Südpatagonien intrudierte vor 12,5 Mio. Jahren als flache scheibenförmige Intrusion («Lakkolith») in die dunklen Umgebungsgesteine – ein junger Granit. Ausschnitt aus einer rund 500 m hohen Wand im oberen Teil der Intrusion.

Tohuwabohu!

Die Nomenklatur in der Geologie

Die Geologie ist eine für Laien schwierige Wissenschaft. Dazu trägt nicht zuletzt auch die – man darf es so sagen – chaotische Nomenklatur bei.

In der Geologie gab es nicht wie in der Botanik einen Carl von Linné, der schon in der Frühzeit der wissenschaftlichen Forschungen eine Systematik eingeführt hat. Was nichts damit zu tun hat, dass es damals keine schlauen Geologen gegeben hätte, sondern mit einem grundsätzlichen Unterschied zwischen Geologie und Biologie. Es gibt in der Geologie keine Arten, die sich – zumindest für den Praxisgebrauch – klar voneinander abtrennen lassen. Vor allem bei den Gesteinen, aber auch bei vielen Mineralien, können übergangslose Mischungen auftreten, die dann nomenklatorische Abgrenzungsprobleme nach sich ziehen. Ein einfaches Beispiel: Ein Fluss kann Sand- und Ton-Partikel ins Meer tragen, die sich je nach Wetter, Klima und anderen Faktoren in jeder beliebigen Mischung im Deltabereich ablagern können, von reinen Ton- bis reinen Sandlagen sind alle Mischungen möglich. Kommt dann noch im Meer biogen produzierter Kalkschlamm dazu, gibt es zwischen diesen drei Komponenten auch alle möglichen Mischungen. Die Geologen sind dann herausgefordert, mehr oder weniger willkürliche Grenzen zu ziehen, und so etwa einen kalkig-tonigen Sandstein zu definieren.

Die Namengebung in der Geologie ist historisch gewachsen. Oft haben Geologen, welche ein Gestein, eine Formation, eine tektonische Baueinheit oder eine geologische Zeiteinheit ein erstes Mal beschrieben haben, diese nach der Fundregion benannt oder nach der Region, wo das Element besonders gut sichtbar ist. In Geo-Wissen 1 wurden schon etliche derart nach geografischen Regionen zustande gekommenen Namen für geologische Zeiteinheiten erwähnt. Aber die Geologen blieben – mangels einer frühzeitigen internationalen Absprache – nicht konsequent, und so kamen dann völlig anders geartete Zeiteinheiten wie die «Trias» oder das «Tertiär» dazu.

Was gut zu wissen ist: Im Gegensatz zu den meisten anderen Naturwissenschaften und der Medizin bezogen die Geologen Begriffe nicht aus dem Lateinischen, sondern meist aus dem Griechischen – aber auch das nicht konsequent. Besonders wild geht es bei den Gesteinsnamen zu und her. Viele Gesteinsnamen enden auf «-it», etwa Dolomit, Serpentinit, Diorit. Diese Silbe ist ein Kürzel für das Griechische «lithos» = Stein. Bei Gesteinen, welche fast nur aus einem einzigen Mineral bestehen, wird oft einfach der Mineralname mit der Endung «it» verwendet: Serpentinit, Peridotit, Hornblendit, Quarzit. Andere Gesteinsnamen wiederum haben eine völlig andere Herkunft. «Granit» etwa stammt vom lateinischen «Granum» = Korn, weil Granite immer körnige Gesteine sind. Ein Verwandter des Granits ist der Gabbro, benannt nach dem gleichnamigen kleinen Dorf in der Toskana. Woher das Restaurant Gabbro in Lille (F) seinen Namen hat, bleibt unklar ...

Die einzige erdwissenschaftliche Disziplin, bei der es strenge Regeln für die Namensvergabe gibt, ist die Mineralogie – was aber nicht verhindert, dass auch dort seltsame

Blüten gedeihen. Die «Commission on New Minerals, Nomenclature and Classification» hat ein strenges, weltweit gültiges und akzeptiertes Regelwerk erlassen, nach welchen Kriterien neue Mineralien definiert und benannt werden dürfen. Bei den Mineralien ist es seit eh und je üblich, sie nach verdienten Forscherpersönlichkeiten zu benennen – man darf sich dabei einfach nicht selbst beweihräuchern. Das führte manchmal auch zu lustigen Geschichten; etwa diese: Der bedeutende Zürcher Mineraloge Paul Niggli wurde 1936 mit einem Platinmineral «Niggliit» beehrt. Sein Sohn Ernst Niggli wurde auch Mineraloge, und man wollte ein neues, in der Mineraliengrube Lengenbach im Binntal entdecktes Thallium-Sulfosalz nach ihm benennen. Weil Niggliit schon vergeben war, wurde daraus der «Erniggliit». So tummeln sich im Mineralreich recht abenteuerliche Namen – versuchen Sie, liebe Leserin, die folgenden sechs in einem Zug und ohne Stolpern vorzulesen: Alumoklyuchchevskit, Ferro-Ferri-Fluoro-Leakit, Galloplumbogummit, Nickellotharmeyerit, Parageogbokiit, Plumbopharmacosiderit. Bravo!

Wer sich mit der Alpenbildung beschäftigt, wird neben Mineral-, Gesteins- und Formationsnamen vor allem auch mit Bezeichnungen für tektonische Einheiten konfrontiert, primär mit den grossen Baueinheiten der Zentralalpen von NW nach SE: Helvetikum, Penninikum, Ostalpin, die in dieser Reihenfolge von SE gegen NW übereinandergeschoben vorliegen, und südlich daran anschliessend das Südalpin. Diese Bezeichnungen entstanden schlicht nach den Hauptvorkommen in geografischer Hinsicht. Die Begriffe «helvetische» und «penninische» Alpen sind heute kaum mehr gebräuchlich. Früher wurden diese Einheiten noch weiter unterteilt in Nord-, Mittel- und Süd- nach der ursprünglichen, «paläo»-geografischen Lage vor der Alpenbildung, oder in Unter-, Mittel- und Ober- nach der heutigen tektonischen Lage im Deckenstapel; mal so, mal so – sehr zur Freude der Studienanfänger und Laien. In den letzten Jahren war die Landesgeologie bestrebt, die Bezeichnung von tektonischen Einheiten, von stratigrafischen Begriffen wie Formationen, Members und Beds oder von Gesteinsbezeichnungen schweizweit zu vereinheitlichen. Die Nomenklatur der tektonischen Einheiten wird im Einstiegskapitel weiter erläutert. Bei den einzelnen Gesteinsdecken besteht die Schwierigkeit, dass gleiche Decken je nach Region anders benannt wurden, etwa die grösste helvetische Sedimentdecke, die im Westen Wildhorn-, in der Zentralschweiz Drusberg- und in der Ostschweiz Säntis-Decke heisst.

Last but not least kommt dazu, dass in neuerer Zeit viele neue geologische Fachbegriffe auf Englisch definiert und in der deutschsprachigen Literatur so übernommen und gar nicht mehr übersetzt werden, etwa slab rollback, backarc, wackestone, hot spot. Es gibt nur eines: Das Tohuwabohu mehr oder weniger zähneknirschend zu akzeptieren und die wichtigsten Begriffe mit der Zeit zu lernen. Tut uns leid.

Kruste ist nicht gleich Kruste

Ozeanische versus kontinentale Kruste und die Lithosphäre

Von den meisten Laien wird als «Erdkruste» die ganz dünne, äusserste Schicht der Erde verstanden, die aus verschiedenen festen Gesteinen besteht, und aus denen die herumdriftenden Erdplatten bestehen. Darunter kommt der Erdmantel, auf welchem die Erdplatten gleiten.

Schön wär's, wenn's so einfach wäre. Leider ist es falsch. Jedes Mal, wenn wir in Kursen oder auf Exkursionen auf diese Thematik kommen, merke ich, wie es mir fast peinlich ist, dass die Geologie schon wieder so blödsinnig kontraintuitiv und die Begrifflichkeiten so verwirrend sind. Also, wir bitten um Verständnis und Ihre Aufmerksamkeit, wir wollen versuchen, die Sache zu klären. Vieles im Eingangssatz ist richtig, aber Wesentliches ist anders.

Bohren wir gedanklich in einem stabilen Kontinentalinneren, beispielsweise in Norwegen, nach unten, so treffen wir tatsächlich viele unterschiedliche feste Gesteine an, oben eher Sedimentgesteine, je tiefer wir kommen, desto mehr Granite, Gneise und Ähnliches. Temperatur und Druck nehmen zu, aber die Gesteine bleiben fest. In rund 30 km Tiefe begegnen wir einem abrupten und dramatischen Gesteinswechsel. Wir treffen plötzlich auf ein Gestein namens Peridotit, das im Wesentlichen aus dem Mineral Olivin besteht. Das Gestein ist ebenfalls hart und fest, hat aber eine deutlich höhere Dichte als die Gesteine darüber. Dieser Dichte- und Gesteins-Sprung ist die Grenze von der Erdkruste zum Erdmantel! Zu Ehren seines Entdeckers, dem kroatischen Geophysiker Andrija Mohorovičić, wird sie auch Mohorovičić-Diskontinuität, kurz «Moho» genannt.

Wir bohren weiter und bleiben lange im festen Peridotitgestein des obersten Mantels, das fest mit der Kruste verbunden ist, bis in etwa 150 km Tiefe das Peridotitgestein aufgrund der zunehmenden Temperatur plastisch verformbar wird und sogar kleine aufgeschmolzene Anteile enthalten kann. Hier ändert sich also nicht das Gestein, son-

Abb. 6–9
In den Alpen finden sich nur kleine, der Subduktion durch Abscherung entgangene Reste der Ozeankruste des Piemont-Ozeans. Hervorragend erhaltene, unmetamorphe Kissenlaven sind östlich von Briançon am Mont Chenaillet aufgeschlossen, zusammen mit allen anderen Gesteinen ozeanischer Kruste.

dern seine Festigkeit. Dieser plastisch verformbare Teil des Erdmantels wird Asthenosphäre genannt, vom Griechischen «kraftlos». Und es ist auf dieser «kraftlosen» Schicht, auf welcher die darüberliegenden Einheiten, der alleroberste Mantel und die Kruste als tektonische Platten gleiten. Diese bestehen also aus der dünnen festen Kruste und einem dickeren Teil des Mantels. Diese zusammengesetzte Einheit wird Lithosphäre genannt, die «Gesteins-Sphäre». Die Erdplatten bestehen also nicht einfach aus Kruste, sondern aus Lithosphäre, die sich aus Kruste und Mantel-Lithosphäre zusammensetzt.

Sind Sie noch im Sattel? Gut, dann reiten wir weiter. Was die Kruste betrifft, so gibt es zwei grundsätzlich verschiedene Typen, nämlich kontinentale und ozeanische. Erstere wurde und wird im Verlauf der Erdgeschichte durch Anlagerung bei Plattenkollisionen laufend vergrössert, letztere entsteht laufend an den mittelozeanischen Rücken aus aufsteigendem und dadurch aufschmelzendem Mantelmaterial, wird später an Subduktionszonen jedoch wieder in den Erdmantel hinuntergezogen und mehr oder weniger aufgeschmolzen. So findet man in den heutigen Weltozeanen maximal 180 Mio. Jahre alte Ozeankruste. Nur durch spezielle Zufälle geraten Stücke von ozeanischer Kruste in die Kontinente hinein, z. B. bei Gebirgsbildungen. Sie zeugen dort, als «Ophiolithe» bezeichnet, von den längst wieder subduzierten Ozeanbecken der Vergangenheit. Unter beiden Krustentypen liegt eine vergleichbare Schicht von Mantel-Lithosphäre.

Die kleine Tabelle fasst die Unterschiede zwischen den beiden Krustentypen zusammen:

Kontinentale Kruste	**Ozeanische Kruste**
30–50 km dick	5–8 km dick
Enthält sämtliche denkbaren Gesteine, entstanden im Verlauf der ganzen langen Erdgeschichte durch verschiedenste Prozesse.	Ist gesteinsmässig simpel aufgebaut, da nur aus Teilschmelze des oberen Mantels entstanden. Von unten nach oben: Serpentinit – Gabbro – Basalt; darüber Tiefsee-Sedimente.
Älteste Gesteinszeugen sind über 4000 Mio. Jahre alt.	Älteste Ozeankruste der heutigen Ozeanböden ist 180 Mio. Jahre alt. Nur in Kontinente eingeschuppte Teile (= «Ophiolithe») können auch viel älter sein.
Eher geringe Dichte (um 2,8 g/cm^3) → schwimmt auf dem Erdmantel höher → kaum meeresbedeckt	Eher hohe Dichte (um 3,1 g/cm^3) → schwimmt auf dem Erdmantel tiefer → immer meeresbedeckt, Ozeanböden
Kann wegen der geringen Dicke nicht mehr ganz in den Erdmantel subduziert werden.	Wird aufgrund der höheren Dichte an Subduktionszonen in den Erdmantel hinuntergezogen und schmilzt dann langsam wieder auf.
Sehr gut erforscht, ausser unter den polaren Eismassen der Antarktis oder von Grönland.	Noch wenig erforscht, da schlecht zugänglich.

Tiefblicke

Wie Geologen in die unzugänglichen Tiefen der Erde schauen

Leider sind Gesteine nicht durchsichtig, und so können wir nicht «runter ins Erdinnere» blicken. Wir können auch keine «Gesteins-Tauchboote» hinabtauchen lassen. Was also tun für einen Blick in die undurchsichtigen Tiefen? Haben Sie Vorschläge?

Richtig: Bohren! Das tut man auch und sehr häufig, mit Diamantsplitter-besetzten Bohrköpfen. Wir Schweizer sind Weltmeister im Bohren, allerdings eher horizontal in Form von Tunnels. Den Weltrekord für die tiefste Bohrung halten hingegen die Russen mit ihrer Tiefbohrung auf der Kola-Halbinsel in alten Gesteinen des Baltischen Kontinentalschildes. Es dauerte 19 Jahre, von 1970–1989, bis die Bohrung nach vielen Schwierigkeiten 12 262 m Tiefe erreichte, wo eine Temperatur von 205 °C herrschte. Bis heute kam man nirgendwo tiefer. Es ist zu teuer, zu langwierig, und die hohen Temperaturen setzen ebenfalls Grenzen. Die tiefste Bohrung der Schweiz, eine Erdöl-Sondierbohrung in Finsterwald bei Entlebuch, erreichte 5290 m Tiefe.

Weitere Möglichkeiten? Tiefe Einschnitte in die Landschaft wie Schluchten und Geländeabbrüche erlauben Einblicke bis rund 3 km in die Tiefe – nicht weit. Im Falle der Alpen mit ihren Deckenstrukturen und den unterschiedlichen Hebungsbeträgen entlang der Alpenachse (vgl. Essay 22) kommt die geologische Profilkonstruktion mittels seitlicher Projektion in die Profilebene hinein dazu. Wie weit man von der Profilebene weggehen will, hängt vom tektonischen Bau der Region und der Erfahrung des Geologen ab. Je weiter weg, desto grösser die Fehlermöglichkeiten. Auf diese Weise konstruierten die Alpengeologen schon früh Profile, die bis in mehrere Kilometer Tiefe reichten. Je mehr Wissen zusammenkam, desto tiefer wagte man sich vor. Zu meinen Studienzeiten in den 1970er-Jahren reichten die gängigen Alpenprofile bis in einige 10er km Tiefe hinab. Damit war das «Dachgeschoss» des Alpengebäudes bekannt.

Nach dem Aufkommen der Plattentektonik als globales geologisches Gerüst in den 1960er-/1970er-Jahren versuchten zwar einige Alpenforscher schon, plattentektonische Profile bis in Hunderte von Kilometern Tiefe zu skizzieren, was für die prinzipielle Diskussion von grosser Bedeutung war. Aber diese Tiefenprofile blieben Spekulation. Den Durchbruch brachte dann eine grosse internationale und nationale wissenschaftliche Kampagne ab Ende der 1980er-Jahre, mit dem Ziel, den mittleren bis tiefen Untergrund Europas und der Alpen bis in rund 300 km Tiefe mit seismischen Methoden systematisch zu erkunden. Diese Methode war schon länger bekannt und wurde insbesondere zur Erkundung von Erdölvorkommen eingesetzt. Seismik-Untersuchungen sind vergleichbar mit Ultraschall-Untersuchungen in der Medizin. Für die Erzeugung von Schallwellen wird jedoch kein kleines Handgerät verwendet, sondern riesige, viele tonnenschwere Lastwagen, welche den Untergrund zum Erzittern bringen. Daneben können auch die Auswertungen von natürlichen Erdbeben hinzugezogen werden. Doch Seismik war und ist teuer, und erst eine gross angelegte internationale Anstrengung und ein nationales Forschungsprogramm konnten die nötige Finanzierung für eine grosse Alpen-Seismik-Kampagne sichern. Innerhalb weniger Jahre wurden damit Daten gesammelt, die es plötzlich erlaubten, Tiefenprofile durch die Alpen bis über 200 km Tiefe zu erstellen. Das Alpengebäude wurde sozusagen bis auf das Tiefgaragenniveau bekannt! Das waren aufregende Zeiten für die Alpengeologen!

Ab den 1990er-Jahren entwickelte sich eine weitere Tiefen-Erkundungsmethode stark weiter, die seismische Tomografie. Sie ist, was Menge und Qualität an neuer Information betrifft, mit der Computertomografie in der Medizin zu vergleichen. Seismische Tomografie beruht auf der Analyse von Laufzeiten von Erdbebenwellen, die mittels Permanent- und Temporärstationen registriert werden. Die Auswertung der Laufzeiten in alle Richtungen erlaubt es, dreidimensionale Strukturen des Erdinnern zu ermitteln. Mit der auf grosse Distanzen ausgerichteten teleseismischen Tomografie können heute Bilder bis an die Mantel-Kern-Grenze erzeugt werden. Mit der seismischen Tomografie können im Wesentlichen kühlere und heissere Zonen aufgrund ihrer unterschiedlichen Wellengeschwindigkeiten dreidimensional dargestellt werden. Eines der ersten aufregenden Ergebnisse war die Darstellung einer planaren kühleren Zone, welche von der Westküste der USA schräg hinab gegen Osten bis praktisch an die Mantel-Kern-Grenze reichte. Sie wurde als die subduzierte, ehemals riesige Farallon-Platte interpretiert, welche offenbar ohne vollständige Aufschmelzung und Homogenisierung im Mantel so tief hinunterreicht. Mit zunehmenden Rechenkapazitäten der Computer konnten die Auflösungsmöglichkeiten ständig verbessert werden – und so konnten unter anderem die Geometrien der subduzierten Platten unter dem Alpenraum oder die hochkomplexen Plattenkonfigurationen im Untergrund des Mittelmeerraumes aufgedröselt werden (vgl. Essay 26). Die Abb. 6–10 zeigt drei aktuelle seismotomografische Bilder aus den Alpen. In Abb. a) ist ein horizontaler Tiefenschnitt in 136–165 km Tiefe gezeigt, sowie die Spuren der Profile A-A' von Abb. b) und B-B' von Abb. c). Je blauer die Farben, desto dichter und kühler sind die Gesteine, je röter, desto weniger dicht und wärmer. In Abb. a) sind die beiden subduzierenden kühleren Plattenteile unter den Zentral- und Ostalpen zu sehen, mit einer auffallenden Lücke. Diese erklärt sich mit den Abb. b) und c): In den Zentralalpen subduziert die europäische Platte nach SE, in den Ostalpen die adriatische nach NW – ein dramatischer Wechsel, der in Essay 13 thematisiert wird.

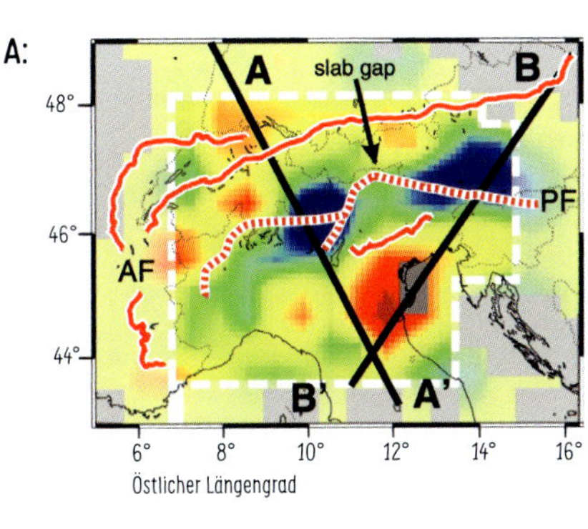

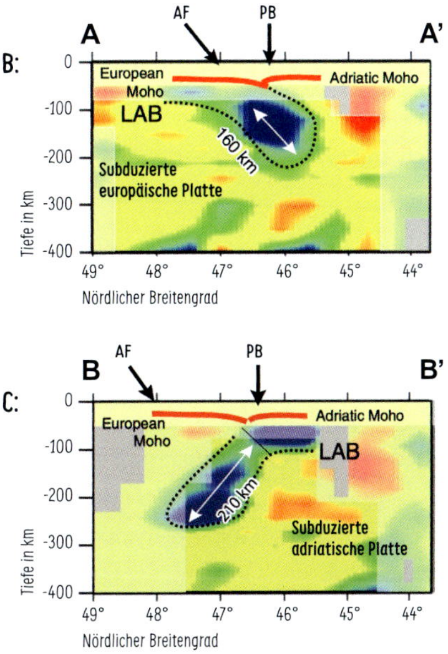

LEGENDE ABKÜRZUNGEN

AF Alpine Front-Überschiebung
PB Periadriatische Bruchzone
LAB Grenze Lithosphäre – Asthenosphäre

European / Adriatic Moho:
Moho der europäischen / adriatischen Platte
(Grenze Kruste – Mantel-Lithosphäre)

Abb. 6–10
Beispiel von seismisch-tomografischen Tiefenbildern unter den Alpen. Weiteres dazu im Text.

Die Verwandlungskünstler

Ein paar wichtige Fakten zur Gesteinsmetamorphose

In den Essays 11 und 14 wurde dargelegt, dass die Deckenüberschiebungen und die Faltenstrukturen, die wir heute in den Alpen bewundern können, bei der Kontinentalkollision Adria/Apulia-Europa in vielen Kilometern Tiefe gebildet wurden, teilweise bis in fast 100 km Tiefe. Das hatte Folgen für die Gesteine.

Wenn Sie irgendwo in der Schweiz ein Loch bohren, nimmt mit der Tiefe der Druck zu, ähnlich wie beim Eintauchen ins Wasser bewirkt durch die darüberliegenden Massen. Weil Gesteine durchschnittlich fast dreimal schwerer sind als Wasser (Dichte von Wasser = 1 g/cm^3, Dichte von Granit ca. 2,75 g/cm^3), nimmt auch der Druck entsprechend stärker zu. In 10 m Wassertiefe beträgt er 1 bar, in 1000 m also 100 bar, unter 1000 m Gestein deshalb etwa 300 bar; in 3,5 km Tiefe sind es 1000 bar oder 1 kilobar (kbar). In den Tiefen der Kollisionszone Europa-Adria/Apulia, bis gegen 100 km, herrschten also gewaltige Drücke auf die Gesteine, welche ihr mechanisches Verhalten stark beeinflussten.

Gehen wir zurück zu unserem Bohrloch. Neben dem Druck nimmt auch die Temperatur zu – einfach weil es gegen das Erdinnere wärmer wird. In einer durchschnittlichen Erdkruste sind es rund 30 °C pro km (= geothermischer Gradient). In einem Gebirge, wo riesige Stapel von relativ kühlem Oberkrustengestein als Decken übereinandergestapelt wurden, ist die Zunahme meist geringer, man kann hier mit rund 20 °C/km rechnen. Dasselbe gilt für Subduktionszonen, wo kühle Erdplatten mit geologisch gesehen hohen Geschwindigkeiten von 2–20 cm/Jahr in die Tiefe versenkt werden. Hingegen wird man über einer untief gelegenen Magmakammer oder bei einem Vulkangebäude viel höhere Temperaturzunahmen feststellen.

Zwei Beispiele aus der Schweiz mögen die Temperaturzunahme illustrieren: In der NAGRA-Tiefenbohrung von Weiach (ZH) nördlich des Juras wurde an der Endtiefe von 2,3 km eine Temperatur von 53 °C gemessen (Gradient = 23 °C/km). Im Gotthard-Basistunnel wurden in der Zone mit höchster Überlagerung von 2079 Metern unter dem Piz Vatgira eine Temperatur von 42,6 °C gemessen (Gradient = 20,5 °C/km). In 10 km Tiefe wären die Gesteine also schon über 200 °C heiss, in 30 km schon deutlich über 600 °C.

Ab rund 200 °C beginnen sich in den meisten Gesteinen mineralogische Veränderungen abzuspielen. Gewisse Mineralien sind dann nicht mehr stabil und wandeln sich durch chemische Reaktionen in neue, sogenannte metamorphe Mineralien um. Andere rekristallisieren einfach – etwa so wie Altschneekörner langsam zu Gletschereis umkristallisieren. Bekannte Beispiele sind die Umkristallisationen von Kalkstein zu Marmor und von Quarzsandstein zu Quarzit. Sind verschiedene Ausgangsmineralien vorhanden, können diese miteinander in komplexer Weise reagieren und zu einer Vielzahl neuer Mineralien führen. Im Zusammenspiel mit dem Druck und den Verformungsprozessen werden auch die Gefüge der Gesteine verändert – u. a. kann eine Schieferung entstehen. Das alles nennt man Gesteinsmetamorphose. Von den Mineralien von metamorphen Gesteinen auf die erreichten Temperaturen und Drücke zu schliessen, ist eine spannende Forschungsaufgabe für Geologen. Sie helfen, die Abläufe bei der Gebirgsbildung zu rekonstruieren. Ein Beispiel: Ein in unmetamorphem Zustand ziemlich unansehnlicher grauer, dichter und sehr weicher Tonstein – wie der Opalinuston des Juragebirges – wird mit zunehmendem Metamorphosegrad zuerst zu einem härteren Tonschiefer (den Jassern von der Jasstafel

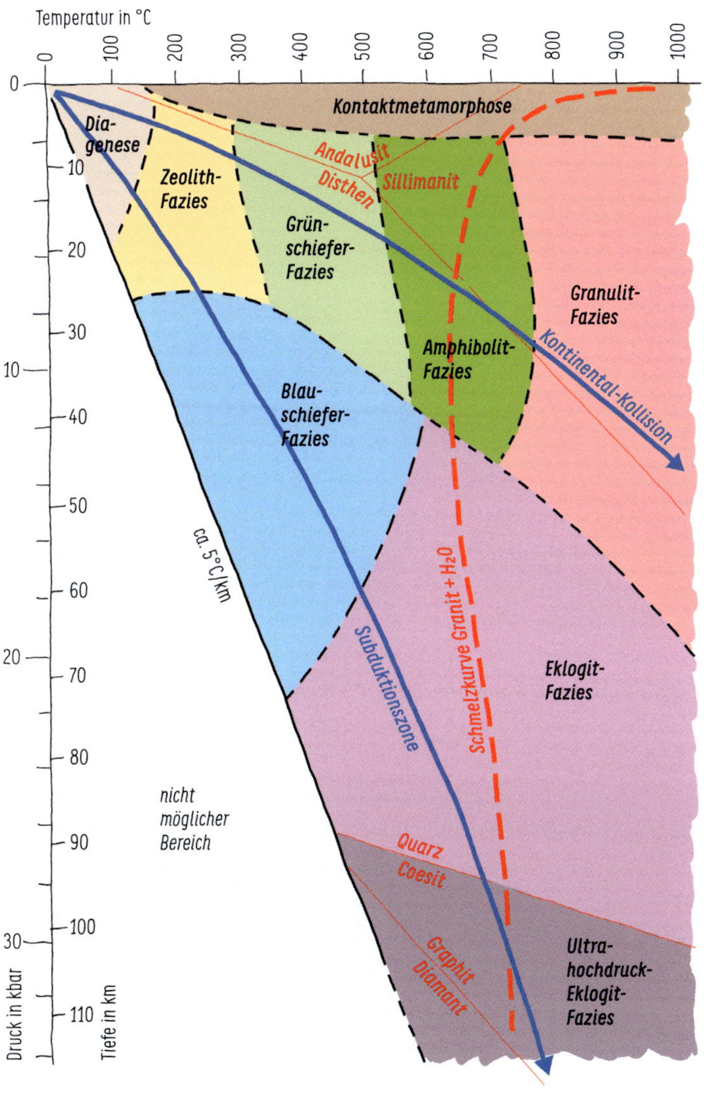

Abb. 6–11

Das Druck-Temperatur-Diagramm der Gesteinsmetamorphose mit den Feldern («Fazies») unterschiedlicher Metamorphosegrade und einigen wichtigen Reaktionskurven.

bekannt), dann zu einem feinschimmernden Sericitschiefer, weiter zu einem bunten Glimmerschiefer mit roten Granaten und blauen Disthenkristallen, bis es schliesslich bei Temperaturen ab etwa 700 °C langsam aufzuschmelzen beginnt. Solche Gesteine trifft man z. B. im Tessin an, wo Gesteine mit sehr hohem Metamorphosegrad vorkommen (s. Essay 14).

Eines muss immer wieder betont werden: Die Umwandlung von Gesteinen, wie im obigen Beispiel beschrieben, hat nichts mit Aufschmelzen zu tun! Alle Umwandlungen, das Abbauen von nicht mehr stabilen Mineralien und das Wachstum von neuen Mineralien geschehen im festen Zustand. Erst ab Temperaturen um 700 °C können Gesteine erste Aufschmelzungen zeigen; daraus können dann spezielle Gesteine namens Migmatite entstehen. Erst wenn die Temperaturen noch höher steigen, können grössere Aufschmelzungen geschehen und Magmen entstehen, welche dann wiederum wegwandern und als plutonische Gesteine neu auskristallisieren können.

Die Geologen unterteilen die Druck-Temperatur-Bereiche der metamorphen Gesteine mit Feldern, welche aus der Metamorphose von Basaltgesteinen abgeleitet wurden (Abb. 6–11). Sie tun dies aus dem einfachen Grund, weil Basaltgesteine bei unterschiedlichen Temperaturen und Drücken charakteristische Mineralneubildungen zeigen, welche eine Unterscheidung im Feld leicht machen – so können etwa Grün- und Blauschiefer einfach anhand der Farbe unterschieden werden, und sind auch leicht von Amphibolit oder Eklogit zu unterscheiden. Die Druck-Temperaturbereiche werden als «metamorphe Fazies» bezeichnet. Je nach geologisch-tektonischer Umgebung ergeben sich typische geothermische Gradienten mit einer bestimmten Metamorphose-Abfolge; zwei davon sind in Abb. 6–11 eingetragen.

Die Thematik der Hochdruck-Metamorphose wurde erst in den letzten rund 30 Jahren besser erforscht. Die Tatsache, dass Gesteine bis in Tiefen von über 100 km versenkt werden können, zwang die Geologen zu starken Anpassungen ihrer Vorstellungen über die tektonischen Abläufe. Kopfzerbrechen bereitete vor allem die Frage, wie diese tief versenkten Gesteine wieder an die Oberfläche gelangten – nach neueren Messungen mit Geschwindigkeiten von bis zu mehreren Zentimetern pro Jahr. Als wäre das nicht schon Herausforderung genug, wurde in den letzten 10 Jahren das bis dahin gültige Paradigma – «aus dem Druck lässt sich auf die Tiefe schliessen, weil er rein durch die darüberliegenden Gesteinsmassen erzeugt wird» – ernsthaft infrage gestellt. Es wurde postuliert, dass es auch beträchtliche Beiträge von tektonischen Spannungen gibt, welche zum Gesamtdruck beitragen, und zwar bis etwa 50 % des Gesamtdrucks. Die Diskussionen gehen weiter, vielleicht sind je nach geologischem Kontext beide Fälle möglich.

Abb. 6–12
Ein bei rund 500 °C entstandener Glimmerschiefer mit verschiedenen metamorph neugebildeten Mineralien (a). Fast nicht zu glauben, dass dieser aus einem eintönig-grauen unmetamorphen Tonstein (b) entstanden sein soll! Bildbreite je ca. 6 cm.

Auf Biegen und Brechen

Ein paar Gedanken zur Gesteinsdeformation

Sie haben beim Betrachten von Felsen, Wänden, Aufschlüssen draussen in der Natur schon feststellen können, dass Gesteine offensichtlich sowohl zerbrechen als auch sich plastisch verformen können, etwa in schön runden Falten. Die Geologen sprechen dabei von spröder und duktiler Verformung. Sie wissen aber ebenfalls aus Erfahrung, dass auch in einer Gesteinsfalte das Gestein fest und hart ist und beim Anschlagen mit dem Hammer nicht duktil davonfliesst, sondern spröd zerbricht. Was braucht es, damit harte Gesteine wie Kalkstein oder Gneis sich wie Knete verfalten lassen? Viele von Ihnen werden es wissen, oder ahnen: Es kommt primär auf die Temperatur und die Verformungsgeschwindigkeit an. Ein wunderbares Beispiel sehen Sie an den Alpengletschern: Diese fliessen ganz offensichtlich duktil zu Tale – vielleicht haben Sie sogar auch schon Falten im Gletschereis gesehen? – sie schmiegen sich den Geländeformen an. Doch gleichzeitig zeigen die Gletscherspalten, dass das Eis auch spröd zerbrechen kann. Der Zusammenhang ist klar: Tiefe Temperaturen und schnelle Verformung führen zu spröder Verformung, höhere Temperaturen und langsame Verformung befördern die duktile Verformung. Schauen Sie sich die beiden Fotos von Abb. 6–13 und 6–14 an. Beide zeigen ein Nebeneinander von zwei offensichtlich unterschiedlichen Gesteinsarten, die, so

Abb. 6–13
Wechsellagerung von grauem Calcit- und gelblichen Dolomitmarmor, von oberhalb des Simplonpasses. Bei den Temperaturen von rund 500 °C verformte sich der Calcitmarmor hochduktil, der Dolomitmarmor hingegen noch weitgehend spröd-bruchhaft. Bildbreite ca. 1 cm.

Abb. 6–14
Blick auf die SW-Flanke des Spitzhorns (2806 m ü. M.) oberhalb des Sanetschpasses, in der helvetischen Wildhorn-Decke. Die helle Kalksteinschicht des Schrattenkalks ist sowohl duktil verbogen als auch spröd zerbrochen; die graubraunen Mergel der Tierwies-Formation sind duktil verformt.

werden Sie mir zustimmen, die gleichen Temperatur-Druck-Bedingungen und die gleichen Verformungsgeschwindigkeiten erlebt haben müssen. Und doch zeigt der eine Gesteinstyp spröde, der andere duktile Verformung. In Abb. 6–13 ist das sogar extrem ausgeprägt. Daraus können wir doch schliessen, dass auch die Gesteinsart noch eine wesentliche Rolle spielt, nicht wahr? Gesteine sind aus Mineralien aufgebaut, und deshalb sind es letztlich die physikalischen Eigenschaften der Mineralien, welche ganz wesentlich mitentscheiden, ob ein Gestein sich spröd oder duktil verformt. In Abb. 6–13 ist das ganz besonders deutlich: das grau-weisse Gestein wird Calcit-Marmor. Calcit beginnt schon zwischen 200–300 °C duktil zu reagieren. Das Gestein hat Temperaturen um 500 °C erlebt – kein Wunder, zeigt der Calcit-Marmor wunderbar teigige Verformungsstrukturen – eben wie ein Marmorkuchen. Das gelbliche Gestein ist dagegen ein feinkörniger Dolomitmarmor, und Dolomit hat eine wesentlich höhere Temperaturgrenze für den Übergang zu duktiler Verformung. Deswegen sind die Dolomitmarmor-Lagen einfach zerbrochen.

Sie werden wahrscheinlich erstaunt sein, dass der Quarz, eines der häufigsten gesteinsbildenden Mineralien, und dazu ein sehr hartes, verwitterungsresistentes und zähes Mineral, auch bei vergleichsweise tiefen Temperaturen schon duktil zu reagieren beginnt: nämlich schon ab 300 °C. Deswegen können sich in quarzreichen Gesteinen wie Graniten, Gneisen, Sandsteinen etc. schon bei ziemlich tiefen Metamorphosegraden duktile Falten und Scherzonen ausbilden. Steinsalz hat hingegen eine extrem tiefe Übergangstemperatur von nur rund 100 °C. Deshalb konnte das Juragebirge über der Schicht von Trias-Salzgesteinen so leicht abgeschert und in Falten gelegt werden – das Salz wirkte als hochfliessfähige Schmierschicht.

Ist Geologie nicht einfach cool?

So ähnlich, so verschieden

Schichtung oder Schieferung?

Sieht ein Laie an einem Aufschluss, an einer Felswand, an einem Berg planare Strukturen, plattig spaltenden Fels oder treppenartige Stufungen im Querbruch, so redet er in der Regel von «Schichtung». Doch es gibt in der Welt der Gesteine zwei grundsätzlich unterschiedliche planare Strukturen, die unbedingt auseinandergehalten werden müssen:
Schichtung ist eine sedimentäre Ablagerungsstruktur. Durch Wechsel in der Sedimentation entstehen Schichtfugen oder Abfolgen unterschiedlich zusammengesetzter Gesteine. Die Schichtungen können sehr markant sein – z. B. ein Wechsel von Tonschiefer- und Sandsteinlagen, wie er in Flyschen häufig vorkommt (Abb. 6–15 a). Oder sie können ausserordentlich fein und damit schwer zu erkennen sein, etwa ein ganz feiner Wechsel der Korngrössen in einem Kalkstein (Abb. 6–15 b).
Schieferung ist eine Gesteins-Verformungsstruktur, welche bei der Metamorphose von Gesteinen entsteht. Sie wird gebildet durch Schichtsilikate (Silikatmineralien mit schichtartigem Kristallgitter, etwa Tonminerale, Glimmermineralien etc.), die in einer Ebene konzentriert und eingeregelt wurden. Je nach Kleinheit und Menge der eingeregelten Schichtsilikate und dem Bruchverhalten des geschieferten Gesteins unterscheidet man folgende Grundtypen geschieferter Gesteine – geordnet nach zunehmendem Metamorphosegrad:

Tonschiefer	Sehr feinkörnige, meist graue bis schwarze, feinplattig-schiefrige Gesteine. Die Schieferung durchdringt die Gesteine im mm-Bereich (Abb. 6–15 c).
Phyllite	Feinkörnige Schiefer, oft grau bis grünlich. Die Schieferungsflächen zeigen einen seidenartigen Glanz, der durch sehr feine Hellglimmerlagen entsteht (= Sericit).
Glimmerschiefer	Fein- bis mittelkörnige Gesteine, in denen die Glimmerplättchen auf den Schieferungsflächen deutlich sichtbar sind. Die Schieferungsflächen müssen nicht mehr gleich streng parallel verlaufen wie bei den Tonschiefern und Phylliten. Glimmerschiefer spalten in Platten von cm-Dicke (Abb. 6–15 d).
Gneise	Gneise sind grobplattige bis grobbankige, meist mittel- bis grobkörnige Gesteine. Auf den Schieferungsebenen sind die Glimmermineralien deutlich erkennbar. Die Schieferung kann recht streng parallel, aber auch wellig, flaserig oder nur wenig ausgebildet sein. Augige und linsige Strukturen sind häufig (Abb. 6–15 e).

Abb. 6–15
6 Aufschlussfotos mit Schichtungen oder Schieferungen (s. Text). Masslinie = 1 cm

Schichtung oder Schieferung – wie kann ich dies unterscheiden?

Es gibt Aufschlüsse, bei denen sich diese Frage nicht stellt, weil man klar eine Schichtung – und dazu in einem Winkel dazustehend – eine Schieferung erkennen kann (Abb. 6–15 f). Doch dieser Fall ist leider eher selten anzutreffen! Gerade in Bündnerschiefern und Flyschen verlaufen Schichtung und Schieferung oft parallel. Und in hochmetamorphen Gneisen findet man recht oft eine «Stoffbänderung» mit Lagen klar unterschiedlicher Zusammensetzung, die parallel zur Schieferung verläuft, sogenannte «Bändergneise». Ob diese Bänderungen eine ursprüngliche Schichtung darstellen oder durch metamorphe Prozesse zustande gekommen sind, ist oft erst mit aufwändigeren Untersuchungen nachzuweisen.

Deshalb halte sich der Laie an die einfache Regelung:

- Variationen in der Gesteinsart ergeben eine Schichtung,
- in einer Ebene eingeregelte Schichtsilikate verweisen auf eine Schieferung.

Das perfide Verwirrspiel

Granit oder Gneis, Gneis oder Granit?

Hier möchten wir eine Frage klären, die Laien immer wieder umtreibt und verwirrt. Nämlich wie der Zusammenhang ist zwischen Gneis und Granit. Oft begegnen wir der Ansicht, ein Gneis sei immer aus einem Granit entstanden. Die Antwort darauf ist: Das kann der Fall sein; er ist durchaus häufig, es kann aber auch ganz anders sein.
Zuerst müssen die beiden Gesteine als Begriffe definiert werden.

Granit	Körniges, massig-richtungsloses, hartes Gestein, meist von mittlerer Korngrösse (Mineralkörner 1–5 mm gross); von blossem Auge sind verschiedene Mineralarten erkennbar: Immer grau- bis hellbraune, stark glänzende Quarzkörner, tafelige Glimmerplättchen (meist dunkelbraune bis schwarze Biotite), dazu weisse, manchmal auch grünlich oder rosarot verfärbte Feldspatkristalle. Der Quarzanteil muss zwischen 20–60 % liegen, der Glimmeranteil beträgt meist weniger als 20 %. Granit entstand in rund 5–50 km Tiefe durch langsames Auskristallisieren aus einem siliziumreichen Magma.
Gneis	Körnig-kristalline Gesteine, meist auch von mittlerer Korngrösse, im Gegensatz zum Granit aber mit nicht richtungsloser Anordnung der Körner, sondern mit einer mehr oder weniger stark ausgeprägten Planarstruktur. Diese kann ganz streng in parallelen ebenen Flächen sein, oder – häufiger wellig-unregelmässig – was dem Gestein im seitlichen Bruch ein geflammtes, flaseriges Aussehen gibt. Viele Gneise zeigen dieselben Mineralien wie Granite und sind auch aus Graniten entstanden. Man bezeichnet diese als «Orthogneise». Es gibt jedoch auch viele Gneise mit anderer Mineralzusammensetzung, etwa Hornblende-Biotit-Gneise; welche aus Sedimentgesteinen entstanden sein können und dann «Paragneise» genannt werden.

Sie sehen, dass Granit von der Definition, insbesondere von seiner Zusammensetzung her, enger definiert ist als Gneis. Und mit der Unterscheidung Ortho-/Paragneis ist die Frage beantwortet, dass Gneise eben nicht immer aus Graniten entstehen, sondern dass eine grosse Palette von Ausgangsgesteinen bei hohem Metamorphosegrad zu Gneisen werden kann.
Warum denn überhaupt die ganze Aufregung? Ganz einfach, weil gerade in den Alpen aufmerksame Wanderer immer wieder bemerken können, dass es in einem Granitgebiet gneisartige Varianten gibt. Etwa im riesigen Granitkörper des Zentralen Aaregranits. Handkehrum kann man in einem Gneisgebiet auf eindeutige Granite stossen. Das hat damit zu tun, dass Granitkörper bei Verformungen in der Tiefe, also unter metamorphen Bedingungen, in aller Regel nicht homogen auf Verformungskräfte reagieren, sondern dass die Verformungen an diskreten Scherzonen erfolgen. So wurde etwa der Zentrale Aaregranit bei der

Alpenbildung arg geplagt und erlitt Temperaturen bis gegen 400 °C. Er reagierte darauf mit der Ausbildung von duktilen Scherzonen, in denen die Verformungen aufgenommen wurden und der Granit lokal zu Granitgneis oder gar Granitschiefer umgewandelt wurde (Abb. 6–16 a). Diese Zonen sind erosionsanfälliger und bilden deshalb Couloirs und Scharten im Granitgebiet (Abb. 6–16 c). Bei stärkerer Verformung und höherem Metamorphosegrad wird ein Grossteil eines Granitkörpers zu Granitgneis umgewandelt, nur in einigen wenigen geschonten Partien kann die Granitstruktur erhalten bleiben. Dies ist etwa im riesigen Gneisgebiet des Arollagneises in der Dent-Blanche-Decke der Walliser Hochalpen zu beobachten. An fast allen Graten und Wänden klettert der Bergsteiger dort in plattigem Gneis herum, nur etwa an der Aiguille de la Tsa oder am Südgrat des Zinalrothorns trifft er auf blockigen Granit (Abb. 6–16 b & d). Das perfide Verwirrspiel ...

Abb. 6–16
(a) Übergang von Granit zu Gneis im Zentralen Aaregranit; (b) fast als Granit erhalten gebliebene Partie im Arollagneis; (c) Juchlistock am Grimselpass, im Aaregranit. Die Plattenstruktur und die Couloirs ist durch die Scherzonen im Granit bedingt; (d) Aiguille de la Tsa in den Walliser Alpen, im Arollagneis. Doch hier ist dieser als fast undeformierter Granit erhalten geblieben.

Infoteil

Hier finden Sie nicht alles, aber vieles rund um das Thema dieses Buches.

Abb. 7–1
Tonschiefer-«Bleistifte» an der Furschela da Tschitta (2830 m ü. M.) nahe des Albulapasses, in kreidezeitlichen Tonschiefern der ostalpinen Err-Decke. Die Formen entstehen durch ein Nebeneinander von Schieferungs- und schräg dazu laufenden Bruchflächen.

Wie Alpengeologie erleben?

Eine kleine Reflexion über das Sehen und einige Praxistipps

An sich ist die Antwort auf diese Frage ganz einfach: rausgehen, erwandern, erschauen, entdecken, erfragen, erforschen! Der Rest kommt von allein. Andererseits gibt es da das berühmte Zitat von Goethe «Man sieht nur, was man weiß» – wörtlich hat er es so geschrieben: «Man erblickt nur, was man schon weiß und versteht». Das deckt sich mit meinen eigenen Erfahrungen, etwa was Architektur und Städtebau betrifft: In wie vielen Städten bin ich, rückwirkend betrachtet, wie ein Blinder durch die Strassen gegangen? In wie vielen habe ich die Faszinationen des Zusammenspiels von Baustilen, Epochen und Geschichte, von Lokalem und Fremdeinflüssen, von Formen- und Farbensprache usw. nicht gesehen und erfasst – ganz einfach, weil ich mich noch nicht mit diesen Themen auseinandergesetzt hatte.

Und, meine Güte!, wie viele junge Bergführerkandidaten habe ich erlebt, die schon jahrelang intensiv in der Bergwelt unterwegs waren, aber noch nie unterschiedliche Gesteinsarten erkannt haben, noch nie sich die Frage gestellt haben, warum die Klettergesteine unter ihren Händen diese oder jene Eigenschaften haben, noch nie auf die faszinierende Welt der Flechten geachtet haben, noch nie sich Gletschereis einmal genauer angeschaut haben, noch nie im Bergwald der Hüttenaufstiege die unterschiedlichen Baumarten erfasst haben – die scheinbar praktisch blind in den Bergen herumgerannt sind, nur auf Routen, Schwierigkeiten und Geländegefahren fokussiert waren, mit einem unglaublichen Tunnelblick. Und wie schön die Erfahrung, wenn sie nach einigen Tagen Naturkurs plötzlich diese Welten ein erstes Mal etwas entdeckt und deren Reichtum erkannt haben. Ich vermittelte es in den Kursen jeweils mit diesem Bild: Sie sollen bei Ihren Bergtouren nicht nur die Bergsport-Sonnenbrille aufsetzen, sondern lernen, verschiedene Brillen zu benutzen: die Geo-, Glazio-, Bio-, Kultur-, Geschichts- und viele weitere Brillen. Das gute Hinschauen will trainiert werden.

Was heisst gutes Hinschauen? Zuerst, natürlich, ganz einfach ein Phänomen sehen und als solches erkennen, etwa einen Gesteinswechsel, eine Falte, eine Bruchstruktur. Dann aber folgt ein weiterer Schritt, der auch viel Übung braucht: Zu beschreiben, was da ist. Was sehe ich denn eigentlich? Das tönt banal, ist es aber überhaupt nicht! Nochmals «meine Güte!»: In meiner Zeit als Assistent an der Uni Bern musste ich feststellen, wie schwer es vielen jungen, intelligenten, motivierten Studierenden fiel, ein Gestein klar und umfassend zu beschreiben. Versuchen Sie es einmal selbst! Spielen Sie mal, gemütlich an einem schönen Aussichtspunkt sitzend, das Kinderspiel «Ich sehe was, was du nicht siehst» und beschreiben Sie ein geologisches Phänomen in der Landschaft möglichst umfassend. Der Königsweg dazu: Eine Zeichnung machen. Das machten übrigens die alten Geologen sehr oft hervorragend. Die Geo-Zeichnungen von Geologen wie A. Heim, M. Lugeon, J. Oberholzer, H. Badoux, M. Marthaler – um nur einige wenige zu nennen – sind noch heute wertvollste Grundlagen und ästhetische Kunstwerke gleichermassen.

Und weiter geht es! Die nächsten Schritte lauten: «Was weiss ich?» und «Was will ich wissen?» Ein Beispiel: Betrachten Sie die Abb. 1–10 mit den Churfirsten über dem Walensee. Vielleicht wissen Sie schon, dass Sie sich hier in der helvetischen Zone, und zwar in den Sedimentgesteinsdecken befinden. Sie möchten nun wissen, ob die sichtbaren Gesteinswechsel eine vollständige Schichtabfolge von zuunterst bis zuoberst darstellen, oder ob sich vielleicht Deckenüberschiebungen dazwischen verstecken. Und: Was bedeuten die unterschiedlichen Farben der Schichten?

Warum bilden einige senkrechte Wände, andere geneigte bewaldete Abhänge?
Und nun kommt der schönste Teil: Die Hypothesenbildung! Sie können zu Ihren Fragen alle möglichen und unmöglichen Hypothesen formulieren (je «unmöglicher» desto besser und spassiger!) und diese aufschreiben. In einer Runde unter Freunden geht das wunderbar. Alles darf gesagt werden. Denn, auch was in Ihrem Kreis – der immer beschränktes Wissen und Erfahrungen hat – als absolut «unmöglich» oder lächerlich oder ketzerisch gelten mag, vielleicht liegt dort der Schlüssel verborgen. So ging es ja z. B. Galileo Galilei. Wenn dann mal alle Hypothesen da sind, dann können Sie das Spiel weitertreiben und für alle Hypothesen Argumente dafür und dagegen finden. So werden Sie nach und nach etliche ausscheiden können, und es verbleiben Ihnen noch wenige.
Und nun? Jetzt müssen Sie sich fragen: Wie kann ich mehr erfahren? Bei unserem Beispiel könnte das etwa heissen: Vom Walensee bis zuoberst die Churfirsten durchwandern und nach Strukturen und Belegen für Ihre Hypothesen suchen – langwierig, anstrengend, und es braucht Geologiekenntnisse. Der kürzeste Weg: Zum Handy greifen und Jürg Meyer anrufen, der wird es uns schon sagen können. Gut, in diesem Falle würde das klappen, aber es macht nicht so viel Spass. Ein Mittelweg: Auf der tektonischen Karte nachschauen. Und damit wäre ich beim nächsten Thema; jetzt wird es konkret und praktisch.

Wenn Sie mehr in die Entstehungsgeschichte der Alpen eintauchen möchten, so sollten Sie sich unbedingt die Papierversion der tektonischen Übersichtskarte der Schweiz 1:500 000 anschaffen. Gewöhnen Sie sich an, bei Zug- oder Autofahrten, bei allen Ihren Ausflügen und Wanderungen, diese Karte immer wieder hervorzunehmen und nachzuschauen, in welcher tektonischen Einheit (und «Brot oder Aufstrich»?) Sie sich gerade befinden, und welche tektonischen Kontakte in der Landschaft sichtbar sein sollten. Nur schon damit werden Sie mit der Zeit grosse Fortschritte im Verständnis des kompliziertesten Gebirges der Welt erzielen.
Weiter können Sie heute die enorm reichhaltigen geologischen Daten der Landesgeologie gratis nutzen, und dies sogar auf Ihrem Smartphone unterwegs. Davon hätte ich als junger Geologe nicht einmal zu träumen gewagt! Gehen Sie auf www.map.geo.admin.ch und dann weiter im Menu links oben: → Geokatalog → Natur und Umwelt → Geologie – und Sie können dort unter derzeit 91 (!) verschiedenen geologischen Kartendarstellungen auswählen. Sie können zudem jedes farblich ausgeschiedene Objekt anklicken und erhalten oben rechts Informationen dazu, manchmal auch noch weiterführende Links. Sie können die Kartenausschnitte in beliebigem Massstab auch als pdf herunterladen und ausdrucken. Die folgenden Karten können für Sie interessant sein, in alphabetischer Reihenfolge:

GeoCover Vektordaten	*Das* wichtigste Kartentool für Sie: Sämtliche bisher erhobenen Kartendaten zur Geologie und den Gesteinen sind für die ganze Schweiz vorhanden. Damit können Sie an jedem Ort der Schweiz feststellen: Auf welcher Gesteinsart oder -formation stehe ich gerade? Mit einer aktuellen und informativen Legende. Was wollen wir mehr?
Geologie 500	Das Pendant zur schon erwähnten tektonischen Übersichtskarte, aber schwieriger zu lesen/interpretieren.

Geologischer Atlas GA25	Die geologisch-kartografische Grundlage der Schweiz. Generationen von Geologen haben in aufwändigster und un- bis schlecht bezahlter Arbeit geologische Kartierungen erstellt und diese auf den Landeskarten im Massstab 1:25 000 dargestellt. Etwa vier Fünftel der Landesfläche sind mit diesen Karten abgedeckt. Das besonders Wertvolle sind die dazu publizierten Erläuterungen und Profile, die aber nur in den käuflichen Papierversionen zur Verfügung stehen. Für Ihre Lieblingsgebiete lohnt sich deshalb die Anschaffung der betreffenden Kartenblätter.
Geotope der Schweiz	Verzeichnis der Geotope von nationaler Bedeutung, mit Beschreibungen dazu.
Letzteiszeitl. Max. (Karte) 500	Eine wunderbare Karte! Sie zeigt die Schweiz vor 25 000 Jahren beim Höchststand der letzten grossen Kaltzeit. So können Sie an jedem Ort schauen, wie viel Eis damals über unseren Köpfen lag. Und: Sehen Sie die Spuren des Eises in der Landschaft?
Tektonik 500	Wurde schon erwähnt. Feldstecher, Lupe und Hammer sind ein Muss im Rucksack der Geo-interessierten Alpenwanderer

Nutzen Sie diese Tools so oft wie möglich! Es gibt noch einen ganzen Strauss von weiteren Hilfsmitteln, um Sie bei Ihren Wanderungen geologisch zu begleiten. Als Erstes seien Lokal- und Exkursionsführer genannt, von einfachen Broschüren bis zu eigentlichen Büchern. Dann gibt es auch recht viele geologische Themenwege und Geo-Stellen (Geosites), meist mit Begleitbroschüren, es gibt Ausstellungen, Museen, Exkursionsangebote. Informationen dazu finden Sie alle auf der Webseite des Vereins Erlebnis Geologie: www.erlebnis-geologie.ch. Seit neuestem sind alle dort versammelten Kategorien auch auf www.map.geo.admin.ch zugänglich (GeoEvents, Geosites, GeoWege). Auch viele der regionalen Naturparks haben Geo-Informationen auf ihren Webseiten (zentraler Zugang via www.parks.swiss) oder bieten Exkursionen mit ausgebildeten Parkführern an. Besonders hervorgehoben dabei soll das Weltnaturerbe Tektonikarena Sardona sein. Neben einer wunderbaren und geologisch reichen Webseite steht eine grössere Zahl von gut ausgebildeten GeoGuides Sardona zur Verfügung, die Sie engagieren können, sei es privat oder für einen Anlass mit einer Schule, Firma, Verein etc. (www.unesco-sardona.ch). Des Weiteren gibt es auch eine Anzahl von Profi-Geologen, welche sich auf die Vermittlung an Nicht-Experten spezialisiert haben. Sie finden diese ebenfalls über die Webseite von Erlebnis Geologie. Dazu gehört auch der Autor dieses Buches – siehe www.rundumberge.ch.

Abb. 7–2
Was sehen wir? Was wissen wir? Was möchten wir wissen? Welche Hypothesen haben wir? Vor einem Aufschluss mit 240 Mio. Jahre alten versteinerten Wellenrippeln in einem Sandstein bei der Lötschenpasshütte (VS). Für das vollständige Glück fehlen nur noch die Dinospuren …

Weiterführende Literatur, Webseiten etc.

Falls Sie Lust verspüren, Ihre Kenntnisse über die Geologie und Gesteine der Alpen zu erweitern und vertiefen, stehen heute viele Möglichkeiten zur Verfügung. Nach wie vor sind Bücher eine ganz wichtige und sehr empfohlene Quelle. Andererseits gibt es im Internet immer mehr, ja man muss schon sagen, einen Wust von Informationen; viele sind spannend, interessant und gut, aber viele auch zweifelhaft, veraltet, falsch. Anders als bei Büchern müssen Sie als Nutzer viel kritischer sein bei der Nutzung des Internets. Das Internet ist auch enorm dynamisch, und deshalb werden wir im Folgenden nur wenige Webseiten mit voraussichtlich längerer Lebensdauer erwähnen.

Bücher

Titel	Autor(en)	Jahr, Verlag	Kommentar
Geologie allgemein			
Geologie	R. Hürlimann, H. Egli-Broz, A. Grigoleit	Compendio Bildungsmedien 2. Auflage 2013	Ein hervorragendes Werk für einen ersten Einstieg in die Welt der Geologie. Es orientiert sich an den Lerninhalten der schweizerischen Maturität. Mit zahlreichen Grafiken und Bilder, Lernzielen, Zusammenfassungen und einer Fülle von Aufgaben mit kommentierten Lösungen.
Allgemeine **Geologie**	F. Press, R. Siever, J. Grotzinger, T. Jordan	Springer Verlag, 7. Auflage 2017	Der «Press-Siever», erstmals erschienen im Jahre 1974 auf Englisch, war schon zu meiner Studienzeit *das* Geologie-Lehrbuch für das Grundstudium. Seither laufend weiterentwickelt, ist es heute das Beste vom Besten für alle, die einen soliden Einstieg und Überblick über sämtliche Aspekte der Geologie erhalten möchten. Sehr gut verständlich, hervorragende Illustrationen.
Plattentektonik	W. Frisch, M. Meschede	Primus Verlag 5. Auflage 2013	Wer sich etwas vertieft mit den Faszinationen der Plattentektonik beschäftigen möchte, ist mit diesem sehr gut und schön gemachten Buch bestens bedient.
Gesteine einfach bestimmen. Der Bestimmungsschlüssel	J. Meyer	Haupt Verlag 2017	Für alle, die ihre selbst gesammelten Gesteine bestimmen möchten. Mit einer knappen, aber sehr guten Einführung in die Welt der Gesteine. Mit etwas Übung oder einem Einführungskurs geht es besser.
Bewegte Bergwelt. Gebirge und wie sie entstehen	F. Neukirchen	Spektrum akademischer Verlag, 2011	Auf ein solches Werk mussten alle an Geologie interessierten Weltbürger lange warten! Ein wunderbarer Überblick über die verschiedenen Gebirge und Gebirgsbildungsprozesse der Welt. Ziemlich dicht, mit sehr guten Fotos und Illustrationen.

Alpengeologie			
Lebenswelt Alpen Sehen, kennen, verstehen	A. Rosenkranz, J. Meyer, M. Lüthi, F. Zoller	SAC Verlag 3. Auflage 2020	2001 erstmals erschienen, 2019 komplett überarbeitet und erweitert, bietet dieses Buch einen Überblick über Natur und Kultur der Alpen – mit einem ziemlich ausführlichen Teil über die Alpengeologie, die Gesteine, die Glaziologie und den Klimawandel.
Geologie der Schweiz	C. Gnägi T. Labhart	Ott/h.e.p. verlag 10. Auflage 2017	*Der* Klassiker! Um 1970 erstmals als kleines Hallwag-Büchlein erschienen, wurde es vom grossen Alpengeologie-Vermittler Toni Labhart ständig erweitert. Seit 2015 ist als Co-Autor C. Gnägi dazu gestossen. Guter Überblick über alle geologischen Baueinheiten der Schweiz und deren Gesteine, über die Entstehung der Alpen, über die jüngere geologische Geschichte und Landschaftsprägung sowie über die Nutzung geologischer Ressourcen in der Schweiz.
Der Ozean im Gebirge	H. Weissert I. Stössel	vdf Hochschulverlag, 3. Auflage, 2015	Eine spannende, thematisch aufgebaute geologische Sicht auf die Geologie der Alpen. Sehr gute Ergänzung zu den eher systematischen Büchern.
Rocky Austria Geologie von Österreich – kurz und bunt	Autorenkollektiv	Geologische Bundesanstalt 2015	Ein wunderbares Buch! Eine zwar dicht gedrängte Einführung in Plattentektonik, Erdgeschichte und Entstehung der Ostalpen, aber gestalterisch derart witzig und mit derart hervorragenden Grafiken und Fotos, das man richtig Lust aufs Eintauchen kriegt.
Geologie der Alpen aus der Luft	K. Stüwe R. Homberger	Weishaupt Verlag 5. Auflage 2015	Ein eindrücklicher Foto-Text-Band zur Geologie der ganzen Alpen, mit fantastischen Flugaufnahmen von Ruedi Homberger. Die Texte sind recht anspruchsvoll, die Grafiken sehr gut.
Landschaften und Geologie der Schweiz	A. O. Pfiffner	Haupt Verlag 2019	Der geologische Bau der Schweiz spiegelt sich in deren Landschaften wider. Das Buch präsentiert den geologischen Bau, die Entstehung der Landschaften und die Gesteine der Schweiz ausgehend von Landschaftsfotos; dies in einer auch für Laien verständlichen Sprache.
Das Matterhorn aus Afrika	M. Marthaler	Ott Verlag 3. Auflage 2013	Eine sehr gute und moderne Einführung zur Alpenbildung. Stark an den plattentektonischen Vorgängen orientiert, welche durch geologische Beispiele vor allem aus den Walliser Alpen illustriert werden. Hervorragende farbige Abbildungen und Diagramme.

Steinland Alpen	J. Meyer T. Scheiber	Edition Filidor 2013	Zugeschnitten auf Bergsteiger und Bergwanderer führt das Büchlein bestens verständlich und in lockerer Sprache in die wichtigsten «Bergsteiger- und Klettergesteine» ein und gibt einen Abriss der Alpenbildung.
Gesteine der Schweiz. Der Feldführer	J. Meyer	Haupt Verlag 2017	Das einzige Buch, welches sich konkret mit den Gesteinen der Schweiz beschäftigt. Die wichtigsten Gesteine werden in 2–4–seitigen Porträts beschrieben, die Fotos zeigen die Gesteine vom Handstück bis in die Landschaft. Mit einer Gesteinszonenkarte zur raschen Orientierung und Einführungen in die Welt der Alpengesteine.
Geologie der Alpen	A. O. Pfiffner	UTB/Haupt Verlag 3. Auflage 2015	Das Standardwerk, umfassend, für die gesamten Alpen, mit sehr vielen hervorragenden Illustrationen. Das Referenzwerk für Profis und sehr engagierte Laien.
Geologische Wanderungen. 15 Routen zu Hotspots in der Schweiz	J. Alean P. Felber	Haupt Verlag 2019	Sorgfältig, präzise, in bestens verständlicher Sprache, unterstützt von guten Grafiken und tollen Fotos, führen Sie die beiden versierten Geo-Vermittler Jürg Alean und Paul Felber durch die 15 sehr gut ausgewählten Geo-Wanderungen in der ganzen Schweiz. Sehr zu empfehlen.
Eiszeit-Wanderungen. 14 Routen zu Zeugen der Eiszeit in der Schweiz	J. Alean P. Felber	Haupt Verlag 2020	Das oben geschriebene kann hier gleichermassen angefügt werden.
Geologie des Kantons Uri	Autorenkollektiv	Naturforschende Gesellschaft Uri. Bericht Nr. 24	Erstes Beispiel für ein regionales Werk. Top! Einfach hervorragend, was das Autorenkollektiv da präsentiert. Auch die Gesteine der Region Uri werden ausführlich vorgestellt.
Ausflug in die Glarner Geologie 300 Millionen Jahre faszinierende Erdgeschichte	M. Feldmann	Baeschlin Verlag 2016	Zweites Beispiel. Ebenfalls top! Der als Geo-Vermittler hoch erfahrene Autor nimmt die Leser*innen mit auf eine Zeitreise, und für jede Etappe gleich auch auf eine Wanderung, auf der man das Geschilderte erleben kann. Mit hervorragenden Grafiken, Fotos, Illustrationen. Ein Geo-Genuss-Werk!

Stein und Wein Entdeckungsreisen durch die schweizerischen Rebgebiete	Rainer Kündig und Autorenkollektiv	AS Verlag 2018	Die Schweiz ist gesegnet mit einem grossen Reichtum unterschiedlicher Gesteine und einer ebenfalls bemerkenswerten Vielfalt an Rebsorten. Unter der Gesamtleitung von R. Kündig erforschen die rund 60 Autor*innen Stein im Wein und dies einem breiteren Publikum nahezubringen. Ein tolles Werk für neugierige und naturverbundene Weinliebhaber – basierend auf wissenschaftlichen Grundlagen, dargestellt mit Schalk und Intuition und reich illustriert.
Montagnes du Jura Géologie et Paysages	V. Bichet M. Campy	NEO éditions 2. Auflage 2009	Ganz im Sinne der Pflege der Mehrsprachigkeit unseres Landes empfehlen wir Ihnen hier auch zwei französischsprachige Werke. Wer den Jura (das Gebirge, und die Zeit ...) liebt, der kommt um dieses wunderbare Buch nicht herum. Ebenso schön wie informativ gestaltet und geschrieben. Vas-y!
Jurassique Suisse Des Dinosaures et des Mammouth dans nos Jardins !	R. Marchant B. Pichon	Editions Favre SA 2013	Eine paläonotlogische Zeitreise durch die ganze Schweiz (die deutsche und italienische Schweiz sind gleichermassen berücksichtigt wie die Romandie); alle bekannten bis weltberühmten Fossilfunde und -vorkommen werden vorgestellt. Lebendig, bestens illustriert, mit sehr schönen Zeichnungen der «Viecher» in ihrer Lebenszeit und -umgebung.

Webseiten

Die unendlich-uferlose Welt des Internets ... Es gibt so vieles zu erforschen und zu entdecken. Allein schon allgemein-geologische Webseiten gibt es zuhauf. Deshalb hier nur eine ganz kleine Auswahl von Webseiten mit Bezug zur Schweiz und den Alpen.

Was ?	URL	Kommentar
Geologie Portal	www.geologieportal.ch	Die Informationsplattform der Schweizer Geologie-Szene, betrieben von Institutionen aus der Forschung, der Verwaltung und Privatwirtschaft. Ausgerichtet auf Profis, aber auch für Laien zum Stöbern interessant.
Landesgeologie Schweiz	www.swisstopo.admin.ch	Die Landesgeologie ist eine Abteilung der swisstopo. Über diese Webseite können z. B. gedruckte geologische Karten oder Bände aus der Serie «Beiträge zur Geologie der Schweiz» bestellt werden.
Lithstratigrafisches Lexikon der Schweiz	www.strati.ch	Wichtige Referenz für die aktuellen lithostratigrafischen Einheiten der Schweiz. Kann auch für Laien hilfreich sein. Beispiel: Wie ist der «Helvetische Kieselkalk» definiert?
Erlebnis Geologie	www.erlebnis.geologie.ch	Das zentrale, kartenbasierte Informations-Tool für sämtlich Geologie-bezogenen Angebote der Schweiz: Exkursionen, Führungen, Events, Kurse, Themenwege, Museen, Ausstellungen – alles ist hier zu finden.
Weltnaturerbe Tektonikarena Sardona	www.unesco-sardona.ch	Diese Webseite wurde schon mehrfach erwähnt und vorgestellt. Sehr wertvoll – weit über das eigentliche Welterbegebiet hinaus.
Landschaftspark Binntal	www.landschaftspark-binntal.ch	Dieser regionale Naturpark hat einen mineralogisch-geologischen Schwerpunkt. Viele interessante geologisch-mineralogische Infos und Angebote.
Buch „Geologie der Alpen aus der Luft“	www.alpengeologie.org	Der Grazer Alpengeologe Kurt Stüwe, Autor des Buches, stellt sämtliche farbigen Grafiken und die hervorragenden geologischen Luftfotos von Ruedi Homberger (+) auf dieser Webseite zum freien Download zur Verfügung.
Buch Rocky Austria. Geologie von Österreich – kurz und bunt	https://www.geologie.ac.at/rocky-austria	Dasselbe gilt für das tolle Buch „Rocky Austria“; dort zeichnet die österreichische Bundesanstalt für Geologie verantwortlich für diese Dienstleistung.

Quellenangaben zu den Grafiken und Fotos

Fotos

Der grösste Teil der Fotos stammen vom Autor Jürg Meyer.

Folgende Fotos stammen von Ruedi Homberger (†) bzw. Tektonikarena Sardona:
1–1, 1–13, 2–19, 2–27, 2–28, 5–24

Weitere Fotos:

European Space Agency ESA	2–1
NASA	0–5
WikimediaCommons, Jérémy Thomas	5–13
Shutterstock-Lizenz	2–11, 4–4, 4–5, 4–11, 5–18
Alamy, Stockphoto-Lizenz	5–8
Google Earth, Image: Landsat / Copernicus	2–5, 3–8, 3–19, 4–9, 4–20, 5–10
Ron Blakey, Colorado Plateau Systems	1–7
Alex Strekeisen, www.alexstrekeisen.it	6–7
National Geographic Magazine	2–12

Grafiken

Sämtliche Grafiken wurden von Denis Metz (www.schnabulak.de) nach den Vorlagen des Autors neu gezeichnet. Ebenso stammen alle Cartoons aus seiner kreativen Feder. Eine ganze Anzahl von Grafiken basieren auf dem Standardwerk zur Alpengeologie von O. A. Pfiffner, 2015: Geologie der Alpen, 3. Auflage

Nr.	Quelle
UG vorne	Nach Piffner O. A. Geologie der Alpen, 2015, umgezeichnet und leicht modifiziert
UG hinten	Blockdiagramme von T. Buckingham, Globen und Karten von Rocky Austria, Geologische Bundesanstalt Österreich
0–3	Jürg Meyer/Denis Metz
0–6	Jürg Meyer/Denis Metz
0–7	Nach verschiedenen Vorlagen von Jürg Meyer/Denis Metz neu gezeichnet
0–8	Jürg Meyer/Denis Metz
0–9	Kurt Stüwe, www.alpengeologie.org
0–10	Albrecht Steck, Universität Lausanne
0–11	Nach Piffner O. A. Geologie der Alpen, 2015, umgezeichnet und leicht modifiziert
0–12	Jürg Meyer/Denis Metz
1–2	Nach einer Skizze von Thomas Buckingham
1–4	Nach Piffner O. A. Geologie der Alpen, 2015, umgezeichnet und leicht modifiziert
1–5	Aus Erläuterungen zum Geologischen Atlasblatt 1:25'000 1107 Balsthal, swisstopo
1–8	Jürg Meyer/Denis Metz
1–9	Nach Piffner O. A. Geologie der Alpen, 2015, umgezeichnet und leicht modifiziert
1–11	Jürg Meyer/Denis Metz
1–12	Jürg Meyer/Denis Metz
1–14	Nach verschiedenen Vorlagen von Jürg Meyer/Denis Metz neu gezeichnet
2–2	Jürg Meyer/Denis Metz
2–3	Nach verschiedenen Vorlagen von Jürg Meyer/Denis Metz neu gezeichnet
2–4	Umgezeichnet aus F. Schlunegger & E. Kissling, 2005: Slab rollback orogeny in the Alps and evolution oft he Swiss Molasse basin. Nat.Comm. 6
2–6	Umgezeichnet aus: F. v. Blanckenburg & J.H. Davies, 1995: Slab breakoff: A model for syncollisional magmatism and tectonics in the Alps. Tectonics 14/1
2–7	Jürg Meyer/Denis Metz
2–9	Jürg Meyer/Denis Metz
2–10	Nach verschiedenen Vorlagen von Jürg Meyer/Denis Metz neu gezeichnet
2–13	Nach verschiedenen Vorlagen von Jürg Meyer/Denis Metz neu gezeichnet
2–14	Umgezeichnet aus: G. Mohn et al., 2010: Unravelling the interaction between tectonic and sedimentary processes during lithospheric thinning in the Alpine Tethys margins. I.J.Earth.Sci.
2–15	Aus Erläuterungen zum Geologischen Atlasblatt 1:25'000 1256 Bivio, swisstopo

2–18	Thomas Buckingham
2–21	Vereinfacht und umgezeichnet aus: S. Schmid et al 2004: Tectonic map and overall architecture oft he Alpine orogen. Ec.geol.Helv. 97
2–22	Nach Piffner O. A. Geologie der Alpen, 2015, umgezeichnet und leicht modifiziert
2–23	Jürg Meyer/Denis Metz
2–25	Nach Piffner O. A. Geologie der Alpen, 2015, umgezeichnet und leicht modifiziert
2–26	Vereinfacht und umgezeichnet aus: W. Frisch, I. Dunkl, J. Kuhlemann, 2000: Post-collisional orogen-parallel large-scale extension in the Eastern Alps. Tectonophysics 327
3–2	Nach Piffner O. A. Geologie der Alpen, 2015, umgezeichnet und leicht modifiziert
3–5	Jürg Meyer/Denis Metz
3–7	Thomas Buckingham / Jürg Meyer
3–9	Nach Piffner O. A. Geologie der Alpen, 2015, umgezeichnet und leicht modifiziert
3–12	Jürg Meyer/Denis Metz
3–13	Aus verschiedenen Vorlagen neu gezeichnet von Jürg Meyer/Denis Metz
3–14	Nach Piffner O. A. Geologie der Alpen, 2015, umgezeichnet und leicht modifiziert
3–16	Aus verschiedenen Vorlagen neu gezeichnet von Jürg Meyer/Denis Metz
3–17	Nach Piffner O. A. Geologie der Alpen, 2015, umgezeichnet und leicht modifiziert
3–18	Vereinfacht und umgezeichnet aus: F. Schlunegger & E. Kissling 2015: Slab rollback orogeny in the Alps and evolution oft he Swiss Molasse basin. Nat.Comm. 6
4–2	Vereinfacht und umgezeichnet aus: J. Kuhlemann 2007: Paleogeographic and paleotopgraphic evolution of the Swiss and Eastern Alps since the Oligocene. Glob. & Planet.Change 58
4–3	Vereinfacht und umgezeichnet aus: R. Baran, A.M. Friedrich, F. Schlunegger 2007: The late Miocene to Holocene erosion pattern …. Lithsophere 6/2
4–6	Jürg Meyer/Denis Metz
4–7	Umgezeichnet aus: W. Frisch & M. Meschede: Plattentektonik, primus verlag, 5. Auflage 2013
4–8	dito
4–12	Vereinfacht und umgezeichnet aus: W. Frisch, I. Dunkl, J. Kuhlemann, 2000: Post-collisional orogen-parallel large-scale extension in the Eastern Alps. Tectonophysics 327
4–13	Nach Piffner O. A. Geologie der Alpen, 2015, umgezeichnet und leicht modifiziert
4–14	Vereinfacht und umgezeichnet aus: G.L. Castello 2013: The Rawil Depression: ist structural history from Cretaceous to Neogene. Diss. ETHZ
4–15	Vereinfacht und umgezeichnet aus: A. Heim 1921: Geologie der Alpen. C.H. Tauchnitz, Leipzig
4–17	Umgezeichnet aus: W. Frisch & M. Meschede: Plattentektonik, primus verlag, 5. Auflage 2013
4–18	Jürg Meyer & Denis Metz
4–19	Aus verschiedenen Vorlagen neu gezeichnet von Jürg Meyer/Denis Metz
4–21	Aus verschiedenen Vorlagen neu gezeichnet von Jürg Meyer/Denis Metz
4–22	© swisstopo / Landesgeologie Schweiz.
4–23	Nach Piffner O. A. Geologie der Alpen, 2015, umgezeichnet und leicht modifiziert
5–2	swisstopo

5–3	Vereinfacht und umgezeichnet, Hebungsraten: L. Sánchez et al 2018: Present-day surface deformation oft he Alpine region inferred from geodetic techniques. ESSD 10. Erosionsraten: P. Sternai et al 2019: Present-day uplift oft he European Alps: evaluation mechanisms and models of ther relative contributions. E. S. Reviews
5–4	Dito: Sternai et al 2019
5–5	© www.seismo.ethz.ch
5–7	Aus verschiedenen Vorlagen neu gezeichnet von Jürg Meyer/Denis Metz
5–8	Vereinfacht und umgezeichnet aus: L. Jolivet, C. Faccenna, C. Piromallo 2009: From mantle to crust: Streching the Mediterranean. EPSL 285/1–2
5–9	Vereinfacht und umgezeichnet aus: E.D. Kästle et al 2019: Slab Break-offs in the Alpine Subduction Zone. Solid Earth Discussions.
5–11	Aus verschiedenen Vorlagen neu gezeichnet von Jürg Meyer/Denis Metz
5–12	Aus verschiedenen Vorlagen neu gezeichnet von Jürg Meyer/Denis Metz
5–14	Aus: G. Jovet & M. Huss 2019: Future retreat oft he Aletsch glacier. J. Glaciol 65
5–15	Aus verschiedenen Vorlagen neu gezeichnet von Jürg Meyer/Denis Metz
5–16	© C.R. Scotese, Paleomap project
5–17	© C.R. Scotese, Paleomap project
5–19	PBS Learning Media, www.pbslearningmedia.org
5–20	Aus verschiedenen Vorlagen neu gezeichnet von Jürg Meyer/Denis Metz
5–22	Thomas Buckingham / TAS
5–23	Koloriert aus: A. Heim 1921: Geologie der Alpen. C.H. Tauchnitz, Leipzig
6–2	Jürg Meyer
6–3	Aus verschiedenen Vorlagen neu gezeichnet von Jürg Meyer/Denis Metz
6–4	Jürg Meyer & Denis Metz
6–5	PPT-Präsentation A. Morard
6–10	Vereinfacht und umgezeichnet aus: R. Lippitsch, E. Kissling, J. Ansorge 2003: Upper mantle structure beneath the Alpine orogen from high-resolution teleseismic tomography. J. Geophy.Res. 108
6–11	Aus verschiedenen Vorlagen neu gezeichnet von Jürg Meyer/Denis Metz

Autorenporträt

Jürg Meyer
Dr. phil. nat. Geologe/dipl. Bergführer
Webseite www.rundumberge.ch

Als promovierter Geologe und dipl. Bergführer machte sich Jürg Meyer nach langjähriger Arbeit in beiden Berufen und einem elfjährigen Engagement als Umweltbeauftragter des Schweizer Alpen – Clubs SAC ab 2008 selbständig. Von 2003–2019 war er als leitender Experte für Natur-Kultur-Ausbildung im Schweizerischen Bergführerverband SBV tätig; er hat dort vor allem die Wanderleiterausbildung entscheidend geprägt.

Seit 2013 arbeitet er als beratender Geologe für das Weltnaturerbe Tektonikarena Sardona und den Landschaftspark Binntal. Dabei konnte er viele schöne Projekte realisieren, welche alle mit der Vermittlung von Geo-Themen an Amateure zu tun haben. Zudem wirkt er in beiden Pärken an der Aus- und Weiterbildung von Parkführer*innen mit. Seit einigen Jahren bietet er vermehrt auch eigene geologische Kurse, Wanderungen und Reisen an.

Ein weiterer Schwerpunkt von Jürg Meyers Tätigkeiten sind Vorträge und das Verfassen von Texten zu Themen der Geologie/Mineralogie, sei es in Zeitschriften, Broschüren oder als Buchautor – u. a. mit den Büchern *«Gesteine der Schweiz – der Feldführer» und «Gesteine einfach bestimmen» (Haupt-Verlag 2017), «Steinland Alpen» (Filidor Verlag 2013)*.

Seine grosse Passion ist Ausbildung und Vermitteln von Geologie und verwandten Themen an Laien und Amateure – am liebsten draussen in der Bergwelt. Dabei ist ihm eine ganzheitliche Natur-Wahrnehmung sehr wichtig.

Jürg Meyer auf einem Block seines «Doktorgesteins», dem ultrahochdruckmetamorphen Allalin-Metagabbro; auf dem Hohlaubgletscher, mit dem Allalinhorn dahinter.

Verdankungen

Dieses Buch wäre nicht möglich gewesen ohne die aktive Unterstützung und Mithilfe von drei Personen, für die ich ausserordentlich dankbar bin.

Thomas Buckingham, Geologe für das Weltnaturerbe TAS, der seit dem Beginn mit den ersten Konzeptskizzen als kritischer Partner mit dabei war, mitdiskutiert und mitgeholfen hat. Er hat nie den Glauben an das Projekt verloren und mich immer wieder positiv gestärkt, wenn die Zweifel mal wieder ziemlich gross wurden.

Martin Lind, Projektleiter vom Haupt Verlag AG in Bern, der mit viel Geduld und Flexibilität, freundlicher Hartnäckigkeit und sorgfältiger Begleitung drangeblieben ist, mich immer bestärkt hat und dafür gesorgt hat, dass das Werk dann auch tatsächlich realisiert werden konnte.

Eva Röntz, meine Partnerin und Ehefrau, welche mich durch alle Auf und Ab begleitet und immer ermutigt hat – und die vielen Arbeitsstunden, welche ich am Computer für das Projekt verbrachte, ertragen und mitgetragen hat.

Euch allen mein ganz grosses Dankeschön!

Dann danke ich weiter dem Weltnaturerbe TAS mit seinem Geschäftsleiter Harry Keel für die finanzielle Unterstützung und die viele Geduld bis zur Realisation des Werks. Auch der finanzielle Beitrag des Kantons Graubünden sei hier verdankt.

Prof. Dr. O. A. Pfiffner danke ich für zahlreiche kritisch-konstruktive Kommentare.

Einer Idee meiner Frau verdanke ich den Kontakt zu Denis Metz, der für uns sowohl alle Illustrationen als auch die Cartoons gezeichnet hat. Dir, Denis, danke ich ganz herzlich für die unkomplizierte und effiziente Zusammenarbeit – und für Deine humorvolle Kreativität.

Die Publikation dieses Buches wurde ermöglicht durch die finanzielle Unterstützung der folgenden Institutionen:

UNESCO-Weltnaturerbe Tektonikarena Sardona

Kulturförderung Kanton Graubünden/SWISSLOS

Kulturförderung Graubünden. Amt für Kultur
Promoziun da la cultura dal Grischun. Uffizi da cultura
Promozione della cultura dei Grigioni. Ufficio della cultura

magma AG Geologie, Umwelt, Planung Zürich

meier und partner Wasser, Informatik, Umwelt

Stichwortverzeichnis

N

O

P

Q

R

S

Im **Haupt Verlag** veröffentlichen wir mit Freude hochwertige Bücher. Wir sind ein unabhängiger Verlag, der sich vor allem auf die Themengebiete Garten & Natur und Gestalten & Design spezialisiert hat. Auf den folgenden Seiten empfehlen wir Ihnen weitere ausgewählte Titel aus unserem Programm; unser aktuelles Gesamtverzeichnis finden Sie auf **www.haupt.ch**.

Jürg Meyer

Gesteine der Schweiz

Der Feldführer

2022 448 Seiten, 660 Farbfotos, 25 Tabellen,
25 Grafiken / Profile, 5 Karten, Flexobroschur
ISBN 978-3-258-08277-6

Die Schweiz ist ein Land der Berge und weist eine enorme Vielfalt an Gesteinen auf. Fast alle erdenklichen Gesteinsarten sind vom Jura über das Mittelland bis in die Alpen zu finden. «Gesteine der Schweiz» präsentiert diesen geologischen Reichtum in rund 130 reich bebilderten Gesteinsporträts. Neben den Aspekten der Gesteine im Handstück werden ihre Erscheinungsformen in der Landschaft erläutert, auf typische Strukturen und Erosionsformen sowie auf ihre Verwendung hingewiesen. Eine detaillierte Gesteinszonen-Karte bildet die Grundlage für die Einteilung der Gesteinsporträts und erleichtert das Aufspüren im Feld. Zudem wird in die wichtigsten Grundlagen und spannendsten Aspekte rund um die Gesteine der Schweiz eingeführt.

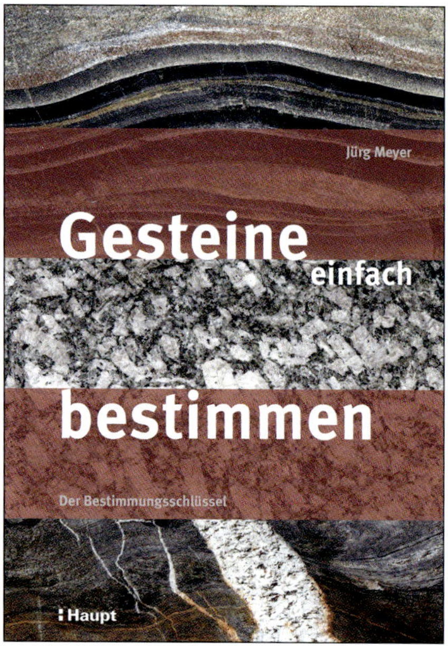

Jürg Meyer

Gesteine einfach bestimmen

Der Bestimmungsschlüssel

2025. 144 Seiten, 460 Fotos, 75 Grafiken / Illustrationen,
5 Tabellen, Flexobroschur
ISBN 978-3-258-08451-0

Sie sind an Geologie interessiert, scheitern im Gelände aber immer wieder an der Bestimmung von Gesteinen? Sie lieben schöne Steine, bringen solche von Ihren Wanderungen oder Reisen mit und möchten wissen, um was es sich dabei genau handelt? Dann haben Sie das richtige Buch in der Hand! Dieser Gesteinsbestimmungsschlüssel ermöglicht auch interessierten Laien eine Gesteinsbestimmung. Notwendig sind dazu Lupe und Stahlklinge sowie etwas Übung und Ausdauer. Zahlreiche Gesteine lassen sich mit dem Schlüssel problemlos bestimmen; in schwierigen Fällen wird auf Verwechslungsmöglichkeiten hingewiesen, sodass eine Bestimmung zumindest bis zur Gesteinsfamilie möglich ist. Eine leicht verständliche Einführung vermittelt die notwendigen elementaren Vorkenntnisse und Fachbegriffe und führt in die Eigenschaften der Gesteine ein.

Haupt

Haupt Verlag
verlag@haupt.ch • www.haupt.ch

O. Adrian Pfiffner
Landschaften
und Geologie
der Schweiz
Haupt

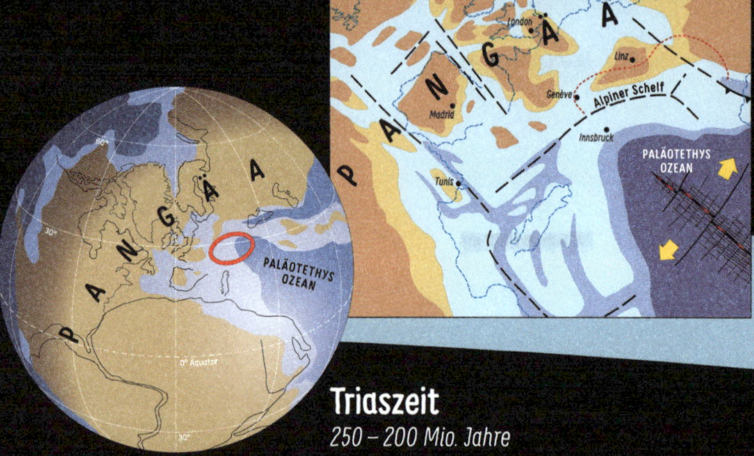

Triaszeit
250 – 200 Mio. Jahre

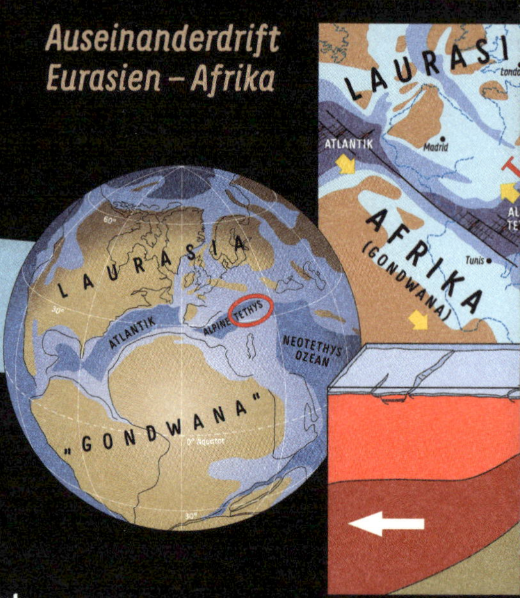

Auseinanderdrift Eurasien – Afrika

Die Bildungsgeschichte der Alpen seit der Triaszeit im globalen und regionalen plattentektonischen Kontext

Auf den Erdkugeln ist der zukünftige Alpenraum rot eingetragen.
Die Karten des europäischen Raumes sind vereinfacht gestaltet.

Farblegende zu den Blockdiagrammen

- *Europäische mesozoische Sedimente*
- *Europäische Kruste (Grundgebirge)*
- *Europäische Mantel-Lithosphäre*
- *Asthenosphäre*
- *Mesozoische Sedimente Walliser Becken*
- *Mesozische Sedimente Mikrokontinent I-B*
- *Kruste (Grundgebirge) Iberia-Briançonnais*
- *Sedimente Piemont-Ozeanbecken*
- *Ozeanische Kruste Piemont-Ozeanbecken*
- *Adriatische mesozoische Sedimente*
- *Adriatische Kruste (Grundgebirge)*
- *Adriatische Mantel-Lithosphäre*

Farblegende zu den Europakarten

- *Kontinentplatte mit Festland*
- *Kontinentplatte mit Flachmeer-Bedeckung*
- *Kontinentplatte mit Tiefschelf-Meer*
- *Neu gebildete Ozeankruste*
- *Seitenverschiebung / Störung*
- *Subduktionszone (Zacken weisen in Oberplatte)*
- *Heutiger Aussenrand des Alpen-Karpaten-Bogens*
- *Relative Plattenbewegungen*

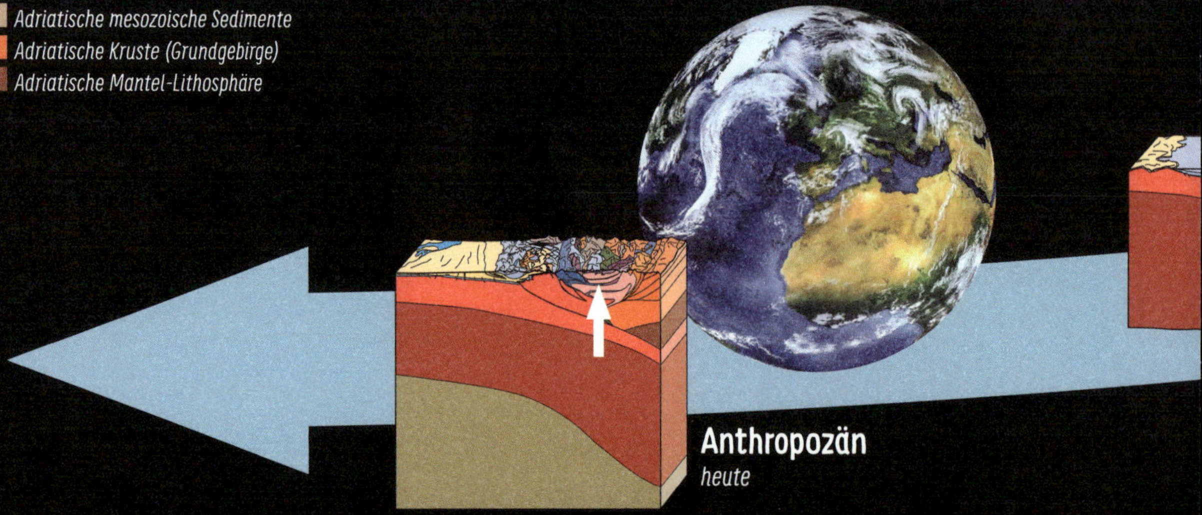

Anthropozän
heute